KB235690

EXHIBITION
DESIGN
GUIDE SKETCH
OF PHOTO
MUSEUM DIAGRAM으로
읽는
전시공간 디자인

지은이 약력 | 최 준 혁

홍익대학교 건축공학과 (학사)
홍익대학교 건축도시대학원 환경설계학과 (석사)
홍익대학교 대학원 건축학과 (공학박사)

「박물관 전시동선의 유형과 요인에 관한 기초적 연구」, 「Behavioral Ethogram에 의한 전시관람 행동분석」, 「박물관 단위전시실의 공간연결 패턴에 따른 관람객 동선특성」, 「부산지역 자연과학계 박물관의 컨텐츠 구성과 전시매체 유형에 관한 고찰」, 「부산경남지역 테마형 박물관의 디지털 미디어 매체유형 및 전시연출 특성에 관한 고찰」 외 25편의 학술연구논문 발표.

「국립자연사박물관 건립 기본방향 연구」, 「국립과학관 건설을 위한 기본방향 설정」, 「박물관 전시·환경계획지침에 관한 연구」, 「기록문화전시관 및 테마파크 구축방안 연구」, 「대한민국역사박물관 건립 기본계획 연구」 등 다수의 박물관 관련 연구 프로젝트 참여.

Gallery MOXY, 독일 하노버 EXPO 한국관 현상설계, 과천 중앙동 다가구주택, 국립과학관 자연사 부문 전시 현상설계, 국제 탈공연 예술촌 조성사업 기본계획, 시애틀 월드디포 쇼핑센터 디자인, 부산국제수산물도매시장홍보관, 안동마애선사박물관 공모전 등 전시 및 공간 디자인 계획 참여.

창원과학체험관 전시부문 자문위원, 항공우주박물관 전시 자문위원, 국가기록원 역사기록관 조선왕조실록실 전시부문 자문위원 등의 전시관련 대외활동 경력.

대한민국건축사진공모전, 건축도시사진전, 교육환경사진공모전, 대한건축학회 부·울·경 지부 건축사진전에서 동상, 장려상, 특선, 입선 등 12회에 걸친 사진공모전 수상경력.

(주)건우사종합건축사사무소 근무
홍익대학교 부설 환경개발연구소 선임연구원
대한건축학회 박물관 미술관분과위원
한국문화공간건축학회 논문편집위원
한국실내디자인학회 논문편집위원
한국색채조형학회 학술분과위원장
아크바디 건축사사무소 설계자문위원
예홀 디자인 그룹 전시자문위원

현재, 동명대학교 실내건축학과 교수

EXHIBITION DESIGN GUIDE OF MUSEUM

SKETCH, PHOTO, DIAGRAM으로 읽는 전시공간 디자인

2011년 2월 20일 1판 1쇄 인쇄
2011년 3월 1일 1판 1쇄 발행

지은이 최 준 혁
펴낸이 강 찬 석
편 집 임 혜 정
펴낸곳 도서출판 미세움
주 소 150-838 서울시 영등포구 신길동 194-70
전 화 02-844-0855 팩 스 02-703-7508
등 록 제313-2007-000133호

ISBN 978-89-85493-47-5 93540

정가 27,000원

EXHIBITION
DESIGN
GUIDE
OF
MUSEUM
SKETCH, PHOTO, DIAGRAM으로 읽는 전시공간 디자인
최 준 혁 지음
美세움

INTRODUCTION

PART 1 MUSEUM & ART GALLERY의 개념과 기능

INTRODUCTION

1. 누구를 위한 책인가?

이 책은 박물관 전시 디자인에 대한 기본적인 계획요건과 공간사례를 중심으로 구성한 것입니다.

일반적으로 박물관·미술관과 같은 전시시설은 그 계획의 과정에서 공간이 마무리되기까지의 과정적 절차가 매우 까다롭고 계획요소 또한 다의적이고도 다각적인 조건과 요건에 대한 검토가 요구되어 쉽게 접근하지 못하는 것이 사실입니다. 따라서 전시 디자인에 대한 기본적이고 체계적인 지식 없이는 디자인 단계에서 해결하기 힘든 많은 문제와 오류를 범하게 될 것입니다.

이에 대하여 기본적인 계획요소와 전시공간을 디자인하면서 알아야 하는 기본적인 지식함양을 위한 체계적인 가이드북으로서 이 책의 의미가 있다 할 수 있습니다.

전체적인 책의 내용구성은 크게 세 부분으로 구분됩니다.

첫째, MUSEUM의 시대적 개념변화와 기본적인 전시계획 요소에 대한 이해.

둘째, EXHIBITION DESIGN에 필요한 다양한 전시환경 요건은 무엇이며 어떻게 디자인해야 하는가?

셋째, 국내·외 다양한 전시공간들의 유형별 사례소개와 공간에 대한 이해.

이 책은 필자가 수년간 학교와 현장에서 배워온 전시계획과 디자인에 대한 짧은 지식과 답사를 통하여 축적하여 온 수천 장의 사진자료를 토대로 하여 정리한 것입니다. 앞으로도 배움의 길이 멀다고는 생각하지만 그간의 자료를 체계적으로 정리해보고자 원고를 집필하기 시작하였습니다.

공간은 많이 아는 사람이 더 많이 볼 수 있다는 말이 있듯이 처음 제가 전시공간을 접하게 되었을 때의 무지함이 지금의 후회스러움으로 남게 하지 않도록 하기 위해서, 공간 디자인을 배우기 시작하는 학생들과 실무에서 처음으로 전시공간을 다루어야 하는 이들에게 이 책을 전하고 싶습니다.

건축이나 실내건축, 실내 디자인, 인테리어 등을 전공하는 대학생들의 참고서적으로서, 박물관이나 미술관과 같은 전시시설을 처음 접하여 배우려는 사람들을 위한 지침서로서 그 역할을 다하길 바래봅니다. 또한 이 책을 통하여 박물관과 미술관, 과학관 등의 전시시설을 이해하는 데 도움이 될 만한 기초적 가이드북으로서 조금이나마 도움이 되었으면 합니다.

🎲 2. 박물관의 의미

박물관은 과거와 현재의 유물 또는 작품 등을 보관하고 이를 관람객들에게 보여주기 위한 공간이라 해도 과언이 아니다. 고래로부터 현대에 이르는 우리 주변의 모든 환경과 물건들이 먼 미래를 위해 박물관이라는 장소에 보관되고 전시되며, 이것은 박물관의 역할과 미래지향적 의미에서 그 궁극적인 목적이 있는 것이다.

박물관은 지난 수세기의 한 나라 혹은 한 사회의 문화를 미래로 전달하고 그 내용을 보존, 연구, 보급하는 것을 목적으로 하는 장소이며, 역사적 자료와 정신적·물질적 문화의 흔적들인 예술작품, 수집품, 자연물의 표본을 보존하고 전시하는 기관[1], 보존, 연구, 교육, 문화를 목적으로 자연과 인간의 변천을 나타낼 수 있는 물건을 수집하고 전달하며 특히 전시하는 사회적 시설[2] 등으로 정의되었다.

이와 같은 정의는 궁극적으로 박물관이라는 것이 우리가 일반적으로 알고 있는 미술관이나 전시관만을 의미하는 것이 아니라, 보다 포괄적이고 광범위한 범주가 있다는 것을 단적으로 말해주는 것이다. 역사적인 가치가 있는 유적지, 동물원이나 식물원, 자연상태 그대로 보존되고 있는 생태공원 등을 모두 포괄하는 의미로 해석할 수 있다는 것이다. 우리가 볼 수 있는 거의 모든 것들이 박물관에서 보존하고 전시하는 전시자료가 될 수 있으며, 이것은 지금까지 우리가 알고 있는 협의의 박물관 개념에서 점차 확장된 개념으로 그 의미가 변화되고 있다는 것을 의미한다. 박물관은 전시자료를 수집하고 보존하며, 이를 관람객을 위하여 전시하는 기본적인 공간 기능을 가지게 된다. 하지만 박물관 개념변화와 박물관 자료의 광범위한 범주로 인하여 점차 확대되고 다양해지면서 그 개념과 정의 또한 진화하고 있는 것이다.

현대 박물관의 개념은 이전 세대의 박물관의 개념과는 매우 다른 양상을 보인다. 초창기 박물관의 의미가 자료나 귀중한 물품을 보존하는 장소였다면, 그 다음 세대에서는 이들을 대중에게 보여주는 개념으로 진화하였으며, 현대에 이르러서는 보다 적극적으로 관람객과 소통하기 위한 문화교류의 장소로서 변모하고 있다. 현대는 매우 빠른 문명의 진화를 거듭하고 있으며, 특히 과학분야에 있어서는 한 해가 다르게 새롭고 진보된 문화와 문명을 선보이고 있는 것이 작금의 현실이다. 따라서 박물관 또한 이러한 시대적인 흐름과 변화에 대응하기 위하여 매우 새로운 개념의 박물관들이 나타나기 시작하게 된다. 루브르박물관이나 대영박물관에서와 같이 전시자료의 방대함과 다양성으로 인하여 사람들의 발길이 끊임없이 이어지는 보존과 전시중심의 개념이 있는 박물관도 있지만, 한 종류의 전시자료만을 다루면서 매우 전문적인 접근방식으로 관람객을 끌어모으는 전문 박물관이나 일정기간을 정하여 특별전시나 기획전시 위주로만 관람객을 끌어모으는 형태의 박물관도 나타나게 되었다는 것이다.

현대 박물관의 개념은 전시형태와 전시자료의 다양화로 인하여 매우 다각적인 면모를 보이고 있으며 그 개념 또한 변화되고 있다. 전시자료를 어떻게 바라보는가가 결국 현대 박물관의 개념을 변모시키고 있는 것이다. 이에 따라 이를 수용하는 공간 또한 매우 가변적이고 전시에 즉각적으로 대응 가능한 형태로 변모되고 있는 것이다. 같은 자료라 할지라도 그 전시자료를 어떤 관점에서 바라보고 어떠한 형태로 전시할 것인가의 문제가 궁극적인 현대 박물관에서의 전시개념 변화의 주요 원인인 것이다.

박물관의 개념과 그 의미를 한마디로 정의내리기는 쉽지 않다. 하지만, 현대 박물관의 새로운 의미와 개념에 대한 접근은 전시자료를 어떠한 관점에서 바라보고, 이를 관람객들과 어떻게 소통시키며, 어떠한 전시형태로 관람객들과 전시자료가 조우하게 만들 것인가에 따라 달라지는 문제라고 생각된다. 단순하게 박물관의 개념을 예술작품이나 역사적 자료, 사회문화와 관련된 총체적 자료 등을 보존하고 관람자에게 전시하며, 연구하고 수집하는 장소로서의 개념은 이젠 너무 진부한 개념이 아닐까?

1) J. Neustupny, Museum and Aesearch, Prague, 1968, p.153.
2) Conference de l'unesco, 1972.5.

3. 전시공간 디자인이란 무엇인가?

전시공간 디자인은 공간 기획에서 전시 디스플레이, 전시환경 조성의 계획에서 설치에 이르는 매우 다양하고 복잡한 절차와 과정을 거치며 이루어진다.

전시의 개념은 일반적으로 박물관에서 관람객들에게 보여주려는 다양한 정보를 전달하기 위한 수단의 총체이며 이러한 관람객과 전시자료의 소통을 위한 수단과 방법들이 구체적으로 공간화하여 구현된 것이라 할 수 있다.

전시(exhibition)라는 것은 수많은 전시자료, 관람객, 그리고 이를 수용하는 전시공간이 상호 적극적인 교류가 형성될 수 있어야 한다. 따라서 전시의 개념을 단순하게 전시자료들을 나열하는 것으로 생각한다면 결코 좋은 전시 디자인을 하기는 어렵다. 전시공간은 무엇인가 전달하려는 의미와 전시자료가 가지는 내용이 내포되어야 하므로 궁극적으로는 하나의 커뮤니케이션(communication)이라 할 수 있다.

박물관을 찾는 대부분의 관람자들은 여가나 휴식, 특별한 전시자료에 대한 관심 등을 이유로 전시공간을 방문하게 되지만, 전시자료에 무관심한 모습을 보이는 관람자도 매우 많다. 또한 전시 디자이너의 입장에서 모든 관람자들이 모든 전시자료에 관심을 가질 수 있도록 한다는 것은 어려운 일이다. 따라서 전시자료와 관람자가 스스로 소통할 수 있다는 생각을 디자이너들은 버려야만 한다. 이러한 측면에서 관람객들이 최대한 전시자료에 흥미를 가지고 관심을 보일 수 있도록 한다는 것은 궁극적으로 전시공간 디자인을 하는 사람의 입장에서는 매우 어려운 과제일 것이다.

따라서 단순한 나열형식의 전시방식이나 간단한 라벨 정도를 가지고 관람객의 주의를 끌어당기기에는 부족하다는 것이다. 관람객의 흥미를 끌어당기기 위해서는 특별한 그 무엇이 존재해야 한다는 것이다. 전시자료와 관람객이 지속적으로 커뮤니케이션을 형성하기 위해서는 보다 적극적인 전시 디자인이 요구되며, 전시자료가 무언의 메시지를 지속적으로 관람객에게 전달하고 관람객은 이 메시지를 쉽게 받아들일 수 있도록 하는 것이 중요하다.

박물관의 전시는 보고 보여주는 방법에 따라 많은 것을 포함하고 있지만 '적극적'으로 사람에게 communication하지 않는 한, 그 효과를 기대하기는 매우 힘들다. 전시자료를 관람객들에게 전달하기 위해서 무수한 전시매체와 라벨, 시·지각적인 자료들이 사용되지만, 무엇보다도 전시 디자인에 있어서 중요한 점은 전시자료를 어떠한 방식으로 보여줄 것이며 전시자료가 담고 있는 정보를 어떻게 효과적으로 관람객에게 전시매체와 연출로서 전달할 것인가에 귀결된다고 해도 과언이 아니다.

전시 디자인에 있어서는 무엇보다도 전시에 대한 이해과정, 전시매체와 공간연출 디자인에 대한 해박한 지식과 아이디어를 통하여 전시자료와 관람객이 흥미를 갖게 하고 소통의 장을 만드는 일이 중요하다 하겠다.

런던사이언스뮤지엄 전시 디자인 사례

MUSEUM &
ART GALLERY의
개념과 기능

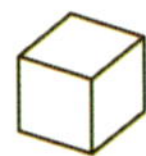

1. 박물관의 분류와 역사적 개념의 변화

1.1 박물관의 일반적 유형과 분류

전시공간을 이해하기 위해서는 우선적으로 박물관의 개념이 어떤 역사과정을 거치면서 변화되었으며, 박물관의 유형과 형식이 자료의 성격과 내용, 전시형태, 관의 성격과 운영형태, 설립의 주체, 입지, 수집의 범위, 이용대상 등에 따라 다양하게 분류되고 있다는 기초적 사실을 알아야 한다.

박물관 분류를 위해서는 우선 박물관을 바라보는 여러 가지 관점을 이해해야 하며 이러한 관점에 따라 박물관의 분류체계가 정립되어질 수 있는 것이다. 박물관의 유형분류는 단순한 유형적 판단의 의미뿐만이 아니라 박물관의 다채로운 속성을 상관적으로 살펴보는 데 그 의의가 있으며, 박물관의 내재적인 기능과 외재적 역할을 고찰하기 위한 하나의 정보로써 유효성을 지닌다. 분류의 관점과 분류인자에 따라서 상이한 분류체계를 보이겠지만 박물관의 분류를 가능하게 하는 인자를 형태별, 기능별, 목적별로 크게 구분하고 이를 관의 종류, 활동, 제도, 기능 등의 인자와 관련하여 세분류해보면 다음과 같이 일반적인 유형화가 가능하다.

관의 형태와 기능 및 목적에 따른 박물관 분류

대 분 류	중 분 류	세 분 류	분 류 요 소
형태별 분류	종류별	·인문과학계 박물관 ·예술계 박물관 ·자연과학계 박물관 ·생물과학계 / 복합계	·외재적인 조건을 축으로 하는 방법으로 일반적인 형태적 분류
	경영주체별	·국립·공립 (시립·도립·군립) ·사립　·대학 박물관	·취급되는 자료의 종류와 속성의 상이, 경영주체에 의한 분류
	기 타	·야외 박물관/미술관 ·기타-동·식물원, 생태관	·사회적으로 정착되어 있는 범주의 응용이고, 객관적인 기초로서의 분류라 할 수 있다.
기능별 분류	제도별	·등록 박물관 ·박물관 상당시설 ·박물관 유사시설	·내재적 조건과 대사회적 의무라 할 수 있는 역할을 축으로 한 방법으로 객관적 조건에 의한 기능적 분류
	학예활동별	·학예형 ·반학예형	·객관적 조건을 법으로 규정하여 보장하는 동시에 의무를 지워주는 제도별 분류
	기 타	·정부지정 / 기타목적별	·학예활동 조건별 분류와 구분
목적별 분류	기능목표별	·수집보관형 박물관 ·조사연형 박물관 ·공개교육형 박물관	·이용자와의 관계에 있어서 어느 모양의 가치를 실현해 가는가 하는 박물관 자체의 주체적 목적
	학습권보장 형태별	·창조권리형 박물관 ·학습권형 박물관 ·자치권리형 박물관	·목표를 축으로 한 방법으로 목적별 분류
	목표별	·중앙지향형 박물관 ·지구지형 박물관 ·관광지향형 박물관	·기능 목표별 분류·학습권 보장 형태별 분류 ·목표별 분류와 구분
	기 타	·박물관군 기타시설	

이상의 분류관점 이외에도 일본의 아라이 주조(新井重三)는 박물관의 전시자료를 4단계로 나누고 이에 따라서 박물관을 다음과 같이 분류하고 있는데, 가장 일반적이고 보편적인 유형구분이라 할 수 있다.

전시자료의 계열과 유형에 따른 분류

전시자료 분류단계 I단계	II 단계	III 단계	IV 단계	전시자료에 따른 박물관 종류
인문과학계 박물관	미술계 박물관	미술박물관 (미술관)	고미술박물관 서양미술박물관 근대미술박물관	회화박물관, 조각박물관 공예박물관, 연극박물관 건축박물관, 근대미술관 등
	역사계 박물관	역사박물관 (역사자료관)	역사박물관	문화사박물관, 고대사박물관 고문서박물관, 민족사박물관
			민속학·인류학박물관 고고학박물관	민속마을전시관, 민속학박물관 패총박물관, 고분박물관 등
자연과학계 박물관	자연사박물관	자연사박물관	지질박물관 동물박물관 식물박물관	화석박물관, 광물박물관 등 곤충박물관, 공룡전시관 등 식물전시관 등
		사육제배	동물원 식물원 수족관	멍키 센터, 동물원 등 식물원, 온실 등 어류관, 수족관, 아쿠아리움 등
	이공계 박물관	이공학박물관 (과학기술박물관) 천문박물관	산업박물관 천체박물관	농업박물관, 자동차박물관 IT 박물관, 하수도박물관 등 천체관, 우주관, 사이언스 센터

전시자료를 중심으로 한 분류체계는 비교적 단순한 분류인자에 기초하기 때문에 형식적 분류의 유형화가 비교적 명확하지만 박물관 자료의 복합성과 다양성으로 인하여 자료의 속성에 따라 다시 세분류되어야만 한다.

현재 가장 일반적으로 많이 쓰이는 현실적인 분류방법으로는 자료의 종류와 속성에 의한 분류법이 있다.

자료의 종류와 속성에 따른 분류[3]

계열별	박물관 형식	표현내용
문화과학계 박물관	고고관, 역사관, 민속관 민족관, 기념관 등	인간의 영위를 인간중심으로 다루는 것을 목표로 표현
예술계 박물관	미술관, 정원 (순수미술, 장식예술)	인간을 영위하는 것 중 이성과 감성을 중심으로 다루는 것을 목표로 표현
자연과학계 박물관	천문대, 천문관, 이공관, 자연사관, 자연보호 지구	천체, 물리, 자연의 법칙을 중심으로 다루는 것을 목표로 표현
생물과학계 박물관	동물원, 식물원, 수족관, 자연공원 등	자연 중에서 특히 살아 있는 생물을 그 생존에 대하여 다루는 것을 목표로 표현
복합계 박물관	종합관, 향토관, 홍보관	위의 것 중에 두 부문 이상을 포함한 것이 이 범주에 해당된다.

3) 서상우, 현대의 박물관 건축론, 기문당.

※ 참고: 박물관 성격유형에 따른 구분[4]

1980년대 이후 20여 년간 박물관과 문화센터, 예술분야의 다양한 시설들은 광범위하게 대중들에게 각광을 받은 시기로 알려져 있다. 이러한 성향과 현상은 크게 2가지 측면에서의 이유가 존재하는데, 그 첫번째는 박물관이 지엽적인 것에서부터 로버트 벤추리가 설계한 런던의 Sainsbury Wing of National Gallery에 이르기까지 그 대상과 확장의 범위가 매우 광범위하고 전 세계적이라는 데 기인한다고 할 수 있다. 두 번째 이유는 산업주의와 민주주의가 확산된 시기에 지극히 개인적이고 귀족적인 것들에 대한 관심과 부활에 대한 흥미가 확산되었기 때문이라 할 수 있다.

박물관 자체의 변화와 예술시장 가치의 상승, 경제구조의 유형과 원천 및 법제와 세율의 변화, 그리고 국제적인 정세의 흐름 등에 기인하여 이러한 다각적 양상을 이해할 수 있을 것이다. 예를 들어, 리차드 마이어가 프랑크푸르트에 설계한 수공예박물관과 같이 대중적인 목적을 가지고 설립된 미술관을 들 수 있으며 1980년대에 벌어진 독일의 활발한 박물관 건설 붐 또한 그 일환의 하나라 할 수 있다.

영국과 미국의 경우, 1980년대 박물관 붐은 그 발전의 양상에서 두 가지 측면을 모두 가지고 있는데, 경제 활성화와 수입의 증가 그리고 문화에 대한 대규모의 가용투자가 이루어진 것이 이러한 현상을 대변하고 있는 것이다. 또 하나의 중요한 측면은 박물관 건축에 있어서 전통성의 추구와 지역성의 대두, 중요한 전시자료들을 소장하고 있는 박물관과 미술관들에게 있어서 일련의 변화가 일어나기 시작했다는 점이다. 이는 1950년경 이후의 개인적인 재량에 의해서 대중들에게 소장하고 있는 자료를 공개한다든지 극히 개인적인 재산의 과시나 즐거움만을 위해서 특별한 장소에 보관되어지던 중요한 자료의 개념들과는 극히 상반되는 것이라 할 수 있다.

18세기와 19세기에 이르러 중산층 계급 시민들과 국가의 위기와 관련하여 건축물들은 주택과 같이 지극히 개인적인 형태로 건립되거나 대중들에게 사용되어질 수 있는 공공의 성격으로 건립되어지게 된다.

1970년대까지는 박물관 건축에 있어서는 크게 2가지 유형이

4) Diane Ghirardo, Architecture after Modernism, p69-102 재인용.

존재하여 왔는데, 베를린의 Altes Museum이나 알바로 시자의 Center for Contemporary Galician Art와 같은 성지 개념의 shrine style museum과 미국 워싱턴의 스미소니언 박물관이나 파리의 Pompidou Center와 같이 유물과 예술작품 및 과학적인 주요 자료들을 보관하고 관리하는 저장창고 개념의 warehouse style museum이 그것이다. 하지만 20세기에 이르러 급격한 과학의 발전과 전시기술의 고도화로 인하여 보다 다양한 발전양상이 나타나고 이에 따라 다원화된 박물관 형태가 나타나게 된다.

1980년대 이후 21세기에 이르면서 앞서 이야기했던 두 가지 박물관의 유형도 지속적인 발전양상을 보이고 있지만 이와 더불어 제임스 스터링이 설계한 Stuttgart Museum의 현대 미술관과 같은 문화 몰 개념의 cultural mall style museum과 안도 다다오가 히메지에 설계한 Children's Museum과 같이 스펙터클한 흥미와 재미를 위주로 한 새로운 개념으로서의 제 3세대 박물관 유형이 나타나면서 다각적 발전의 양상을 보이고 있다.

위에서 거론한 박물관의 역사적 배경을 중심으로 하여 박물관과 미술관을 그 성격유형에 따라 구분하면 다음과 같이 5가지 형태로 구분이 가능하다.

성지개념의 shrine type museum

성지개념의 박물관 사례로는 로버트 벤추리가 설계한 Sainsbury Wing of National Gallery를 들 수 있다. 이 미술관은 1824년 재정가인 존 줄리어스 앵거스틴의 미술소장품을 국가에서 매입하여 처음으로 앵거스틴 하우스에서 소장품에 대한 전시를 처음 선보인 이후로 1838년 윌리엄 윌스킨에 의해 소장품의 보존과 전시를 위한 미술관을 신축하게 된다. 1991년 로버트 벤추리가 신관을 추가로 완공하여 지금의 Sainsbury Wing of National Gallery가 탄생하게 된 것이다. 클레식한 파사드 외관을 지니고 있으며 pale stone에 의해 따뜻한 느낌을 준다. 이외에도 라파엘 모네오의 Davis Museum and Cultural Center, 시자가 설계한 Center for Contemporary Galician Art 등도 대표적인 shrine type museum이라 하겠다. 다소 권위적이고 성스러운 느낌의 공간 이미지를 풍기는 박물관들의 사례라 할 수 있다.

Sainsbury Wing of National Gallery
Right: gallery sketch
Left: facade of building

보관장소 개념의 warehouse type museum

대표적인 사례로는 프랑스에 있는 Pompidou Center가 있
다. 노출구조와 오픈 플렌, 가변성 있는 전시공간이 특징이
며 하이테크 건축물의 대표로 알려져 있다. 공간활용에 있
어서 구조적인 요소를 통해 전시자료의 보관장소로서 충분
한 여유공간을 갖추고 있다. 이밖에도 렌조 피아노의 Menil
Collection과 루이스 칸의 예일 센터 또한 warehouse type
museum의 사례라 할 수 있는데, 이러한 유형의 박물관들은
기술적이고 구조적이며 전통적인 디테일보다는 귀족적 자태
를 중시하는 경향이 있다. 또한 단순한 외관형태보다는 시대
적인 정신을 표현하는 데 주력하는 특징이 있다. 전시자료의
보존을 위한 장소로서의 기능적인 역할에 보다 충실한 박물
관 유형이라 할 수 있다.

Pompidou Center

문화 몰 개념의 cultural mall type museum

새로운 형태의 현대 박물관은 단순하게 예술품을 대여한다
거나, 뮤지엄에서 포스터나 우편엽서 따위를 파는 형식의 제
한적인 범위를 벗어나 대규모 쇼핑몰과 같은 모습으로 진보
하고 있다. 극장이나 콘서트 홀을 박물관의 전시공간과 연계
시키거나 대규모 쇼핑몰과의 연계까지 고려한 형태의 대규모
시설이 등장하게 된 것이다. 이 새로운 형태의 박물은 마치

문화 쇼핑몰과 같이 내부시설에 숍을 확장하고 레스토랑이나 극장 등을 적극적으로 활성화하여 문화소비를 촉진시키는 방향으로 나아가고 있다. 박물관 역사상 20세기 이후 새로운 패러다임의 전기를 마련하게 된 것이다.

Stuttgart Museum

16

프랑크푸르트 수공예 박물관

암스테르담 과학기술박물관(NEMO)

독일의 Stuttgart Museum은 이러한 경향을 반영한 대표적인 형태의 박물관이라 할 수 있다. 중정 로툰다의 전통적인 상징성은 전통과 현대의 융화라고 할 수 있으며 열주랑과 아치의 사용은 역사적인 인용으로 보여진다. 시민들이 도심의 거리보다는 쇼핑몰에서 더욱 안락함과 즐거움을 느끼는 것과 같이 새로운 형태의 박물관은 다양한 문화제공과 상징적인 발전의 향보를 지속할 것이다.

다양한 체험과 흥미를 위주로 하는
museum as spectacle type

리차드 마이어의 프랑크푸르트 수공예박물관이나 피터 아이젠만이 설계한 Wexner Center, 아라타 이소자키의 LA 현대미술관과 같은 박물관이 대표적인 사례다. 다양한 체험공간을 제공하는 박물관 형태는 다양한 볼거리와 관람객의 기대와 호기심, 미적인 체험과 경험을 중시하며 이를 충실하게 구현하는 데 중점을 두고 있는 박물관 형태라 할 수 있다.

복합적이고 다양한 성격의 기능공간을 수용한
alternative style museum

렌조 피아노가 설계한 암스테르담 과학기술박물관(NEMO), 안도 다다오가 설계한 효고어린이박물관, 프랑크 게리가 설계한 Walt Disney Center와 같이 미래지향형 박물관의 대안으로 제시되고 있는 alternative style museum은 박물관과 미술관에 있어서 도서관, playroom, 어린이 전용극장, 자연과의 조화추구, 복합화된 다양한 공간성격 수용 등이 그 특징이다. 이들은 박물관 디자인에 있어서 또 다른 접근성과 가능성을 제시하는 것이다. 현대의 전시공간은 다양한 모습으로 진화하고 있으며 보다 관람자들을 중심으로 변모하고 있다.

이러한 변화는 빠르게 발전하는 각종 첨단 전시매체와 더불어 박물관의 전시라는 개념을 변화시키고 있는 것이다.

현재 박물관은 관람자의 체험과 참여중심으로 진화하고 있다.

1.2 시대적 변화에 따른 전시공간 개념

박물관은 한 국가나 시대의 역사와 문화적인 모습을 그대로 보여주는 공간이기 때문에 어느 시대의 사회에 있어서나 매우 다양한 의미를 가지게 된다. 박물관의 역사적인 과정과 정의, 개념은 고대문명의 발상지인 이집트와 메소포타미아 시대부터 현대에 이르기까지 매우 다양한 변화의 과정을 거치며 지속적으로 발전되어 왔으며, 현재에도 빠른 문화적 조류와 변화의 요소들과 부응하며 그 맥락을 유지하고 있다. 이와 같은 박물관의 전시공간에 대한 역사와 시대적인 개념 변화를 살펴보면 다음과 같다.

고대 이집트나 로마 시대의 박물관은 귀족계층의 개인귀중품이나 예술작품을 전시, 보관하는 장소로서의 그 개념이 강하였으나, 17세기 이후 시대적인 흐름에 변화가 생기면서 시민계층의 권력과 재력이 높아짐에 따라 귀족계층 중심의 박물관은 일반대중에게 공개되기 시작하였다.

19세기에 이르러 유럽 지역에 대영박물관, 루브르박물관, 피나코텍미술관 등이 건립되면서 전시기법에 다양성이 나타나고 박물관 내에 새로운 전시기획 방법이 등장하였으며, 이와 더불어 교육과 문화라는 기능적 부분이 강조되기 시작하였다. 고전적 의미에서의 Museum은 16세기 르네상스 이후 귀중한 유물이나 귀중품을 보관하는 창고시설의 개념으로 생각되었으나, 19세기 이후에는 일반대중들에게 공개되는 전시기획의 형태가 확산되면서 박물관의 사회문화적인 역할이 강조되기 시작한 것이다.

19세기 말에 이르면서 박물관 설립의 주체가 국가기관이나 시민단체, 개인 등으로 확산되고 전시기획이나 박물관 건축에 대한 전문적인 지식을 가진 사람들이 박물관을 기획하고 건축하고 운영하기 시작하면서 박물관은 급격한 다변화의 시대로 접어든다.

20세기 초에는 사회 각 분야의 전문성 있는 전시공간이 생겨나고 이에 따라 종합박물관의 성격에서 전문적인 전시자료를 다루는 전문박물관이 나타나게 된다. 과학기술의 발달로 인한 첨단 전시기법의 빠른 도약과 기술력에 힘입어 과학박물관, 대학박물관, 생태박물관, 야외박물관 등의 전문화되고 보다 전문성 있는 전시공간들이 나타나게 된 것이다.

루브르박물관
Above : 루브르의 진입부인 피라미드 전경
Below : 회화전시실 스케치

20세기 중반에 이르러 박물관의 개념변화와 함께 그 기능은 더욱 복잡해지고 도시 내부에서의 공공적 성격과 개념이 부각되기 시작한다. 형태면에서도 다양한 건축적 양식이 출연하며 예술가의 작품에 대한 배경으로 존재할 수 있는 다양한 공간형태와 의미를 가진 전시공간에 대한 시도가 나타나게 된다. 이와 같은 다양성의 시도는 뉴욕근대미술관, 파리 국립근대미술관, 베를린박물관, 퐁피두센터 등에서 분명하게 그 면모를 드러내게 된다.

박물관의 역사와 개념은 시대를 두고 지속적으로 변화해 오고 있다. 과거의 박물관과는 달리 현대의 박물관은 시민들을 중심으로 하여 사회문화적인 욕구를 충족시켜 주기 위한 매우 훌륭한 공공공간으로서 자리매김하고 있는 것이다. 박물관 개념의 변화와 시대사적 흐름은 건물의 기능과 형태, 공간의 개념 등에도 많은 변화를 보여주고 있는데, 최근의 빌바오구겐하임, 나오시마현대미술관, 암스테르담의 어린이과학관, 미국 로즈센터, 일본 미래과학관 등을 보면 그 변화양상을 알 수 있다. 미술계는 독자적인 예술가들의 사상과 개성을 인정하는 다원적인 흐름과 조류가 나타나고 이러한 현대예술의 추세가 전시공간에도 그 변화를 수용하는 방향으로 변모하고 있는 것이다. 전시공간에 전시하게 되는 전시자료에 따라 공간 자체도 이를 수용하는 그릇의 역할을 충실하게 대응하기 위하여 공간의 성격과 기능 및 형태가 매우 다양성 있게 변모되고 있는 것이다. 특히 예술분야에 있어서 미디어 아트의 발전과 설치미술의 발전속도가 빨라지고 또한 상상을 넘어서는 작품들을 작가들이 보여주고 있기 때문에 전시공간 또한 다각적인 모습으로 진화되고 있는 것이다. 과학기술력의 발달로 인하여 과학계통의 전시공간 또한 이와 같은 시대적인 흐름에 대응하기 위해서 매우 가변성 있고 전시교체가 용이한 형태로 진화하고 있다. 전시공간의 개념변화는 한 사람의 건축가나 전시 디자이너에 의하여 나타난 것이 아니고 한 시대의 문화와 시대적인 면모를 반영하기 위한 커다란 하나의 문화시설로서 미래에도 끊임없이 발전하고 변화되어 나갈 것이다.

(1) 현대 박물관의 개념

현대 박물관의 기능은 자료의 수집과 보존, 전시, 다양한 문

The Guggenheim Museum, New York City
(an extension tower block is planed for Frank Lloyd Wright's masterpiece)

Neue–Nationalgalerie(베를린 신국립미술관)
설계: Ludwig Mies van der Rohe

화 프로그램의 수용으로 인하여 그 규모와 기능시설에 대한 접근이 매우 복잡하게 진화되고 있다. 또한 과거의 보여주기 위한 쇼케이스 전시만으로는 더 이상 대중들의 흥미를 유도할 수 없기 때문에 다양한 체험과 관람객의 참여라는 부분을 강조하는 형태의 전시기획과 전시연출이 급격하게 발전하고 있는 것이다.

관람객들의 다양한 참여 프로그램 개발과 체험 위주의 전시에 의해 박물관이 문화적인 입지와 그 역할이 점차 확장되고 있는 추세다. 급격하게 발전되어 나가는 첨단 미디어 매체는 전시연출에 대한 또 다른 지평을 만들어내고 있으며, 현재는 종래의 정적인 전시기법에서 벗어나 보다 적극적이고 자유로운 관람객 체험과 참여형태의 전시기획이 시도되고 있다.

이와 같은 박물관 전시연출과 기법의 첨단화, 다양화 현상은 박물관 전시공간에서의 기능적 측면에서 과거의 단순나열형의 전시형태와는 매우 다른 양상을 띠고 있는 것이다. 전시자료의 전문화와 다양화로 인한 전시공간 구성의 변화에 대응하기 위해 가변적 공간 시스템의 사용과 멀티비전, 홀로그램, 가상현실 체험, 시뮬레이터 등의 첨단 전시매체 도입 또한 현대 박물관 전시공간에서의 큰 특징이다.

박물관 건축의 조형적인 개념, 상징적 의미를 중요하게 생각하였던 과거의 박물관과는 달리 현대 박물관은 전시자료의 전문성과 관람객들의 참여와 흥미를 유발하기 위한 방향으로 그 전시 연출의 기법과 표현에 중점을 두고 있다. 이와 같은 현대의 박물관은 문화행위의 주체로써 사회에 대응하는 태도가 적극화되었고 그 기능 또한 박물관 전시와 수장개념 중심에서 교육과 연구활동 및 대중의 참여에 의한 문화활동

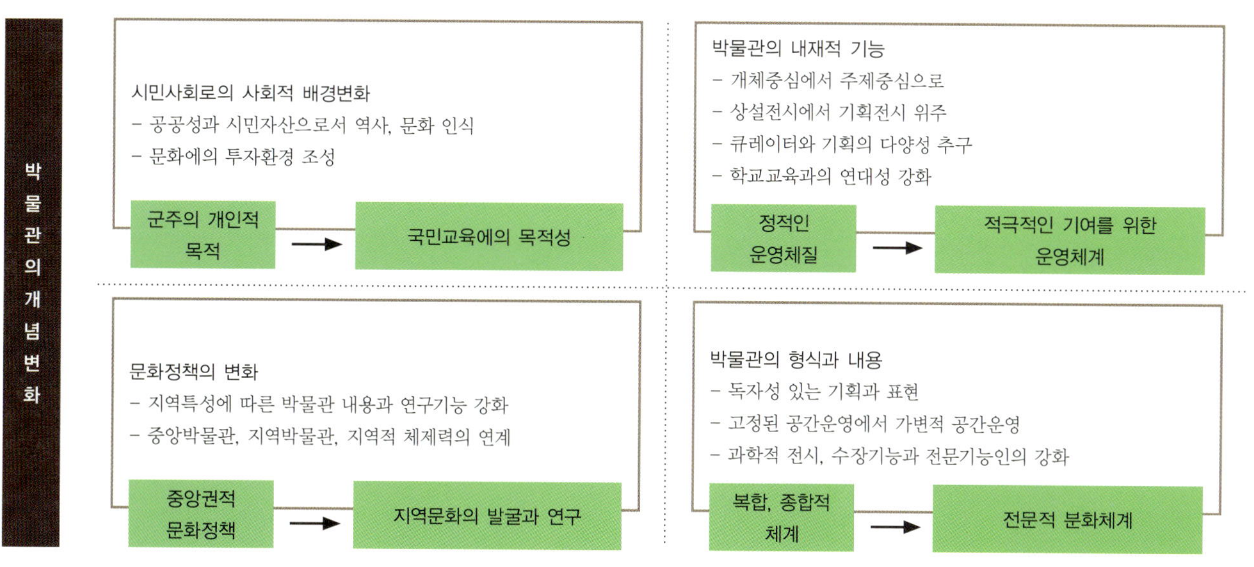

에 대한 역할이 확대되어 가고 있는 것이다.
현대박물관의 개념[5]은 다음과 아래 diagram에서와 같이 정리해 볼 수 있다.

(2) 전시의 개념변화

Hooper Greenhill이 박물관의 정의와 개념은 문화적, 사회적, 정치적, 경제적 맥락에서 지속적으로 재정의되고 있다고 말한 것과 같이, 전시공간의 개념 또한 다양한 변화과정을 거치면서 고래로부터 현재에 이르고 있다. 원시시대부터 인간들은 무엇인가를 모아두는 공간을 만들기 시작하였고 이러한 저장창고나 보존장소로서의 개념이 박물관의 시초라 하겠다.

5) 전명현, 서상우, 현대의 박물관 개념과 역할, 대한건축학회논문집, 4권 3호.

예술품의 보관장소 개념. 보존중심의 전시

우리나라의 합천 해인사에 있는 팔만대장경은 유구의 세월이 지난 현재에도 그 보존정도가 매우 뛰어나다고 한다. 이를 보존하고 있는 장경판전은 앞면 15칸, 옆면 2칸 크기의 두 건물을 남북으로 나란히 배치하여 지은 팔만대장경의 보존을 위한 공간으로, 남쪽 건물을 수다라장이라 하고 북쪽의 건물은 법보전이라 하는데, 어떻게 보면 보존을 위한 공간이라는 측면에서는 장경판전 또한 자료를 잘 보존하기 위한 공간 개념으로서의 museum이라 하겠다.

이상과 같은 가장 진부한 시대의 관을 「第一世代의 館」으로 칭하며, 왕실유족의 보물창고와 같은 곳으로써 일반에의 비공개는 지향하고 개인적 보관창고로서 기능을 다한다. 역사적으로는 삼국시대의 귀비고에서부터 근대적 의미의 李王家 博物館 등이 이에 해당된다. 건축적 특성으로서는 대리석주, 장방형의 계단, 장엄한 파사드, 대규모 정원 등으로 이러한 과거의 이미지는 현재의 「第二世代의 館」에도 뿌리 깊은 영향을 미치고 있다[6]고 볼 수 있다.

Sir John Soane's Museum(존 손 경 박물관)
역사적인 유물자료를 쌓아 놓고 보관하는 전시

20

쇼케이스와 그래픽 패널, 실물전시 위주로 전시를 구성
대중들에게 개방된 전시개념

6) 임채진, 박물관 세대론, 空間, 1989.9, p.102-105 재인용.

보존장소로서의 개념에서 벗어나 유럽 귀족들이 예술작품 (그림이나 조각 등)의 수집이나 귀중품들을 보관하거나 수집품들의 자랑을 위해 나무상자나 유리 케이스에 진열하는 형태로 개념의 변화가 나타났고 이것이 전시라는 공간개념의 시작이라 해도 과언은 아닐 것이다. 예술작품이나 귀중품을 안전하게 보관하고 보존하며 이를 감상하기 위한 진열공간을 만드는 행위를 시작함으로써 현대적 개념의 박물관의 가장 주요한 공간기능인 수장개념과 전시개념이 공존하는 공간이 나타나게 된 것이다.

18세기 이후 대중들의 목소리가 높아지고 점차 대중이 사회 문화의 모든 분야를 점유하게 되면서 귀족이나 부유층 사회 인사들의 개인적인 과시와 감상을 위해 보존되고 진열되던 것들이 대중들에게 공개되기 시작하고, 현대적 의미의 박물관 개념이 나타나게 되면서 전시라는 개념이 적극적으로 대중들에게 보여주기 위한 공간으로서의 의미를 갖게 된다. 현대의 박물관 개념은 관람자들과 함께 호흡하고 다양한 체험과 즐거움을 선사하는 문화시설로서 자리매김하고 있으며 전시공간의 개념 또한 다양한 전시매체와 첨단의 기술력을 바탕으로 하여 관람자들에게 전시자료가 가지고 있는 정보를 보다 효과적으로 전달하는 데 주력하고 있다. 또한 전시자료와 관람자 그리고 전시공간이 상호교류하며 단순한 보존과 전시가 아닌 교육과 휴식, 삶과 문화의 일부로서 진화해 나가고 있는 것이다.

프로젝터, 실물, 다양한 디지털 매체를 통한 관람자와의 소통을 중심으로 하는 전시개념

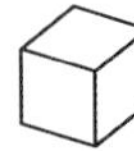 2. 박물관·미술관 기능 및 공간계획 요소

2.1 공간계획의 기본요건

박물관은 그 관의 설립방침과 전시자료의 유형과 종류 등에 따라 그 디자인 방침과 계획요건이 매우 다르게 나타나지만, 일반적으로 박물관 건축과 전시공간을 기획하고 디자인하기 위해 고려해야 하는 가장 기본적인 제반사항과 요건들에는 다음과 같은 것이 있다.

(1) 관의 방침과 설립목적, 관의 성격 등에 대한 해석

박물관학적인 접근에서 보면 과학, 기술, 공업, 역사, 인류, 지질, 자연사, 미술 등 박물관에서 다루게 될 전시자료나 보존을 위한 자료의 종류와 유형에 따라 그 성격은 각각 달라지게 된다. 또한 누구를 위한 박물관인가?, 무엇을 보여주기 위한 박물관인가? 등에 따라 박물관의 설립배경과 목적이 다르게 나타나기 때문에 계획의 초기 기획단계에서부터 이에 대한 구체적인 협의가 충분히 이루어져야만 한다.

(2) 관의 규모

: 전체적인 건축규모나 전시면적, 수장면적, 부대시설 등에 대한 공간크기

가장 작은 규모의 박물관은 개인이 소장하고 있는 소중한 물품을 보관하고 있는 작은 서랍이나 캐비닛이 될 것이며, 이에 반해 가장 규모가 큰 박물관은 자연보존을 위한 생태공원이나 사파리와 같은 자연일 것이다.

독립된 건축물로서의 박물관 규모는 관의 성격, 조직의 규모, 박물관이 건립될 부지의 크기, 전시자료의 특성, 전시공간의 형태, 박물관의 공간구성 체계, 운영 프로그램 등 매우 다양한 여건과 조건에 따라 다르게 나타난다.

(3) 전시자료의 유형과 전시 콘텐츠 구성

: 전시대상은 무엇인가? / 전시구성과 연출방법은 어떻게 할 것인가?

전시자료의 유형은 매우 다양하다. 인류가 존재하기 이전에서 현재에 이르기까지 지구상에 존재하는 모든 물질이 박물관에서 전시될 수 있는 전시자료로서의 그 가치가 있다. 하지만 일반적으로 특성화 가능한 전시자료의 유형을 살펴보면 다음과 같이 몇 가지로 크게 구분할 수 있다. 자료의 유형과 특성에 따라 전시 콘텐츠와 전시방법은 다양하게 연출된다.

- 전 세계적으로 중요한 가치가 있는 자료(세계문화유산, 세계기록문화유산 등)
- 국가적인 문화유산으로서 중요한 가치를 지닌 자료(국보, 보물 등)
- 국가적으로나 세계적으로 희귀성이 인정되는 중요한 자료
- 특정지역에만 존재하는 중요한 자료
- 역사적인 관점에서 중요한 지리학적 위치에 존재하는 자료나 장소
- 희소성이 높아 사람들에게 매우 관심을 끄는 특별한 자료
- 개인이 소장하고 있는 중요한 자료
- 시대적으로 매우 오래되어 역사적 가치를 인정받는 자료
- 역사적인 위인, 대통령 등의 특정인물과 관련된 실물자료 등

(4) 박물관의 사용 패턴

: 박물관의 커뮤니케이션, 자료에 대한 정보나 전문성에의 접근

박물관에서의 커뮤니케이션이란 흥미 있는 전시자료와 관람객, 그리고 이를 전시하는 전시공간 상호가 어떠한 관계를 가지게 할 것인가에 대한 문제이며 이들 상호가 서로 보다 활발한 interaction이 가능하게 하는 것이 중요하다. 관람객과 전시자료의 소통은 전문적인 전시자료에 대한 정보를 관람객에게 얼마나 효과적으로 쉽게 전달할 수 있는가의 문제다. 현대 박물관에서는 전시자료에 대한 적극적인 접근성 확보와 관람객과 전시자료의 커뮤니케이션 방안에 대한 디자인과 연출에 주안을 두고 있다.

(5) 지리학적 위치

: 박물관이 건립될 장소와 주변성

박물관은 박물관이 위치하게 되는 주변환경과 문화권역, 지리학적인 여건 등에 영향을 받게 된다.

도심 중앙에 위치하는 국립박물관이나 기념비적으로 중요한 일부 박물관들은 종종 시민들의 자부심이나 자랑이 되기도 하며 지역적인 위치나 교통의 불편함으로 인하여 관람객들의 발길이 뜸해져버린 박물관도 나타난다.

도심 중앙에 위치하는 것이 박물관의 입지를 무조건 좋게 하는 여건이 되는 것은 결코 아니다. 도심과는 조금 거리가 있지만 오히려 교통이나 자연녹지 조건이 양호한 박물관이 사람들의 문화와 여가를 보다 만족스럽게 충족시켜주는 사례가 많다.

박물관이 도심 중심부에 위치하는가 아니면 도심과는 떨어진 위치에 존재하는가, 지하철과는 연계되어 있는가, 주변의 교통시설 및 주차시설은 양호한가, 주변에 타 문화시설이나 다양한 부대시설을 갖추고 있는가, 공원이나 자연녹지 등과 연계되어 있는가, 지역적 특징(상업지역인가? 공업지역인가? 농업지역인가?) 등은 박물관의 입지조건이나 박물관을 찾게 될 사람들에 대한 홍보와 인지도, 박물관의 이미지, 기념비적인 성격, 인근지역과의 커뮤니케이션 등에 영향을 미치게 된다. 따라서 박물관이 위치하게 될 입지여건에 대한 검토와 결정은 박물관의 건립에 있어서는 매우 중요한 내용이라 할 수 있다.

서울시립미술관
: 서울 도심의 중심에 위치한 미술관

클레이아크미술관
: 김해 도심 근교에 위치한 미술관

나오시마미술관
: 섬에 위치한 한적한 미술관

2.2 MUSEUM의 기능과 SPACE PROGRAM

(1) MUSEUM의 기능설정

박물관의 기능은 매우 복잡하지만 일반적으로는 아래의 다이어그램과 같이 전시기능, 보존기능, 공공문화 기능, 전시정보 기능, 사회적 기능으로 크게 구분이 가능하다. 또한 기본적인 기능역할에 따라 공간의 배치와 조닝이 달라지며 계획시 소요실에 대한 결정에 영향을 주게 된다.

현대 박물관의 기능과 개념은 수집·보관, 조사·연구라는 박물관의 내재적 기능과 사회적인 외적 역할을 하며 종합적인 정보교류의 중심이자 열린 교육의 장으로서 변모하고 있기 때문에 이에 대한 계획의 과정에 있어서는 그 역할과 기능구성 체계에 대한 내용파악이 무엇보다도 중요한 것이다.

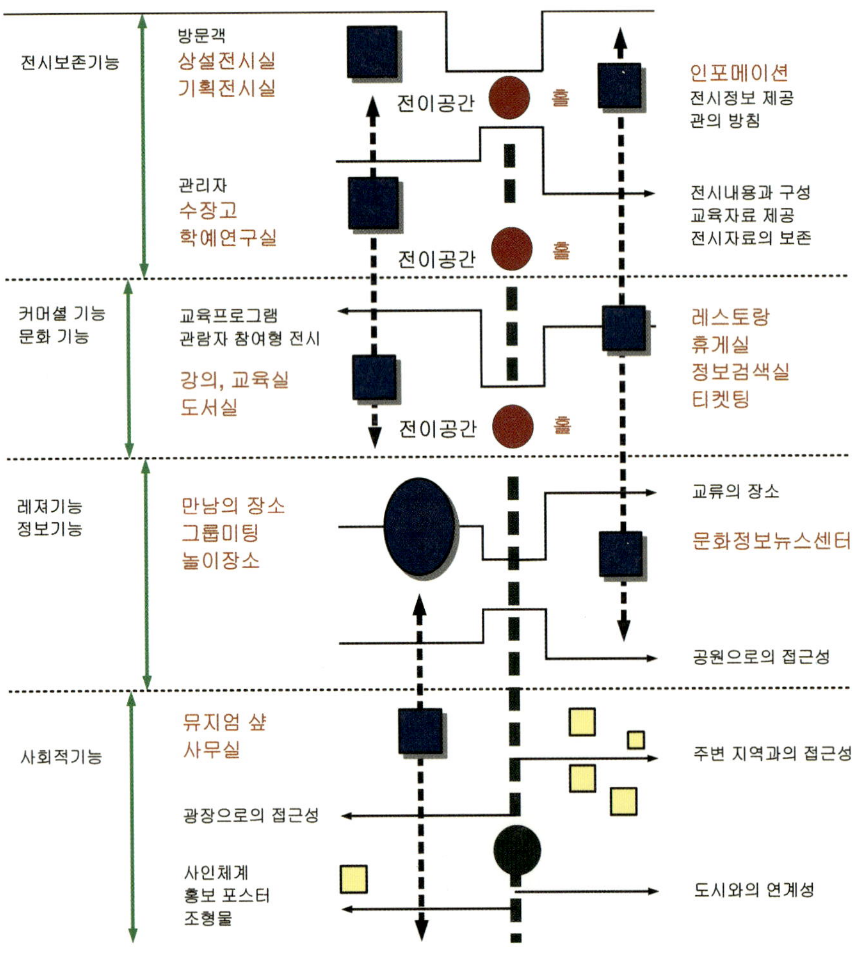

박물관 시설의 역할과 기능

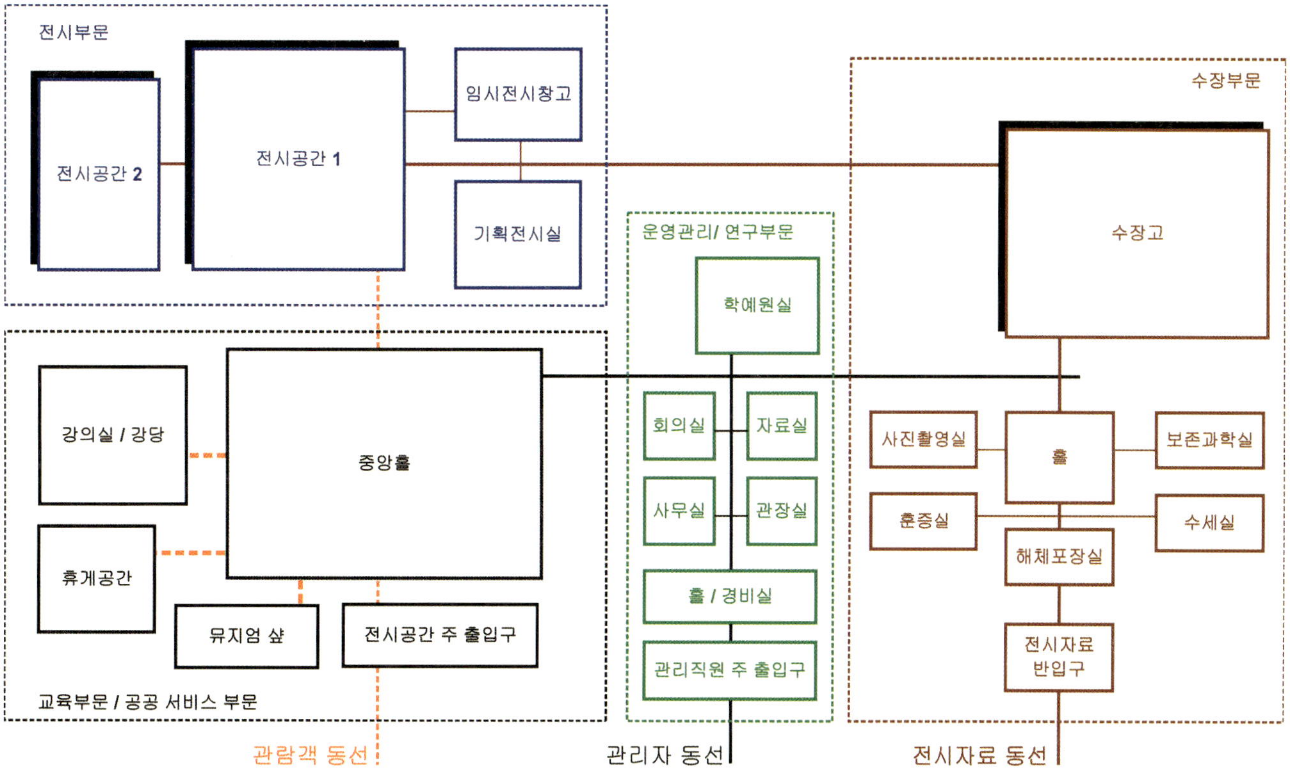

박물관 시설의 기능공간 구성체계

박물관의 공간구성 및 기능해석

공간구성	공간의 기능
전시부문	·일반 전시공간과 특별기획 전시공간 및 전시 보조공간으로 크게 나누어 볼 수 있다 ·관련 분야의 원리설명, 탐구, 참여 등에 의하여 학습하는 박물관의 기초적 기능을 지닌다.
공공부문 서비스 시설부문	·홀이나 화장실, 공용 복도 등 퍼블릭 공간이 이에 해당된다. ·학습공간, 여가활용 공간, 휴식공간, 공원 등의 서비스 기능을 제공한다.
연구부문	·분야별로 다양한 공간이 요구되며 학술적 조사·연구, 과학연구, 전시기술 효과에 관한 연구 등이 이루어진다. 특히 실험실은 고도의 테크놀러지를 지원하기 위한 충분한 실험기기의 지원과 필요환경 조성이 필수적이다. ·박물관 관련 자료를 바탕으로 다양한 현상에 대한 이해를 도출하기 위한 교육적 연구활동의 기능을 지닌다. 학예연구실 및 실험실, 부속시설 등이 이에 해당된다.
교육부문	·다양한 계층의 지적 충족을 위한 학교교육, 일반인의 평생교육, 강연회, 공개실험, 야외관찰 등의 프로그램 기능을 지니며 대중매체와의 연결을 통해 사회교육에 공헌한다. 강당, 강의실, 도서관 등이 이에 해당된다.
수장부문	·수장품들을 수집, 보존, 처리, 유지, 관리하는 공간으로 구성된다. 다른 기능의 공간들과는 달리 특별한 주의를 요구하는 공간이며, 다른 기능의 공간과 결합되어서는 안 된다. 수장고는 특별한 보안과 환경조절 시스템을 필요로 하며 이것들은 분야별로 아주 상이한 공간조건이 요구되므로 이에 대응한 다양한 종류의 공간들이 필요하다. 수장고, 보존과학실, 촬영실, 포장해체실, 임시보관 창고 등이 이에 해당된다.
운영·관리 부문	·일반 사무관리와 건물의 유지관리 부분을 담당하는 부분으로 관내 전반적 시설운영 및 경영관리를 담당한다. ·관람객의 박물관 이용 활성화를 위한 다양한 프로그램(전시지도, 해설교육, 인문·자연과학 강의, 교육원 discovery room 경영 등)을 기획해서 장기적인 마케팅 전략을 수립하며 박물관의 운영사업을 전개한다.

박물관의 기능별 소요실 사례

구 분	활동내용	소요실	면적비율
전 시	자료의 전시	전시 홀, 전시실, 야외 전시장, 야외 학습체험장	30%
교 육	① 집회·강의·열람 ② 창작활동 ③ 정보교환	① 세미나실, 강의실, 참고자료 열람실, 서고 ② 도예실, 공예실, 조소실, 미술실, 야외 체험실습 공간 등 ③ 가이던스 룸, 학예상담실, 도서실, 정보검색실	30%
연 구	자료의 수집·정리·연구 및 수리·기록	자료실, 기록실, 사진촬영실(암실), 실험실, 기계실, 공작실	5%
수 장	자료의 보호·수납·운반·포장	수장고, 전시준비실, 창고, 소독실, 스튜디오, 복원실	20~25%
관 리	시설의 관리와 운영을 원활하게 하기 위한 업무 및 시설의 유지	관장실, 부장관실, 사무실, 응접실, 회의실, 접수, 복도, 계단, 숙직실, 용무원실, 관리실, 기계실, 전기실, 공조실, 방송실, 휴양실, 탕비실, 탈의실, 의무실, 화장실, 엘리베이터, 창고, 주차장 등	20% 내외
봉 사	휴식·식사·물품판매	휴게실, 식당, 매점, 주방, 카페, museum shop 등	

역사계 박물관의 평면 디자인 사례

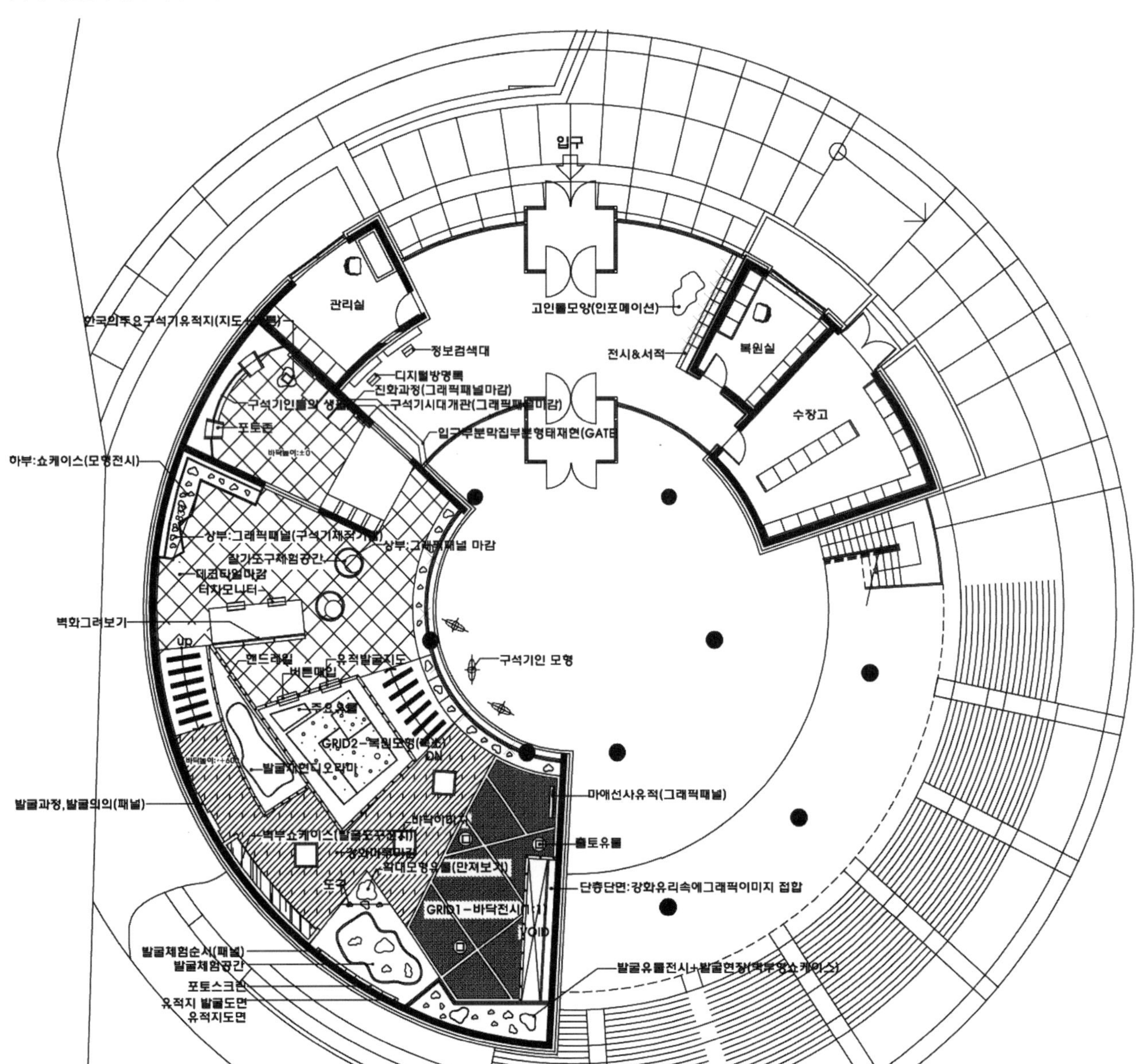

박물관에서의 전시기능　　박물관에서의 기능공간은 이미 설명한 바와 같이 매우 다양하고 복잡한 메커니즘을 가지고 있다. 그중에서 가장 중요한 기능은 전시기능과 보존기능이라 할 수 있으나 이외에도 관리운영, 교육, 공공편의 등을 위한 공간기능이 요구된다. 종종 수장기능이 존재하지 않는 기획전시 위주의 박물관이나 미술관도 존재하지만 일반적으로는 전시자료를 지속적으로 보존하기 위한 수장공간을 가지고 있다.

박물관의 다양한 기능공간 중에서도 특히 전시기능은 관의 성격을 결정하는 가장 중요한 요건이 되며 전시자료의 유형과 특성에 따라 그 공간적인 규모가 결정된다. 단순하게 생각하면 전시공간이라는 것이 관람자들에게 전시자료를 보여주는 기능만을 수행하는 것처럼 보이지만 관람자적인 측면 이외에 전시자료, 관리자적인 측면에서 보면 보다 복합적인 기능을 지니고 있다. 따라서 공간을 디자인하는 계획자는 이들 기능이 모두 수용될 수 있도록 고려해야 한다.

박물관에서 전시공간의 기능을 살펴보면 다음과 같은 요소들의 구성에 의해 결정된다.

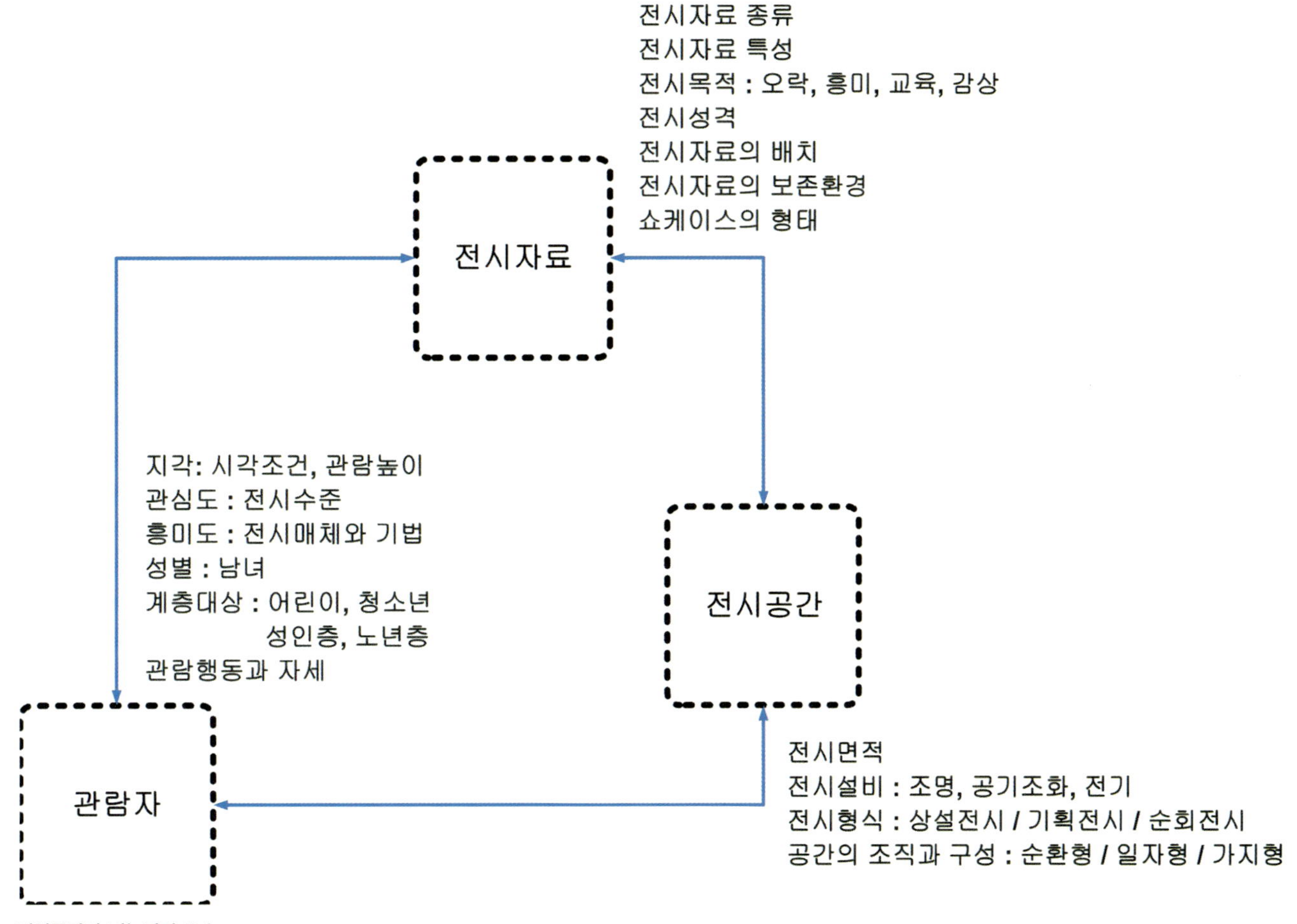

전시공간의 기능결정 요소

(2) MUSEUM SPACE PROGRAM 사례 (예시)

박물관의 스페이스 프로그램은 관의 성격이나 관의 유형에 따라 다르게 나타나지만, 일반적으로 박물관에서 수용하는 주요 기능공간을 중심으로 스페이스 프로그램을 구성하면 아래 표와 같은 일반적 예시가 가능하다.

또한 박물관 스페이스 프로그램에서 각 소요실의 규모산정은 전시공간의 연출특성과 전시자료의 속성, 관의 수용인원, 조직구성 등에 따라 매우 다른 양상을 보이지만 일반 계획론적인 접근을 통하여 객관화된 지표[7]로서 대략적인 규모는 산정할 수 있다.

영 역	실 명	산 출 근 거	비 고
E. 전시영역			
	E10. 상설 전시실 1	– 국내외 사례 검토	
	E20. 상설 전시실 2	– 국내외 사례 검토	
	E30. 상설 전시실 3	– 국내외 사례 검토	전시밀도 수준, 국내외 유사사례 영역별 비교 및 전시영역에 대한 면적배분 비율 등을 중심으로 정량적, 정성적 판단
	E40. 특별 전시실		
	E50. 기획 전시실		전시준비실 포함
P. 공공편의 영역			
	P10. 중앙홀 (Main Hall)		
	P11. 홀 + 안내		
	P12. 수유실, 의무실	– 라커 1개당 0.5㎡	
	P20. 뮤지엄 숍	– 연면적의 0.4% 적용	기념품 판매점, 창고 포함
	P30. 카페테리아		카운터, 홀, 주방, 창고 포함
A . 사무관리 영역			
	A10. 관장실	– 1인 × 80(㎡/人)	
	A20. 부속실	– 탕비실 포함	
	A30. 회의실 1	– 준비실 포함	
	A40. 기획부	– 12(㎡/人)~4(㎡/人)	박물관의 조직을 고려하여 소요실 구성
	A41. 기획총괄과		
	A42. 홍보출판사		
	A43. 사업운영과		
	A44. 회의실 2		
	A50. 시설운영부	– 12(㎡/人)~4(㎡/人)	부서의 구성인원수를 고려
	A51. 경영지원과		
	A52. 시설운영과		
	A53. 문서실		
	A54. 회의실 3		
	A60. 자료실		
	A70. 기타 지원공간		방호원실, 중앙방재실, 샤워실, 창고, 탈의실, 기타 관리지원 시설 등
	A90. 전산실		중앙통제실, 정보처리실, 전산운영실, LAN실, 자료창고 등
E. 교육연구 영역			
	E10. 연구영역		
	E11. 전시운영실	– 12(㎡/人)~4(㎡/人)	
	E12. 학예연구실	– 12(㎡/人)~4(㎡/人)	
	E13. 유물과학실	– 12(㎡/人)~4(㎡/人)	

7) 단위공간에 대한 면적산출의 근거는 다음의 참고문헌 자료를 참고로 하여 작성한 것임.
  – 국립중앙박물관 기본계획연구 보고서, 국립중앙박물관, 1998
  – 실내디자인각론, 기문당, 2002
  – 건축설계자료집성 7 건축문화, 집문사, 1986

영 역	실 명	산 출 근 거	비 고
	E14. 보존처리실	− 12(㎡/人)~4(㎡/人)	
	E15. 회의실 1	− 12(㎡/人)~4(㎡/人)	
	E16. 자료운영과	− 12(㎡/人)~4(㎡/人)	
	E17. 교육운영과	− 12(㎡/人)~4(㎡/人)	
	E18. 자료실	− 1좌석당 2.3㎡ (탁자+의자)	자료실관리자 점유면적 포함
	E19. 정보검색실	− 0.01㎡/권	
	E20. 휴게실	− 1좌석당 2.3㎡ (탁자+의자)	
	E21. 연구지원 시설		
E30. 교육영역			
	E31. 강의실 1		기자재창고 포함
	E32. 강의실 2		기자재창고 포함
	E33. 세미나실 1		
	E35. 강사준비실		
S. 수장 영역			
	S10. 수장고		수장고는 수장품의 특성과 크기를 고려하여 적절히 구분하여 나누어 배치
	S11. 수장고 1		
	S12. 수장고 2		
	S13. 수장고 3		
	S15. 임시수장고		
	S20. 반출입공간		수장고와 인접하게 배치
	S21. 하역장		
	S22. 포장 / 해체실		
	S23. 훈증실		
	S24. 비품창고		
	S30. 수장지원 시설		
	S31. 자료수리실		
	S32. 모형제작실		
	S33. 사진 스튜디오		사진촬영을 위한 층고가 필요
	S34. 사무실		
M. 유지관리 영역			
	M10. 중앙통제 시설		
	M11. 중앙방재실	− 5(㎡/人)	관리인원수에 따라 조정
	M12. 방송실	− 15(㎡/人)	
	M13. 당직실	− 20(㎡/人)	
	M14. 기기장비실		
	M20. 기계실		
	M30. 변전실		
	M32. 발전기실		
	M33. 축전기실		
	M34. 변전실		
	M35. U.P.S 실		
	M40. 부속시설		
	M41. 작업실 (남/녀)		
	M42. 샤워 / 탈의실	− 4(㎡/人)	
	M43. 잡자재 창고		
	M50. 공용공간		계단실, 복도, 공용화장실 등

소규모 박물관의 경우, 스페이스 프로그램 사례

영역구분 및 소요실	SPACE PROGRAM
O. 야외 전시영역 및 옥외 시설계획	야외 전시영역을 포함할 수 있다
E. 전시영역	전체 연면적 규모의 20~30% 수준
E10. 제1전시실	전시준비실을 포함하는 경우도 있다
E20. 제2전시실	
E40. 특별전시실	
P. 공공·편의영역	
P10. 중앙 홀 / 인포메이션 / 티케팅 / 화장실 / 라커룸 등	라커 : 0.5m²/1개, 안내 카운터 : 5m²/1인
P20. 뮤지엄 숍	
P30. 카페테리아 / 식당	1.5m²/1인
E. 교육·연구영역 / 유지·관리영역	
E10. 학예연구실 / 일반 사무실 / 관장실	사무실 : 7m²/1인
E20. 도서관 / 강당 / 세미나실 / 강의실	강의실, 세미나실 : 2m²/1인
S. 수장영역	전체 연면적 규모의 7~12% 수준
S10. 수장고 / 임시수장고	
S50. 기타 지원시설	포장해체실, 사진촬영실, 창고 등
H. 공공영역	
H10. 변전실 / 기계실	
H20. 중앙통제실	
H30. 창고 등 공용공간	

전시공간의 스페이스 프로그램은 전체적인 전시주제와 조닝에 따라 구분될 수 있으며 전시준비실을 포함하는 경우도 있다. 특히 특별전시실이나 기획전시실을 계획하는 경우에는 기획전시나 특별전시의 전시자료 교체를 위해 임시적으로 일반관람객의 출입을 금지하는 경우도 있기 때문에 다른 상설전시실과는 영역과 동선상 구분하여 독립적으로 설치하는 것이 좋다.

전시공간에 특별한 교육적 체험공간이나 독립 부스 형식의 공간이 요구되는 경우에는 이를 스페이스 프로그램으로 설정하여 운영할 수 있다.

2.3 조닝과 동선체계

박물관을 구성하는 다양한 기능의 시설공간들은 적절한 조닝(zoning)의 구분에 의해 계획되어진다. 공간을 조닝하는 기준은 관리운영 측면에서 공간의 조닝, 기능에 따른 공간 조닝, 사용시간대에 따른 공간의 조닝과 같은 측면에서 고려해야 한다.

박물관의 조닝은 공간의 기능에 따라 매우 다양한 요구를 갖는다. 따라서 공간의 조닝이 면밀하게 초기에 구상될 필요가 있다. 공간의 조닝에 있어서는 이상과 같은 세 가지 측면이 고려되어야 하며 이에 따라 전시, 수장, 관리 등의 기능을 적절하게 연계시켜야만 한다.

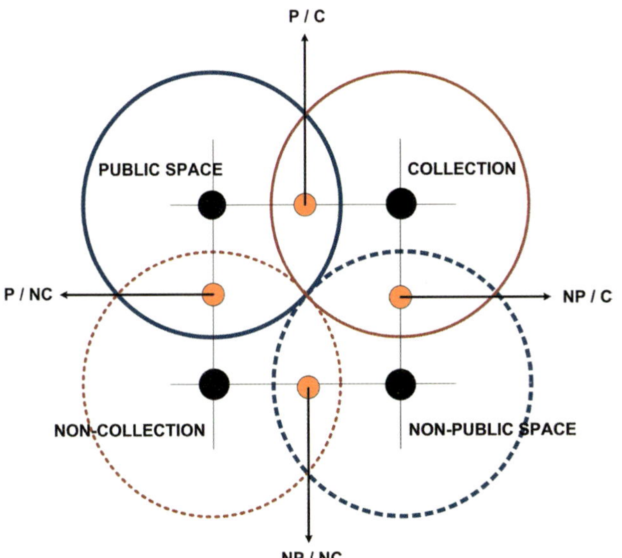

관리운영 측면에서의 조닝

박물관의 관리운영 측면에서의 조닝은 전시자료인 collection과 관람자를 중심으로 구분된다. 전시자료의 조닝은 전시공간과 전시준비실, 자료의 보관장소인 수장공간 등의 collection zone과 자료와는 전혀 관계가 없는 휴식공간, 관리공간 등의 non-collection zone으로 구분된다.

관람객의 조닝은 관람객이 주로 자유롭게 이용이 가능하게 되는 전시공간과 홀, 복도, 화장실 등의 공공공간인 public zone과 직원들의 관리공간, 학예원실, 수장고 그리고 관리시설을 이용하는 기타 특수목적 방문객이 주로 이용하는 non-public zone으로 크게 구별할 수 있다. 영역적 구분은 원칙적으로 명확한 경계를 가져야 한다. 다만, 교육시설의 이용자들이 현장교육 프로그램과 관련하여 전시공간을 방문한다든지 전시공간을 관람한 관람객들이 도서실, 자료실과 같은 교육공간으로 이동하는 특별한 경우에 공공적으로 이동할 수 있는 영역 간의 통로가 필요하다.

기능에 따른 공간 조닝

박물관이라는 전시공간에서 요구되는 각종 기능에 따라서 매우 다양한 영역이 필요하다. 각 기능공간과 영역은 그 역할과 수용되는 시설이 다르며 관람객의 동선과 전시자료의 배치, 관리자와 관람객의 관계, 요구되는 소요실의 배치 등에 따라 박물관의 전체적인 공간구조가 형성되게 된다.

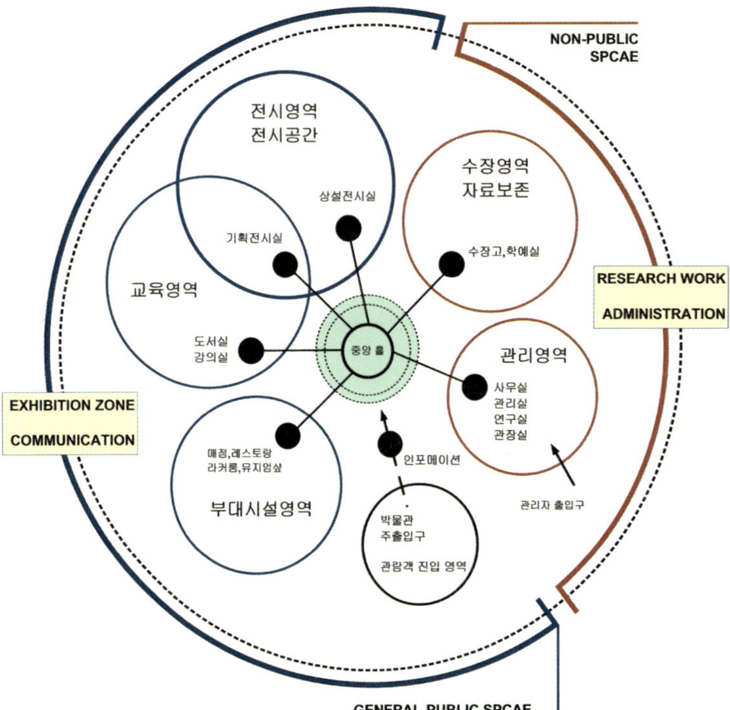

참고 : 사용 시간대에 따른 공간의 조닝

박물관의 사용 시간대는 24시간 개방사용 영역, 24시간 비개방사용 영역, 관람시간 사용영역으로 크게 구분된다. 24시간 개방 사용 영역은 보통 박물관의 주차장이나 공원, 야외 전시공간 등의 외부 공간영역으로 구성되며, 24시간 비개방사용 영역은 일반관람객의 출입이 불가하며 보안이 철저하게 유지되어야 하는 수장공간이나 관리공간 영역으로 구성된다. 또한 관람시간 사용영역은 전시공간이나, 홀, 도서관, 영상관 등 관람객이 전시관람 시간대에 자유롭게 출입이 가능한 영역으로 구성된다. 현대의 전시공간은 24시간 개방영역의 비율을 높여 시민들에게 보다 개방된 형태의 문화공간으로 자리 잡고 있다.

박물관 조닝과 관련하여 박물관의 동선체계는 전체관의 구성에 있어서 매우 중요한 의미를 지닌다. 박물관의 동선체계는 크게 인적 동선과 물적(전시자료) 동선으로 이루어지며 이들의 수평동선 체계는 대부분의 경우에 복도형식으로 이루어진다.

(1) 인적 동선체계

박물관 인적 동선은 관람객 동선과 관리자(직원)동선으로 구분되어진다.

관람객 동선은 진입 홀에서 전시실, 교육공간, 체험공간 등을 거쳐 관람을 마치고 출구로 나가는 것이 일반적이다. 관람자가 가장 먼저 접하게 되는 진입 홀 부분은 충분한 넓이와 천장고 그리고 박물관을 대표하는 상징 전시물이 배치되어 관의 이미지 전달과 흥미유발을 유도하도록 한다. 규모가 클 경우에는 상설전시장과 특별전시장 그리고 단체를 위한 입구를 별도로 두는 것이 바람직하다. 관람자 동선거리에 따라 적정한 곳에 휴식과 야외조망 등의 공간을 배치하여 전시관람의 피로해소와 휴식을 위한 배려도 필요하다.

관리자 동선은 일반관리 동선과 학예직원 동선으로 구분되며 소규모일 경우에는 자료의 동선과 상당부분 겸할 수 있으나 학예직원 동선은 수장고나 자료보관 공간과 밀접한 관계를 유지하도록 계획한다.

(2) 전시자료 동선체계

전시자료의 동선체계는 수장을 위한 수장동선, 연구활동을 위한 학예연구 동선, 전시를 위한 전시동선으로 크게 구분된다. 자료의 동선체계는 한 방향체계가 아닌 다방향적 체계로 다양하고 복잡하며 기능별 공간을 공유하기도 하고 자료의 종류에 따라서도 달라진다. 그리고 자료의 동선체계는 학예직원의 연구활동에 많은 영향을 미치므로 세심한 배려가 요구된다.

1) 수장동선은 자료가 외부로부터 박물관으로 반입되어 보존되기까지의 동선을 말한다. 외부에서 유물 등의 자료가 반입되면 포장해체실을 거쳐 정리·기록, 촬영이 되고 훈증실에서 소독한 후 자료보존에 적합한 환경을 가진 수장고에 보관된다. 자료의 조사나 연구, 수리 등이 필요할 경우 조사·연구 공간을 경유하는 경우도 있다. 자료의 정리여부와 보존의 상태에 따라 임시수장고에 일시적으로 보관하기도 한다.

2) 학예연구 동선은 자료가 반입되어 수장고를 통하여 조사·연구 공간으로 자료가 이동되는 경로를 말한다. 자료는 조사실을 거쳐 그 상태에 따라 보존과학실이나 복원실을 거치며 연구실에서 연구대상 자료가 되기도 한다. 연구활동과 자료화를 위하여 사진촬영 등의 과정을 거치며 전시되거나 수장고에 보관되는 이동을 하게 된다.

3) 전시동선은 내부에서 자체적으로 보존해온 자료인지 외부에서 일정기간 동안 대여한 자료인지에 따라 그 동선체계가 다르다. 내부자료일 경우, 수장고나 연구공간에서 이동하게 되지만, 외부에서 대여의 형태로 일시적인 기간 동안 전시하게 되는 자료일 경우는 포장해체실이나 임시수장고에서 전시공간으로 이동하게 된다. 전시자료들은 전시준비실에서 전시준비를 마친 후 전시공간에서 관람객에게 공개되어 진다.

박물관의 동선계획 시에는 관람객의 흥미도나 선택의 경향에 관계없이 관람에 필요한 동선을 관람객 스스로 찾아 자연스럽게 움직일 수 있도록 전시 layout을 유도하면서 다양한 경험과 즐거움을 갖도록 디자인되어야 한다. 또한 관람동선에 따라 새롭고 관람객의 관심을 유발할 수 있는 요소(움직이는 전시자료, 대형 전시자료, 특이하거나 유명한 전시자료, 국보급의 희귀한 전시자료 등)를 배치함으로써 관람객의 관심이 지속적으로 유지되도록 해야 한다.

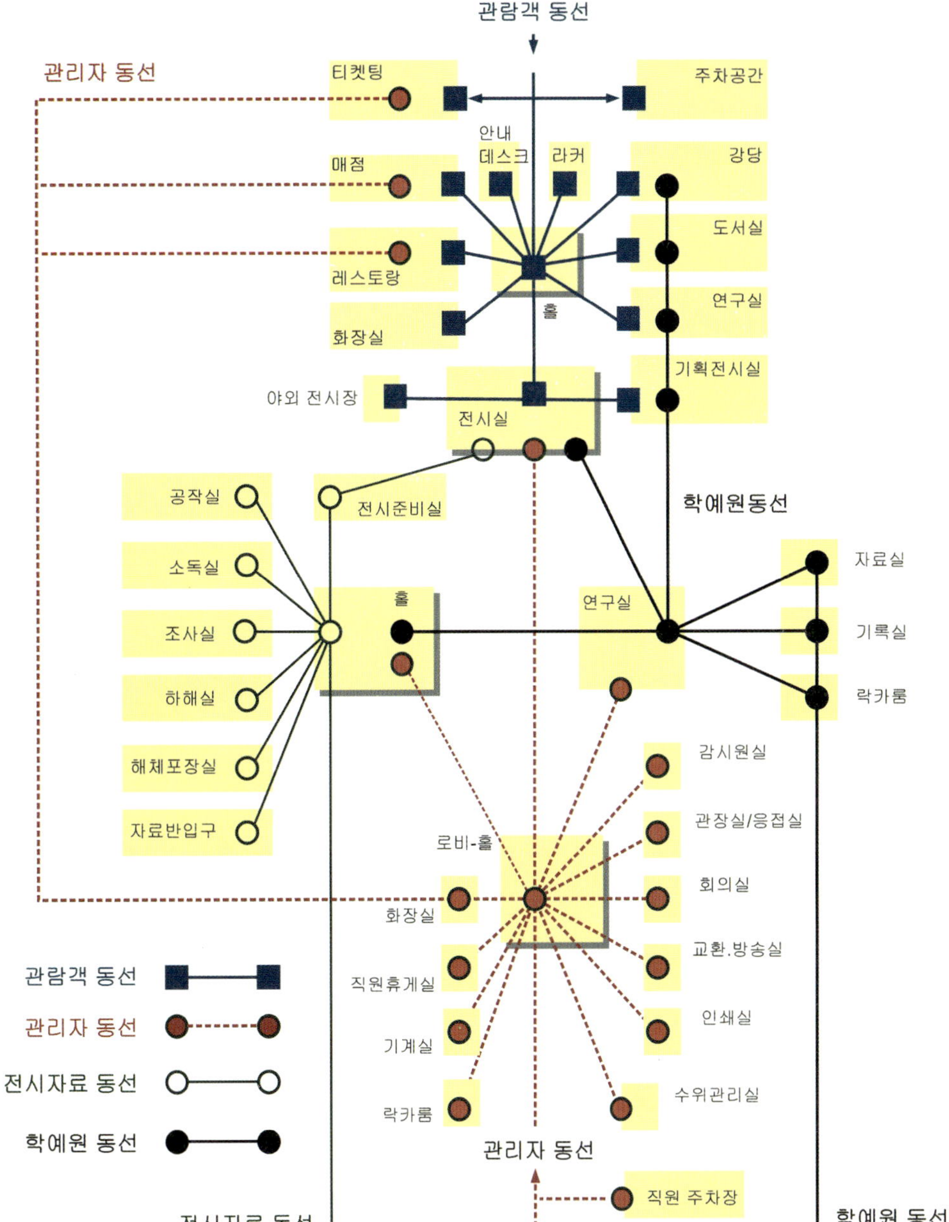
관람객 동선
관리자 동선
티켓팅
주차공간
안내 데스크
라커
매점
강당
도서실
레스토랑
연구실
화장실
기획전시실
홀
야외 전시장
전시실
학예원동선
공작실
전시준비실
소독실
자료실
조사실
홀
연구실
기록실
하해실
락카룸
해체포장실
감시원실
자료반입구
관장실/응접실
로비-홀
회의실
화장실
교환.방송실
직원휴게실
인쇄실
기계실
수위관리실
락카룸
관리자 동선
관람객 동선
관리자 동선
전시자료 동선
학예원 동선
전시자료 동선
직원 주차장
학예원 동선

(3) 전시공간의 배치에 따른 조닝 설정

전시공간의 조닝은 매우 다양한 방법으로 접근 가능하지만 무엇보다도 관람자들의 동선과 각 전시주제별 영역에 대한 전시 시나리오 전개순서에 따라 결정하게 된다.

박물관에 관람자가 입장하게 되면 중앙 홀과 인포메이션 공간을 거치게 되며, 이후 전시공간에 입장하면서부터 본격적인 관람행위가 시작되게 된다. 따라서 각 전시영역들의 조닝은 실제로 관람객의 이동동선에 영향을 미치고 관람자가 전시자료를 보는 순서를 결정하게 되기 때문에 이에 대한 고려가 필요한 것이다.

또한 전시 시나리오상의 각 전시주제가 시대순으로 이루어지거나 연관성이 있는 전시주제별로 함께 조닝을 하는 것이 관람객의 이해도를 높일 수 있는 경우도 있기 때문에 이에 대한 고려가 필요하다.

아래 그림은 전시공간에서의 조닝에 대한 대표적인 4가지 유형이다.

Labyrinth type (미로형)

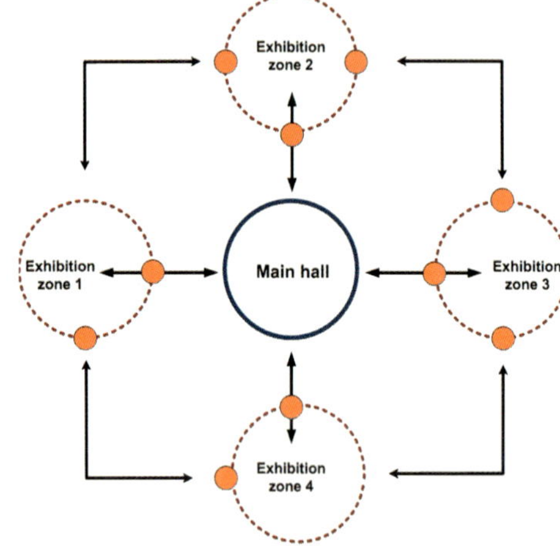

Satellites type(개실형)

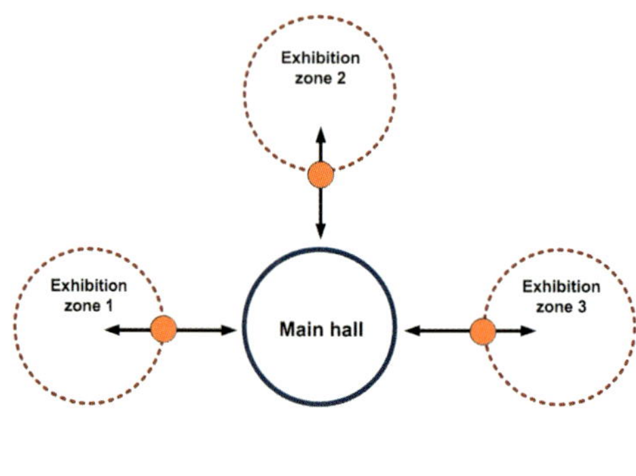

Open plan type (오픈 플랜형)

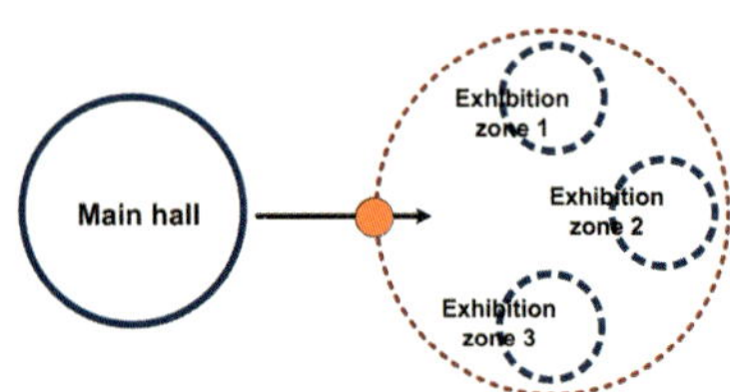

Linear type (직선형)

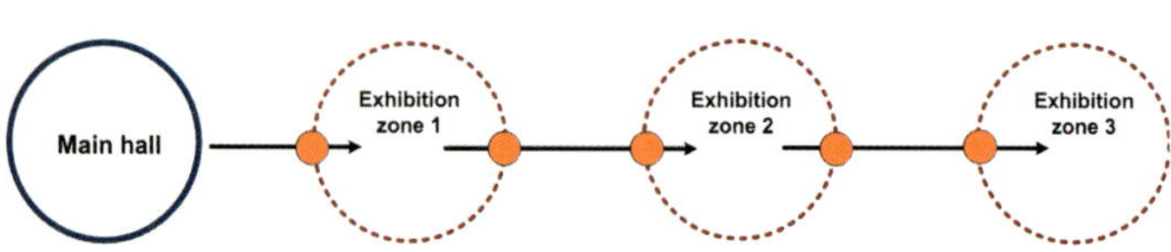

2.4. 공간계획 요소 (전시공간 / 수장공간)

(1) MUSEUM 공간계획의 지표

전시공간의 건축계획과 전시설비, 전시매체와 전시연출 계획의 요점은 무엇보다도 어떤 전시자료를 중심으로 다루는 전시관인가 하는 것과 관의 정책과 방향에 충분하게 대응할 수 있어야 한다는 것이다. 또한, 전시관이 추구하는 정책과 방향성에 부합되는 전시 아이템의 선정과 전시매체 계획이 필수적인 계획요건으로 작용된다.

박물관의 전시공간 계획에 있어서 대부분의 경우는 예산과 그 공간적 규모가 이미 정해져 있는 경우가 많으며 주어진 예산규모와 공간규모 내에서 최적의 전시연출 계획을 실현하는 것이 궁극적인 박물관 전시공간 계획의 지표가 된다 해도 과언이 아니다.

따라서 전시기획 단계에서부터 설계단계에 이르는 과정에서 전시자료의 수와 공간규모에 부합하는 전시 존의 구성, 전시연출 매체와 관람객의 동선 등에 대한 매우 치밀한 고려가 필요한 것이다. 특히 전시공간의 경우, 전시자료의 유형도 매우 다양해서 역사적으로 매우 귀중한 실물자료들은 도난사고 등에 대한 안전이나 자료의 먼지나 외기의 영향으로 인한 파손에서 보호하기 위하여, 결국 쇼케이스라는 전시매체를 통하여 보관되어 전시되는 경우가 많기 때문에 다양한 쇼케이스 타입과 치수, 구성 등에 대한 기초적 이해가 없으면 도면을 그려내기 어렵게 된다. 또한, 전시공간은 결국 전시자료가 위치하게 되는 공간이기 때문에 관람객이 어떠한 순서로 전시자료를 보도록 할 것인가? 상설전시인지, 기획전시의 형태인지 등에 대한 검토가 반드시 필요한 것이다.

박물관 전시공간의 공간계획 지표는 가장 기초적인 기능과 요구조건에 대한 검토요건이며, 이들은 계획 시 반영되어야 하는 요소다.

수장공간의 경우는 전시 디자인과는 별게의 문제이지만 박물관이라는 공간계획에 있어서는 매우 중요한 공간 중의 하나이기 때문에 기본적인 요건은 알고 있는 것이 좋겠다. 수장공간은 자료를 보존하는 매우 기능적이고 설비중심으로 구성되는 곳이다. 따라서 수장공간의 배치와 공간구성, 마감재료와 층고 등에 대한 기본적인 사항은 파악하도록 하자.

박물관은 매우 다양한 공간기능을 수용한다. 특히 가장 중요한 전시공간과 수장공간에 대한 계획상의 지침과 요건에 대한 기본적인 지침을 모른다면 결코 성공적인 설계를 하기는 어렵다. 또한, 박물관에는 전시공간과 수장공간만이 존재하는 것이 아니기 때문에 이들 공간과 더불어 전시 홀, 관리공간, 관람자들을 위한 부대시설 공간 등에 대한 기초적인 계획지표를 숙지하는 것은 매우 중요한 일이 된다.

소규모 박물관의 경우, 수장고가 없는 경우도 있고 전시공간과 관리공간 그리고 최소한의 공용공간을 두는 경우도 있지만, 중규모 이상의 관에서는 박물관이라는 문화시설이 하나의 건축물로서 그 기능을 다하기 위해 최소한으로 갖추어야 하는 다양한 기능공간이 존재하게 된다.

여기에서는 중규모 수준의 박물관을 중심으로 각 소요공간의 구성과 계획적으로 이해하고 있어야 하는 기초적인 공간계획 지표를 제시하여 박물관 계획에 대한 접근성을 높이고자 한다.

박물관의 각 기능공간별 계획지표

1. 하역장

- 반입되는 전시자료의 먼지제거, 세척, 조립, 해체 등이 행해진다.
- 보안을 위한 강화 셔터나 감시 카메라 설치가 필수적이다.
- 하역장의 바닥높이는 트럭 바닥 높이 정도로 단 차이를 두어야 한다.

2. 훈증실

- 최소 10㎡의 면적확보가 요구된다. 외기에 직접적으로 접하여 설치한다.

3. 훈증실 전실

- 훈증실에는 전실을 두며 전실은 방의 밀폐성에 특별히 주의한다.

4. 수리공작실

- 반입되는 전시자료들의 정리공작·수리를 위한 작업대나 공작대가 필요하다.
- 액자나 전시대의 부분적인 수리와 보수가 가능한 정도의 공구와 작업도구의 배치가 요구된다.
- 학예원들의 출입이나 접근이 용이한 장소에 배치한다.
- 종종 물을 사용하기 위한 공간이 요구되는 경우(전시자료가

주로 동식물과 같은 자연사계 박물관인 경우는 물을 사용하는 공간이 필수적이다)도 있다.

5. 촬영실

– 반입된 전시자료의 라벨이나 자료보존을 위한 사진촬영 공간이다.

– 반입되는 자료의 크기는 매우 다양하기 때문에 관에서 주로 취급하는 전시자료들의 크기를 고려하여 촬영실의 규모를 신중하게 고려한다.

– 촬영실의 상부에 사진 전문가가 매달려서 자료에 대한 촬영이 가능하도록 촬영보조 기기를 설치하는 경우도 있는데 이때, 촬영실의 층고를 최소 5미터 이상은 확보하여야 한다.

6. 회의실

– 주로 사무직원이나 학예원들의 미팅 장소로 활용한다.

– 주요한 회의나 브리핑을 위한 공간으로 적정한 인테리어와 규모계획이 요구된다.

7. 정리실

– 각종 물품들의 창고로서 활용한다. 물품보관용의 공간으로 이용한다. 수납장이 요구된다.

8. 9. 수장고 전실

– 화재와 단열에 유효한 특수 방화문을 사용한다.

– 수장고에는 반드시 전실을 두어야 하며 전실에는 환기와 충해에 대비하기 위한 설비가 구비되어야 한다.

10. 11. 수장고[8]

– 수장고의 규모는 전시자료를 고려하여 그 규모와 층고를 계획하여야 한다.

– 수장고에는 외기에서 직접적인 공기유입이 없도록 설비한다.

---

8) 田邊悟, 건축지식, 1984, 6월호, p.114 / 임채진 외, 박물관의 전시환경계획지침에 관한 연구, 1995, pp.136~141 재인용.

– 수장고는 지속적인 자료반입과 보존이 요구되는 공간이기 때문에 자료량의 증가에 대비한 향후 증축이나 시설규모의 변화에 대비할 수 있도록 계획한다.

– 자료의 보존에 최적인 위치에 배치하며 단열, 온·습도 조정, 조명, 환기에 주의

– 수장고 내부의 자료보관을 위한 선반은 가급적 목재가 요구된다.

– 수장고는 보존해야 하는 자료의 특성에 따라 각각 다른 공조와 온도조절 설비가 요구된다.

– 외부공기가 직접 수장고 내에 유입되지 않는 방법이 요구된다.

수장고의 일반 계획조건　– 충분한 공간확보를 하여 장래 증축에 대비하는 것이 좋다.

– 고(저)습도를 필요로 하는 자료, 특히 파손되기 쉬운 귀중한 자료는 전용수장고에 수납되어야 하며 특수한 경우를 제외하고 변온·항습을 원칙으로 한다.

– 반드시 전실을 설치하고 이 공간을 온·습도 가변공조로 할 것인지에 관해 검토한다.

– 공기의 오염인자, 결로 및 냉해 등의 피해제거에 대해 검토한다.

– 연구실, 공작실, 촬영실 등의 공간과 가깝게 배치한다. 또한 규격화된 수납가구를 설치한다.

– 자료의 특성과 물리적 성질에 따라 수장고를 구분하며 자료의 가치에 따라서도 수장고를 구분한다.

– 바닥은 연질재료를 사용하여 자료가 떨어졌을 때 충격완화를 시킬 수 있게 한다.

수장고의 바닥　수장고에서 바닥을 설치할 경우 주의할 점은 다음과 같다.

– 바닥의 단열성능을 높일 수 있는 재료, 공법을 선택하며 바닥재료를 선택할 때의 기준은 아래와 같다.

· 미끄러지지 않고 마찰저항이 크지 않아야 한다.

· 연질로 자료의 이동 시 진동이나, 만에 하나 떨어졌을 때 충격을 다소 흡수할 수 있도록 쿠션성이 있어야 한다.

· 틈이 생기지 않아야 한다.

· 먼지를 유발시키지 않아야 한다.

· 청소하기 쉬운 재료여야 한다.

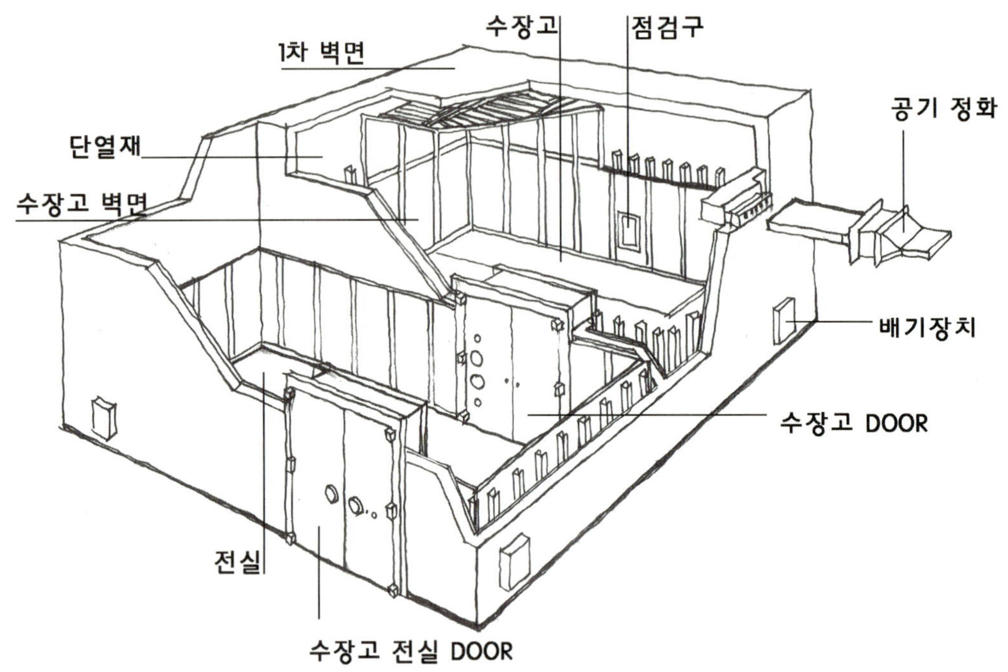

마루가메 구니치로 이노쿠마 미술관의 수장고

· 시공이 쉬워야 한다.

· 유해한 휘발성분이 없어야 한다.

· 벌레에 상하지 않아야 하고 정전기를 띠지 않아야 한다.

· 목재로 된 졸참나무, 너도밤나무 등의 재료를 이격시켜
  야 하며, 옹이가 없어야 한다. 옹이가 있을 경우 송진에
  의한 화학반응을 일으키기 때문이다.

– 1층의 경우 콘크리트 바닥에서 수장고의 마감재료를 구해
  야 하며 공기층을 확보하여야 한다.

– 바닥을 건물구조체에서 격리시키는 것은 지반에서 습기
  를 방지하는 것이 주목적이며, 과도한 통풍으로 인하여
  수장고 내의 온·습도에 오히려 영향을 받지 않도록 하는
  것도 필요하다.

– 자료의 하중을 고려하여 필요한 적재하중을 견딜 수 있는
  구조를 취해야 한다.

수장고의 벽　　수장고의 벽을 설계할 경우 유의해야 될 사항
은 다음과 같다.

– 외벽 또는 인근실의 구조벽의 내측에 단열재를 설치하고,
  공기층 또한 내벽을 구축해야 한다.

– 벽의 내측 파티션에 알루미늄 페이퍼가 부착된 +50mm 정
  도의 단열재를 취부하고 공기층을 두며, 외벽을 25mm 정
  도 스플스 목재를 설치하거나 조습 판넬을 설치한다.[1990
  년 이후 인공조습 판넬이 증가하고 있는 추세다]

- 공기층의 공기는 이중바닥의 공기층과 통하며, 천장 속으로도 통하도록 하여 이러한 유통을 조절할 수 있는 시스템이 바람직하다.(조습판넬을 쓸 경우 air chamber 부분과 수장고 내부를 완전히 차단하기도 한다)

- 수장고 내벽에는 삼나무 24~30mm를 이용한 역V형 커팅 이음과 같이 못을 사용하지 않는 조립식 구법에 의한 목재를 사용하는 경우가 많다. 못을 사용할 경우 못의 산화에 의한 화학작용이 있기 때문이다. 또한 최근에는 9~12mm 정도의 내수합판과 목질 계통의 조습 섬유판을 사용하는 경우가 증가하고 있는 추세이다.

수장고의 천장고　천장고는 공조 설비의 유무와 그 방식에 따르지만, 최저 3m를 확보한다. 4.5m 내지 4.8m 이상을 확보할 경우 중 2층의 수장 선반을 설치하여 수장량의 증가에 대한 대비가 이루어질 수 있으며, 또 큰 민속자료 등을 수납할 경우에도 편리하다.

특별수장고 등의 천장고는 당연히 자료의 크기에 따라 다르지만, 조각 등은 0.2~0.8m 정도의 선반 위에 놓고 그 자료의 최상부 위치에서 0.6~1.0m 이상의 공간을 천장 면에서 띄어야 하는 것이 바람직하다. 또한 수장고 내의 미세한 기류이동을 완화시켜야 한다.

수장고의 천장　천장면은 단열성을 높게 하고, 결로 등이 일어나지 않는 재료를 사용한다. 플라스틱 등이 많이 사용되며 천장재의 위에는 알루미늄 페이퍼가 취부된 글라스울을

50mm 두께로 쓰는 경우가 있으며, 또한 내수합판과 조습 판넬에 의한 최근 개발된 공법도 유효하다.

수장고의 개구부 – 창 : 수장고는 본래 수장고 내에 외기가 혹은 이중벽 사이의 공기가 들어오는 것은 바람직하지 않다. 그러나, 수장재료 및 수장고 내의 상황에 따라서 벽에 소규모 창을 만들어서 외기를 들여보내고 수장고 내의 공기를 배출할 필요도 있다. 이 경우 반드시 개폐할 문을 설치한다. 또한 창 자체에 결로가 생기지 않도록 하는 것이 필요하다.

– 출입구 : 개구부는 유지·관리 측면에서 그 수와 크기를 극히 제한해야 한다. 수장고의 출입구는 원칙적으로 1실 1개소로 하며, 각 수장고의 출입구는 한 곳으로 집중시킨다. 자료를 운반하는 트레일러를 밀고 다닐 경우를 대비하여 수장고 내·외부 사이에 단차이가 생기지 않도록 한다. 바깥문은 자폐장치가 부착된 방화문에 석면, 그 외의 단열재를 채우고 연기를 되돌려 보내는 3단 장치를 원칙으로 한다.

12. 숙직실

– 관의 야간 경비원을 위한 숙직시설이 요구된다.

13. 경비실

– 관리공간에 대한 출입을 관리. 사람의 출입을 체크, 전시실의 감시가 가능하도록 한다.

– 전시공간에 설치한 감시 카메라 전체를 통제할 수 있는 감시공간으로 사용 가능하다.

14. 관리자 출입

– 전시공간의 관람자들의 출입구와 관리직원들의 출입구는 분리하는 것이 좋다.

– 관리직원의 공간은 관람자들의 출입이 가능한 공간과 분리하여 계획한다.

15. 학예연구실

– 학예연구원을 위한 공간으로 수장고 및 전시자료와의 접근이 용이한 장소에 배치한다.

16. 홀

– 관리자들의 이동과 휴식공간이다. 적정한 휴게시설이나 음료자판기 등을 설치한다.

17. 사무실

– 관리자들의 주된 업무공간으로 사무기기와 적정조도의 유지 및 쾌적한 사무환경 구성이 중요하다. 효과적인 업무를 위한 오피스 랜드스케이프가 요구된다.

특별 수장고의 출입문과 입구 전실

18. 관장실

- 주요한 VIP 손님을 접대하기 위한 공간과 관장의 사무공간이 요구된다.

19. 자료실

- 주요한 데이터나 관에서 소장하는 각종 자료들에 대한 보관장소로 활용한다.

20. 도서실

- 관에서 진행했던 전시책자나 전시자료에 대한 문헌 등을 보관하는 공간이다.
- 전시실의 폐관시간과 관계없이 일반인들의 사용이 가능하도록 현관홀로부터 직접 출입이 가능해야 하며 전시관람 시간 중에도 관람객들에게 개방한다.
- 관에서 전시하거나 보존하는 자료들에 관한 책자와 문헌자료, 잡지 등을 소장한다.

21. 관람자 출입구

- 전시를 보기 위하여 방문하는 일반관람자들을 위한 출입공간이다.
- 전시관람 시작시간부터 폐관시간까지 개방한다. 소규모 박물관에서는 견학자, 자료, 등이 같은 출입구를 이용하여

출입시키는 것이 가능하다.
- 단차이가 있다면 슬로프는 신체장애인과 노인을 위해 충분한 구배를 갖도록 계획한다.

22. 인포메이션

- 관람자들을 위한 전시안내와 안내요원을 배치하고 팸플릿이나 전시책자 등을 구비한다.
- 장애인용 휠체어나 전시관람용 PDP 대여공간 등을 포함한다. 관람안내를 위한 공간이다.

23. 전시 홀

- 전시실 및 박물관의 개요 패널 등, 관내의 안내 사인을 배치한다.
- 야외공간을 조망할 수 있으며 자연채광을 충분히 받아들이는 것이 좋다.
- 각 전시공간으로의 관람자 이동이 용이하도록 공간의 중앙에 배치한다.
- 전시에 대한 오리엔테이션 공간으로 전시자료에 대한 사전정보를 제공한다.

24. 상설전시실

- 전시물은 반드시 전시대에 설치하고 자료의 출입에 유의

Nagoya City Art Museum 도서실

Marugame Genichiro Inokuma 현대미술관 도서실 사례

한다.

- 천장고에 주의, 방음에 유의, 실내적정 조도유지, 무자외선 등을 사용한다.
- 전시실의 출입구는 방화구획용으로 우수한 방화문을 설치한다.
- 환기를 위한 배연설비와 방재설비를 반드시 설치한다.
- 미술관 전시공간의 경우 picture rail은 가변적으로 설치한다.
- 상설 전시공간의 경우 관람자의 동선 흐름이 단속되지 않도록 유의한다.
- 전시공간은 공간에 대한 과도한 건축적 표현보다는 전시자료에 대한 시각적 환경을 우선하여 디자인에 반영해야 한다.

25. 특별전시실

- 기획전시의 형태로 이루어지는 전시공간으로 공간에 가변성이 중요하다.
- 다양한 전시기획의 형태를 수용할 수 있도록 층고와 전시실 폭의 가변을 고려한다.

26. 전시준비실

- 자료의 간단한 수리, 전시준비를 위한 기자재의 수납공간이며, 전시준비 공간이다.
- 전시용 패널 및 전시 기자재를 수납한다. 임시 자료보관 장소로도 사용된다.

1. 서울역사박물관 인포메이션
2. 국립과천과학관의 어린이탐구체험관 인포메이션
3. 부산어촌민속관 인포메이션

(2) 박물관 단위 전시공간의 형태

전시공간에서는 관람자들이 자연스럽고 연속적인 동선의 흐름에서 방향, 거리, 시간 등을 파악할 수 있도록 해야 한다. 공간의 형태는 관람자들의 이동에 영향을 미치는 요소이며, 시각적인 측면에서도 관람자들의 이동방향과 관련 있는 공간계획 요소다.

이러한 동선을 중심으로 한 공간형태의 유형을 살펴보면 아래 그림과 같다.

원형형태
고정된 축이 없어 안정된 상태에서 지각하기 어렵다. 이러한 형태의 전시실에는 중앙에 주요한 작품을 배치시키고 주변에 그와 관련되거나 유사한 성격의 작품을 전시할 경우에 좋다

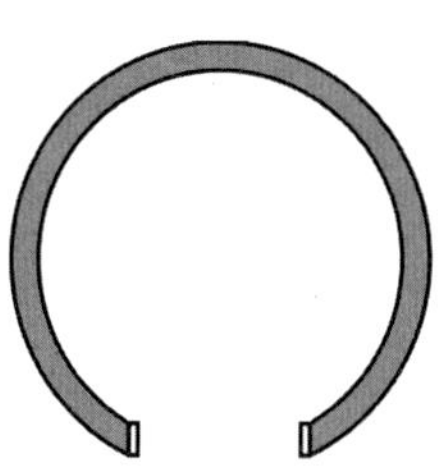

대칭형태
시각적 질서를 제공하는 데 효과적이다. 그러나 전시구성을 체계적으로 하지 않을 경우에는 관람객의 동선유도가 혼란스럽게 된다.

자유로운 형태
복잡하여 한눈에 전체를 파악하기 힘들다. 규모가 큰 전시공간에서는 부적당하며 전체적인 조망이 가능한 한정된 공간에서 사용된다.

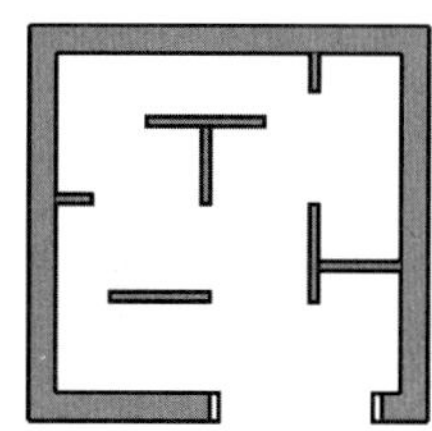

부채꼴 형태
전시실의 선택을 자유롭게 할 수 있으나 변화가 주어지면 관람자가 혼동을 일으키게 되므로 소규모 전시관에 사용된다.

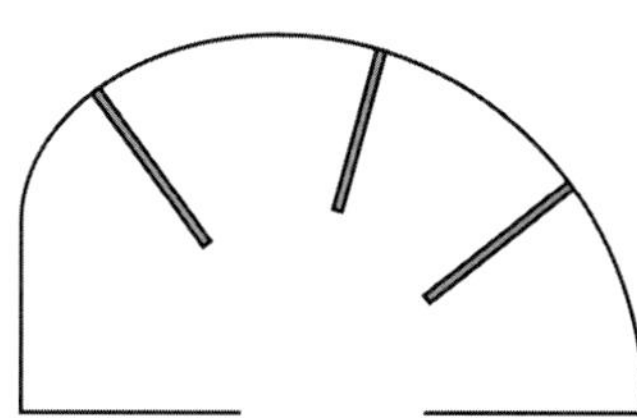

작은방의 조합
관람자가 자유롭게 여기저기를 둘러 볼 수 있도록 공간 형태에 의한 일방통행 동선유도가 요구된다.

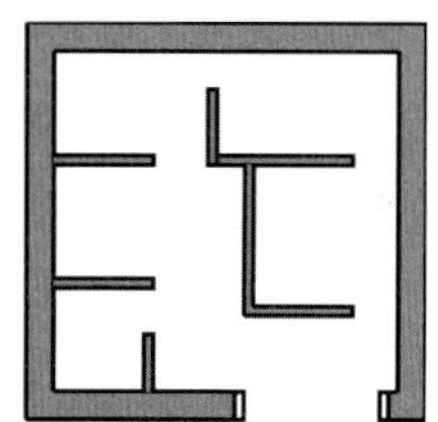

직사각형 형태
일반적으로 많이 사용되는 형태로 공간형태가 단순하고 분명한 성격을 지니고 있기 때문에 지각이 쉽고 명쾌하다.

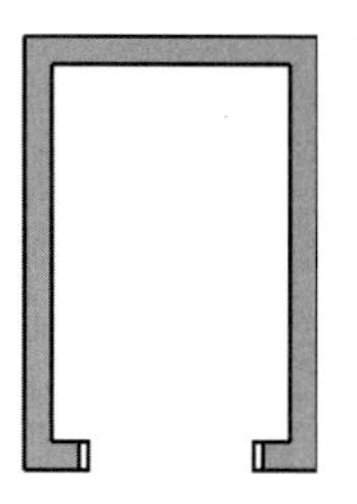

(3) 전시공간의 동선순회 형식

전시공간의 순로형식은 관람객을 위한 공간, 즉 입구에서부터 전시실을 관람하고 출구에 이르는 움직임의 흐름을 의미하는 것으로 전시공간의 기능을 좌우하는 매우 중요한 요소라 할 수 있는데, 연속순로 형식, 갤러리 및 복도형식 그리고 중앙 홀 형식으로 크게 3가지로 구분하여 분류가 가능하다.

전시공간과 전이공간의 연결, 전시공간과 복도의 연결방식에 따라 아래 다이어그램에서와 같이 동선순회 형식이 결정된다.

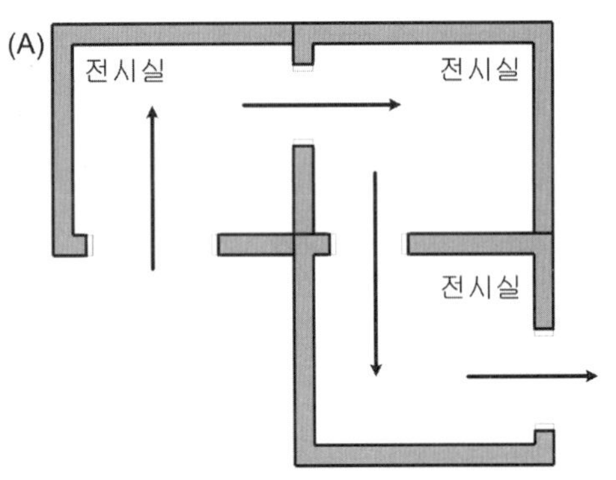

연속순로(순회) 형식
· 각 전시실을 연속으로 연결하는 형식이다.
· 단순하고 공간이 절약되며 소규모 전시실에 적합하다.
· 전시벽면을 많이 만들 수 있다.
· 많은 실을 순서별로 통해야 하므로 1실을 닫으면 전체 동선이 막히게 된다.

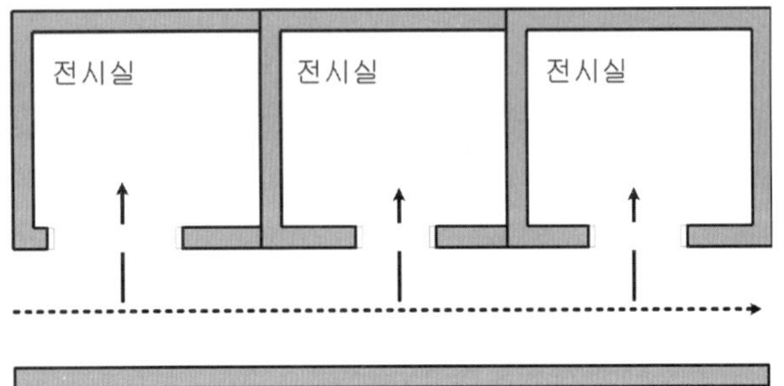

갤러리(gallery) 및 복도(corridor)형식
· 연속된 전시실 한쪽 복도에 각 실을 배치한 형식이며, 그 복도가 중정을 중심으로 동선을 구성하는 경우가 많다.
· 각 실에 직접 들어갈 수 있는 점이 유리하며, 필요하면 자유롭게 독립적으로 폐쇄할 수 있다.
· 복도 자체도 전시공간으로 이용이 가능하다.

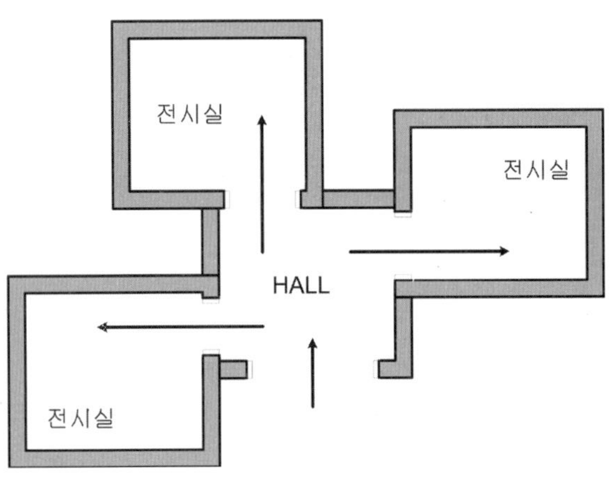

중앙 홀 형식
· 중심부에 하나의 큰 홀을 두고 그 주위에 각 전시실을 배치하여 자유롭게 출입하는 형식이다. 중앙 홀에 높은 천창을 설치하여 TOP-LIGHT로 채광하는 방식이 많다. 중앙 홀이 크면 동선의 혼란은 없으나 장래확장에 어려움이 있다.

EXHIBITION DESIGN & PLANNING

1. 전시계획의 전제

1.1 전시의 개념과 내용에 대한 이해
: 계획의 전제요건과 구성요소

20세기 이후, 박물관은 문화와 역사, 예술 등의 다양한 분야에 대한 지식과 체험의 장으로서 혹은 교육체험의 공간으로 변모해 왔으며, 나아가 사회에 대하여 끊임없이 메시지를 전달하는 문화시설로서 자리매김하고 있다. 동시에 박물관은 보존, 창고의 역할에서 벗어나 박물관 자료에 대한 과학적인 보존과 체계적인 관리의 역할이 보다 강조되어 가고 있다. 박물관은 전시 혹은 전시를 포함한 교육활동에서 일반대중과 소통하는 장소이며, 대중은 전시자료와 전시의 방법, 기획과 연출 등에 의해 그 전시공간이 추구하는 철학과 정체성을 확보하게 된다. 따라서 전시공간을 기획하고 디자인하는 사람은 관람자들이 전시자료를 쉽게 이해하고 보다 흥미를 가질 수 있도록 다양한 전시매체와 연출방법을 구현하여 이를 공간계획에 반영해야 한다.

전시개념과 분류

전시는 전시물과 관람자 사이의 공간적인 소통의 매체다. 따라서 전시공간의 조건은 전시물과 관람자의 양측을 모두 만족시키는 것이라 할 수 있다. 즉, 전시물의 입장에서 보면 보존의 기능이 가장 우선적인 요건이어야 하며, 관람자의 입장에서는 쾌적하고 이해(감상)도를 제고시킬 수 있는 전시공간 커뮤니케이션이 가장 중요한 요건이 된다고 볼 수 있다.

박물관 전시의 형태는 일반적으로 종합전시, 부문별 전시, 기획전시, 특별전시 등으로 구분된다.

종합전시와 부문별 전시는 상설적인 전시가 되는 경우가 많으며, 상설전시의 경우에 전시자료는 일정기간을 두고 교체되거나 영구적으로 전시된다.

기획전시와 특별전시는 테마를 정하거나 특별히 기획적인 자료를 전시하는 것으로, 보통은 전시기간이 1개월 혹은 6개월 등으로 기획 초기단계에서부터 한정되기 때문에 자료나 작

품 등의 반입과 출입, 포장해체 등이 극히 짧은 기간에 집중하며 발생되고, 특히 대여의 형태가 많기 때문에 보안 등에 대한 철저한 대비가 요구된다. 또한 특정기간의 전시준비에 대응할 수 있는 전시준비실 등과 같은 공간구축과 일시적인 관람객의 증가에 대비할 수 있는 공간적인 규모에 대한 대응과 고려가 반드시 필요하다.

전시의 내용과 유형

전시의 유형은 자료의 배치방법과 전시주제에 따라 체계전시(분류전시), 생태학적 전시(자연사 전시), 연대기적 전시, 주제전시, 비교전시 등으로 나눌 수 있다. 또한 전시의 의도에 따라 제시형 전시(감상전시), 예시형 전시(학술해설 전시)로 나뉘며, 전시의 기간에 따라 상설, 항구전시와 단기(임시)전시로 구분된다. 이와 같이 전시의 유형은 관점에 따라 다양하게 분류될 수 있으나, 대표적인 몇 가지 유형들을 살펴보면 다음과 같다.[9]

체계전시(분류전시)　학문의 전체 연구대상과 부분영역을 체계화하여 총체적 정체성을 이해하기 위한 전시유형이다.

수집자료가 갖는 기능적 맥락에 중점을 두기 때문에, 다양한 자료 간의 관계를 드러내기 위한 전시기술과 방법을 동원하여 여러 종류의 보조자료를 사용한다.

생태학적 전시(자연사 전시)　자료가 갖는 기술·문화적 환경, 자연환경, 생활문화적 환경을 이해할 수 있는 전시유형, 자료의 발생 및 형성상황, 이용상황, 분포상황 등에 대한 총체적인 이해를 유도하고, 자연환경에 대한 지식과 문화현상과의 연관성을 시도, 인공생태계와 복원자료, 디오라마 또는 실제자료를 결합한 전시유형이다.

9) 임채진 외, 박물관 전시환경계획지침에 관한 연구, pp.46~47 재인용.

연대기적 전시(시대순 전시)　　자료를 시대순서나 연대기적으로 나열하여 특정한 자료가 갖는 오랜 역사적 발달과정이나 변화과정을 일목요연하게 파악할 수 있는 전시유형이다.

주제전시　　특정한 주제나 자료가 갖는 형태적 다양성이나 지리적 분포, 자료의 희귀성 등을 나타내기에 적합한 유형이다. 특정자료가 갖는 당대의 자연, 문화, 예술, 사회적 상황을 구성하는 데 적절하다.

비교전시　　특정한 자료가 갖는 역사적·지리적 차이, 문화·예술적 차이, 생태적 차이 등을 밝히는 데 적절한 전시유형이다. 예를 들어, 시대별 자동차비교, 지역별 김치의 종류, 국가별 동전비교, 고래의 머리뼈 비교 등이 이와 같은 유형에 해당된다.

1. 생태학적 전시
낙동강하구언에코센터 사례(낙동강의 자연생태계를 재현하여 전시)

2. 연대기적 전시
세종이야기 전시사례(세종시대의 중요한 역사적 사실을 그래픽 패널과 모니터 영상을 통하여 년도별로 전시)

3. 비교전시
장생포고래박물관 사례(다양한 고래의 머리뼈를 비교하여 전시)

전시 디자인 구성요소

전시공간 디자인에 있어서 가장 중요한 3가지 요소는 전시공간, 전시자료 그리고 관람자다.

아래의 diagram은 전시공간, 전시자료, 관람자의 측면에서 고려해야 하는 전시 디자인 요소를 보여준다.

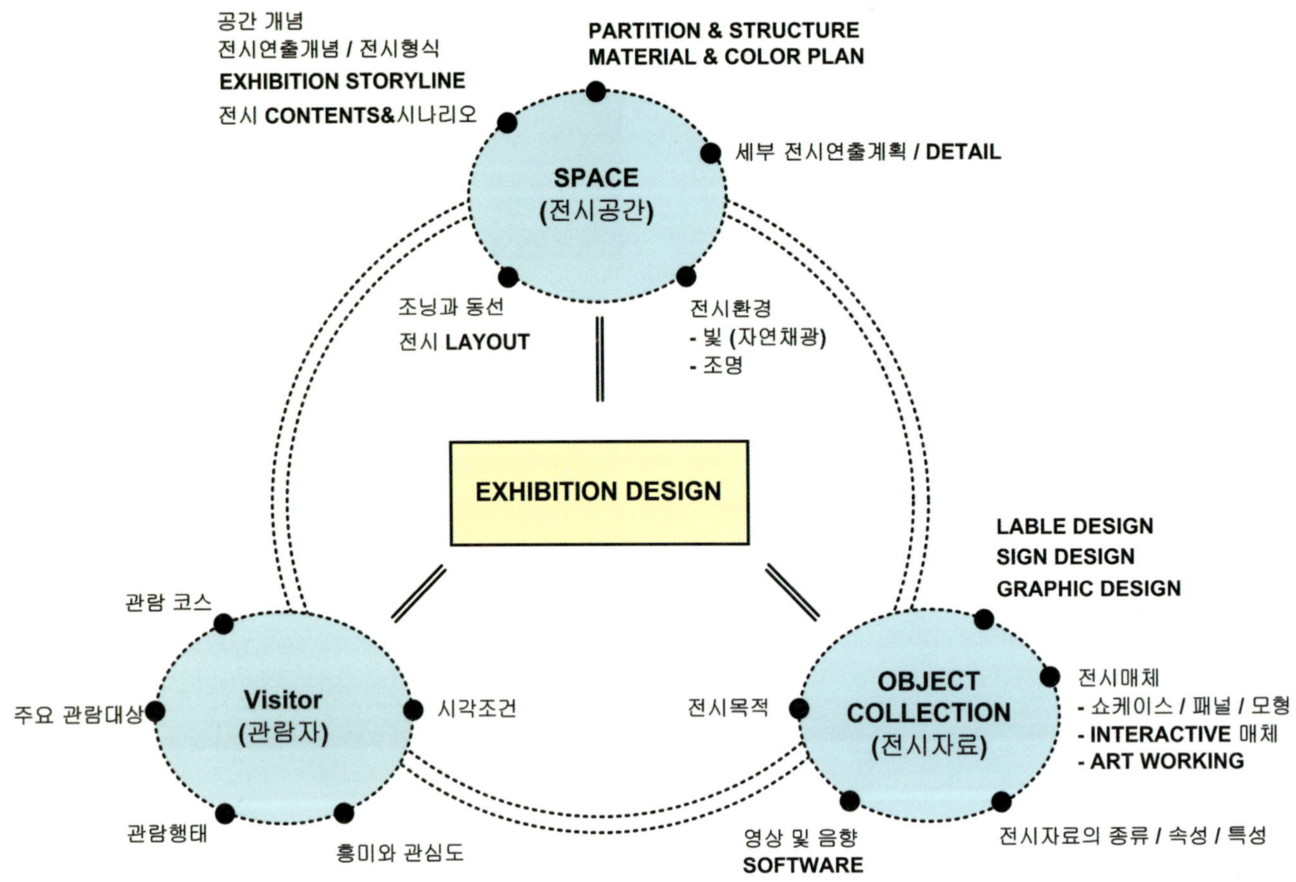

전시공간에 있어서는 공간개념은 전시자료를 어떠한 공간에 전시할 것인가를 결정하게 되며, 전시연출의 방향성까지도 제시하게 되는 중요한 문제다. 따라서 궁극적으로 전시공간의 개념설정은 전체적인 전시의 내용과 더불어 모든 디자인적인 작업을 결정하게 되는 주축이 된다.

전시공간 디자인에서 주된 대상 관람객층(target visitor)을 고려하는 것은 매우 중요하다. 특히 주요 관람객이 어린이인 경우는 아이들의 눈높이를 고려한 전시대의 크기결정, 흥미도 등을 고려한 체험형식의 전시, 안전사고를 대비한 계획적 고려, 어렵지 않은 전시자료 설명, 라벨의 글자크기 등이 디자인에 반영되어야 한다.

관람객의 관람 코스는 하나로 집약하기보다는 선택적으로 구성하는 것이 좋다. 예를 들어, 전시자료 중에서 중요한 자료나 매우 흥미로운 자료만을 볼 수 있는 동선과 전시자료의 전체를 모두 보는 동선을 구분하여 두 가지 코스를 제안하는 것이 좋다.

전시자료의 종류와 그 특성에 따라 전시연출과 요구되는 공간의 규모 등이 다르기 때문에 이에 대한 파악은 매우 중요한 디자인 요소다. 뮤제오그라피는 이러한 측면이 강조된 전시계획 방법이다.

EXHIBITION DESIGN PROCESS

전시 디자인의 과정은 그리 쉽지 않다. 하지만 아래의 diagram에서 보는 일련의 process를 조금만 이해하고 있다면 매우 재미있고 즐거운 작업임은 분명하다.

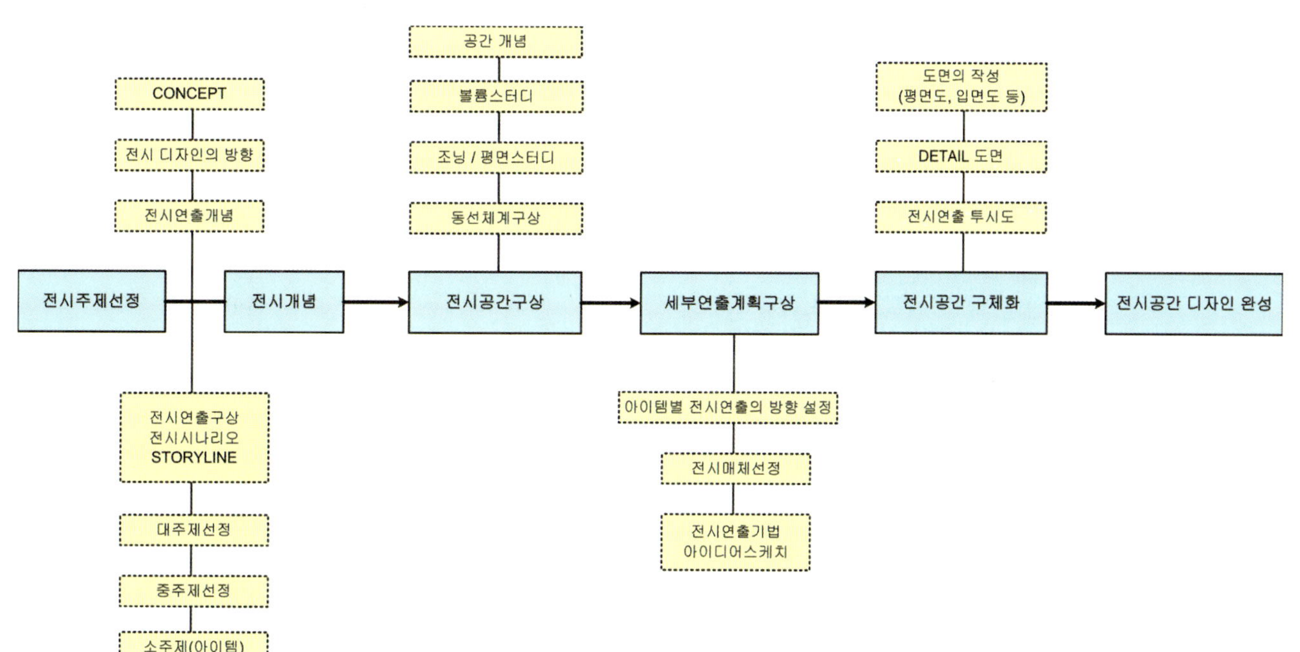

대학교에서 진행하는 학생들의 전시공간 디자인 프로젝트라면 전시를 할 대상을 학생 자신이 스스로 결정하여 진행을 하는 경우가 대부분이지만, 실무에서는 전시대상은 이미 결정되어 있는 경우가 더 많다. 그렇기 때문에 전시대상(공룡을 전시하는 전시공간인가, 나비를 전시하는 공간인가, 도자기를 전시하는 공간인가 등)을 중심으로 주제를 잡아내고 전시주제에 따라서 프로젝트를 진행하는 것이 첫번째 과제가 된다.

어떻게 주제를 결정한 것인가, 어떤 개념으로 접근할 것인가 등의 문제를 결정하는 것은 그리 쉽지 않다. 또한 전시주제와 개념의 결정은 같은 전시대상을 가지고 접근하더라도 디자인을 진행하는 사람들마다 모두 다른 결과를 보여주게 되기 때문에 무엇보다 중요한 과정이라 하겠다.

예를 들어, 우주가 주어진 전시대상이라고 하더라도 전시주제를 우주의 신비로 할 것인가, 우주의 역사와 미래로 할 것인가에 따라 전시 디자인의 방향은 매우 달라지는 것이다. 전시주제를 우주의 신비로 결정하였다면, 우주의 신비를 어떠한 전시공간의 개념으로 접근하여 관람자들에게 보여줄 것인가를 결정하는 단계를 거치게 된다. 우주의 실제모습을 재현하는 공간개념으로 할 것인가, 아니면 각 행성들을 관람자가 지구에서 우주를 관찰하게 하는 개념으로 접근할 것인가 등의 문제를 디자이너는 신중하게 결정해야만 하는 것이다.

1.2 무엇을 전시하는 공간인가?

무엇을 전시하는 공간인가의 문제는 관람자들에게 무엇을 보여줄 것인가의 문제이며, 전시 디자인에서 전시주제 선정 과정과 전시개념을 결정하는 기획단계에 해당된다.

전시대상이 공룡인가, 나비인가, 도자기인가, 물과 에너지인가, 자연인가 등의 전시대상에 대한 대략적인 범위가 정해지면 이를 구체적으로 어떤 전시주제와 전시개념으로 접근할 것인가를 결정해야 한다.

이미 언급하였지만 같은 전시대상물이라도 그것을 어떤 주제와 개념으로 접근해 나갈 것인가에 따라서 향후 전시공간 디자인의 결과물과 방향성이 매우 다르게 나타나기 때문에 전시대상과 관련된 다양한 정보를 수집하여 가장 적합하다고 판단되는 전시주제에 대한 키워드를 결정해야만 한다. 또한 전시주제를 결정하는 문제와 전시개념을 결정하는 문제는 동시에 함께 고려되어야만 한다.

전시주제의 선정은 먼저 대주제를 결정하고 이를 중심으로 중주제와 소주제를 결정한다. 대주제는 전시대상을 관람자들에게 어떠한 관점에서 보여줄 것인가를 결정하는 것이라고 보면 된다. 예를 들어, 도자기를 전시대상으로 한다면 대주제는 도자기의 장인정신 혹은 도자기신화 등으로 정할 수 있다는 것이다.

대주제가 정해지면 대주제와 관련된 중주제를 선정한다. 예를 들어, 대주제를 도자기의 장인정신으로 결정했다면 중주제는 한국의 대표적인 도자기장인, 장인정신이란 무엇인가, 도자기장인이 탄생한 도시, 장인과 도구 등으로 구분하여 하나씩 정해 나가면 된다.

전시대상이 대주제와 중주제 등에 의해 구체화되어가는 과정에서 이들을 어떤 개념으로 접근하여 디자인적으로 풀어 나가야 할 것인가를 동시에 디자이너는 결정해야 한다.

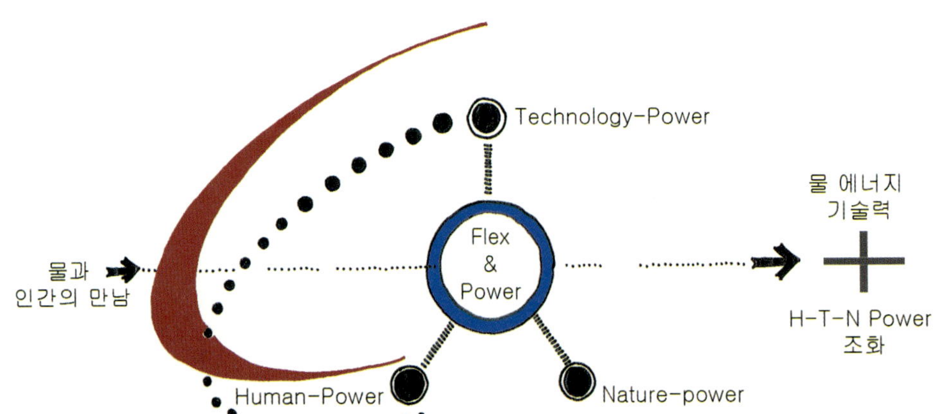

물과 에너지를 전시대상으로 한 전시공간의 주제와 개념설정에 대한 키워드를 시각화한 diagram.
물과 인간의 만남을 대주제로 하여 이를 중심으로 기술과 에너지, 인간과 에너지, 자연과 에너지라는 중주제와 관련된 키워드를 설정하고 있다. 또한 물과 에너지 그리고 기술력을 통하여 조화를 이루는 개념으로 전개해 나가려는 의도를 알 수 있다.

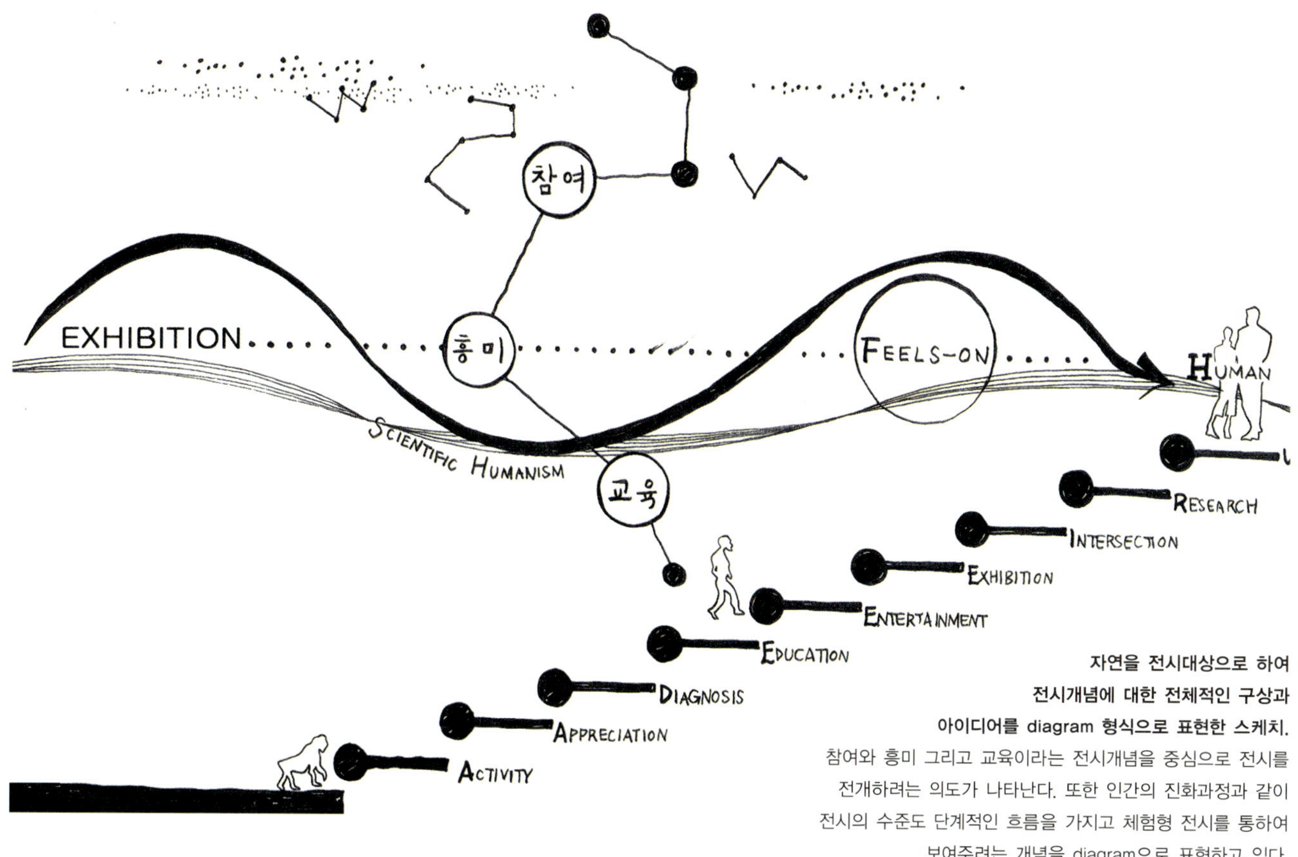

자연을 전시대상으로 하여
전시개념에 대한 전체적인 구상과
아이디어를 diagram 형식으로 표현한 스케치.
참여와 흥미 그리고 교육이라는 전시개념을 중심으로 전시를
전개하려는 의도가 나타난다. 또한 인간의 진화과정과 같이
전시의 수준도 단계적인 흐름을 가지고 체험형 전시를 통하여
보여주려는 개념을 diagram으로 표현하고 있다.
전시개념에 activity(활동), appreciation(이해), diagnosis(분석), intersection(교점),
entertainment(오락), research(연구) 등의 주요 키워드를 보여줌으로써
궁극적인 전시의 흐름과 목적을 분명하게 보여주고 있다.

**에너지를 전시대상으로 하여 3가지 대주제와 9가지
중주제를 전개하고 있는 diagram 스케치.**
에너지를 전시대상으로 하여 도전정신, 인간과 에너
지의 조화, 미래 에너지 비전이라는 3개의 대주제를
키워드로 설정하고 이를 중심으로 에너지의 역사, 에
너지 도시, 에너지 놀이 등의 9가지 구체적인 중주제
를 표현하고 있는 diagram.
전시대상에 대한 구체적인 키워드를 대주제와 소주
제로 구분하여 보여주고 있고, 이를 flex, harmony,
dream이라는 개념으로 전개하고 있다. 또한 홀의 빛
에서 세계로를 상징전시로 설정하여 이를 시작으로
에너지 나라, 영상관, 에너지 체험, 미래관 등의 5개
영역으로 구분하겠다는 의도를 diagram에서 표현하
고 있다. 다양한 정보를 시각적으로 표현하고 있다.

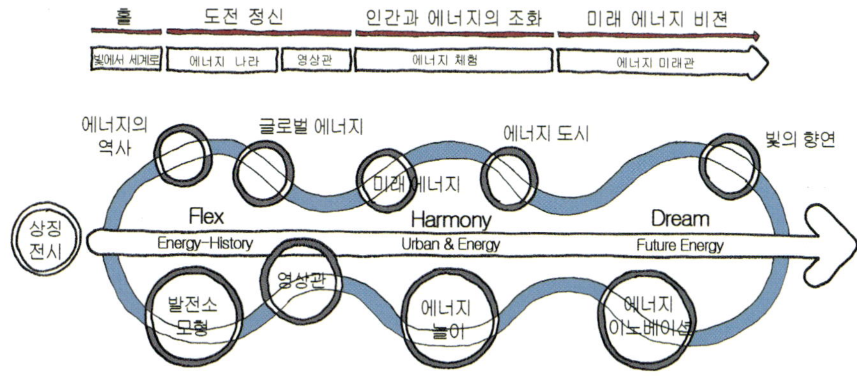

진입로를 통해 펼쳐진 창공, 무한한 우주로의 아름다운 여행이 시작된다.
우주에서 우리가 살고 있는 지구의 모습을 바라보며 그곳을 떠다니듯 흘러가는 동선을 따라 광활한 우주를 이해하고 체험한 후 지구로 귀환하게 된다.

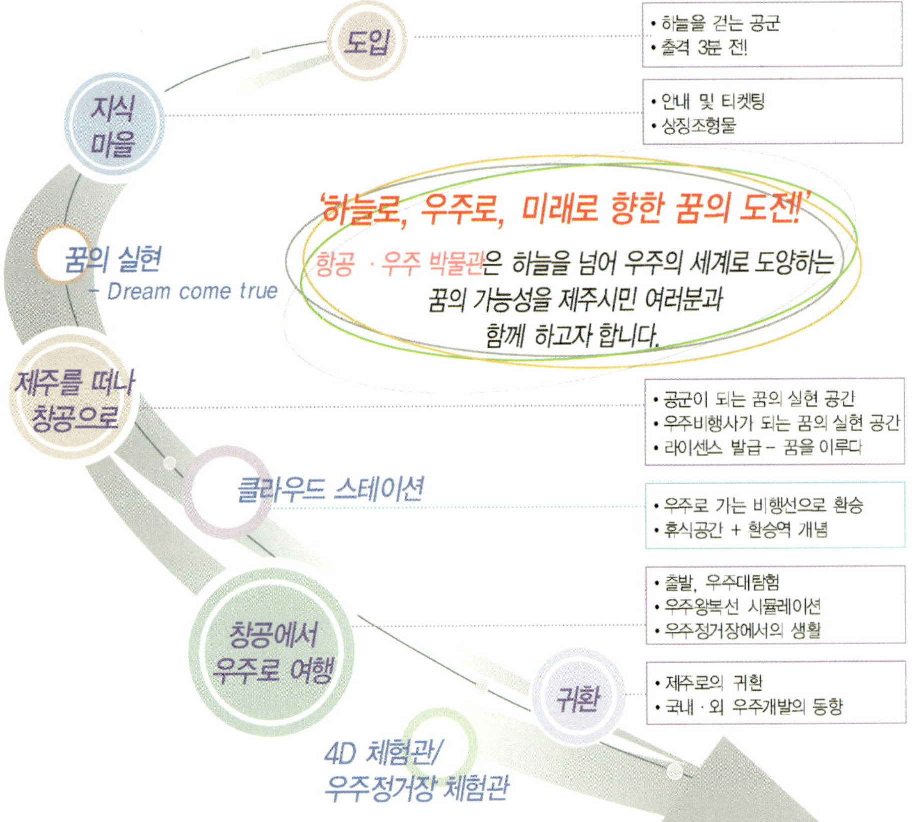

항공우주박물관의 전시개념을 표현한
diagram 사례

무엇을 전시하는 공간인가? 이것은 궁극적으로 전시대상의 범주를 명확하게 규정하고 이를 중심으로 어떤 개념으로 전시 디자인에 접근할 것인가의 문제인 것이다.

따라서 전시를 관람하게 되는 관람객들이 과연 관심을 가지고 흥미를 느끼며 볼 수 있는 것은 무엇인지 신중한 선택의 과정을 거쳐야만 한다. 전시대상이 연필이더라도 연필의 종류와 연필과 관련된 정보와 전시물은 수없이 많기 때문에 한정되어진 공간규모 내에서 무엇을 전시할 것인가의 문제는 생각보다 매우 중요한 과제다.

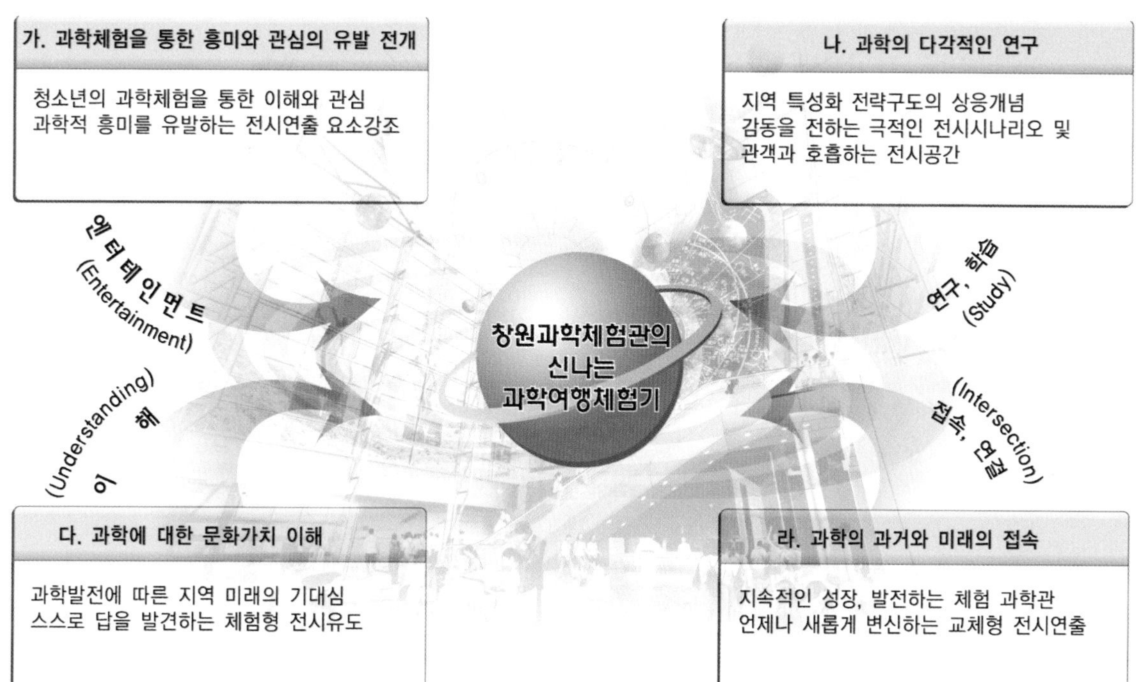

창원과학체험관의 전시개념 전개사례

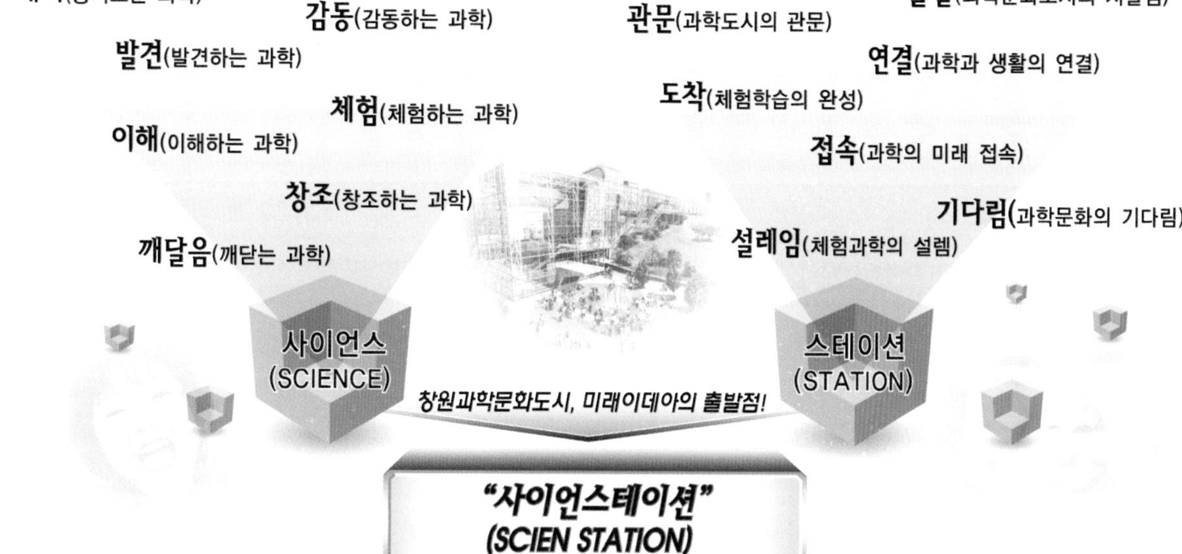

창원과학체험관의 전시주제 관련 주요 키워드 설정사례(자료 : (주)중앙디자인)

구체적인 대주제와 중주제 등에 대한 키워드가 결정되고 어느 정도 전시개념에 대한 접근성도 확보하였다면 이를 중심으로 구체적인 소주제와 구체적인 전시대상물(전시 아이템)을 결정해나간다.

예를 들어서, 전시대상은 도자기로 결정하고 대주제를 도자기의 장인정신으로, 중주제 중의 하나가 한국의 대표적인 도자기장인이라면, 한국의 대표적인 도자기장인이라는 중주제에 대한 소주제를 장인의 탄생, 장인이 만든 도자기, 장인의 업적 등으로 결정할 수 있다는 것이다. 이러한 결정의 과정을 통하여 전체적인 전시주제 선정에 대한 기본적인 틀 작업이 마무리된다.

전시주제 선정과 개념에 대한 기본적인 설정작업이 마무리되면 이를 중심으로 storyline 작업(전시연출 구상 혹은 전시 시나리오 작업이라고도 한다)을 진행하게 된다. 이는 주제(대주제, 중주제, 소주제)와 구체적인 전시 아이템(전시물)을 어떤 순서나 어떤 이야기로 관람자들에게 보여줄 것인가를 결정하는 과정이다.

전시 storyline 작업에 있어서는 대주제, 중주제, 소주제, 전시 아이템, 전시내용, 전시연출 방법에 대한 유사사례 등이 포함되며, 전시연출 방법이나 전시매체까지를 포함하는 경우도 많다.

storyline 작업은 세세하고 구체적일수록 전시를 디자인하는 사람에게 유리하다.

역사기록관 조선왕조실록 전시관의 전시 storyline(전시연출 구성)의 사례(자료 : 인들디자인)

열려라! 조선왕조실록!에서부터 즐겨라! 조선왕조실록 속에서까지에 이르는 5가지의 컨텐츠를 각각의 주제로 설정하고 이를 중심으로 전시공간의 전체적인 관람의 흐름과 구성내용을 제시하고 있다.

열려라! 조선왕조실록!에서부터 즐겨라! 주제영역은 기록을 위한 사전조사, 자랑스런 기록유산이라는 소주제를 설정하여 이와 관련된 전시행위와 아이템을 구체적으로 제시하고 있다.

전시 연출 총괄표

Section	Zone	Title	전시내용	연출매체
도입	풍요(豊饒)	Lobby / 안내데스크	• 관람객의 대기, 집결 장소로 전체 홍보관 이미지메이킹 역할 • 체험안내 홍보자료 및 도서 비치, 정보검색대, 휴식공간	상징조형물 안내데스크
전시	바람이 불다	수산업이란?	• 심벌 조형물로 관람 동선 유도 및 도입부 이미지 연출 • 어업의 종류, 어획물 운반업, 수산제조업 등 수산업 관련 정보를 북패널로 제공	상징조형물 Book Panel 3식
		수산업의 과거 수산업의 현재 수산업의 미래 수산업 연표	• 지선어업, 가두리어업 등의 과거의 어획법 기술 • 기업화된 양식시설, 어업선망의 대형화, 다양화된 현재의 수산업의 발전상 • 자동화된 양식법, 효율적인 조업 환경, 에너지 절감과 자동화시스템의 수산업 • 수산업 관련 연표를 그래픽으로 처리하여 재미있고 알기 쉽게 표현	Image Wall Panel, 포토스크린 Image Wall Panel, 포토스크린 Image Wall Panel, 포토스크린 Backlight 조명패널
	물결이 일다	수산 유통의 흐름	• 수산물 유통의 개념 정의 및 계통도	Wide Panel
		부산국제수산물도매시장의 현황	• 설립목적, 규모, 주요시설 등 개요 • 부산의 국제수산업 경쟁력 및 미래상 제시	터치형 Slide Vision, PDP Panel
		알기쉬운 경매, 손쉬운 경매 경매체험(이벤트 & 기획)	• Flash를 활용한 경매 체험 + 새벽 경매현장 녹화 상영 • LED 전광판을 통해 실시간 수산물 등락가 전송 • 수지식경매, 전자경매의 차이점과 유통 종사자 소개 • 경매모, 경매물품 및 도구, 수지식 모형 등 전시	PDP TV, 영상시뮬레이션시스템 LED 전광판 Panel 입체모형
	바다가 열리다	어류 정보 검색	• 수산자원(어류, 해조류, 패류, 갑각류 등) 분류별 상세 검색 • 연근해, 원양어업 수산물	터치스크린 Panel
		재미있는 수산정보	• 전국수산물도매시장 현황 • 수산물 수출입 정보, 최대 소비어종 등 패널로 정보 제공 • 재미있는 물고기이야기, 고가 수산물 등 흥미를 유발시키는 상식 • 제철제맛, 이달의 수산물 : 수산물의 영양소 및 효능, 요리 소개	Glass Panel 6식
		부산국제수산물도매시장의 유통	• 작동모형과 영상을 통해 한눈에 체계적인 수산물 유통과정을 알기쉽게 표현 • 유통의 체계도 : 어획 → 양륙 → 진열 → 상장 → 경매 → 유통 • 연근해수산물유통과 원양수산물 유통 경로	작동디오라마 3식, 영상, 벽부 Showcase Panel Panel
비전	내일의 바다	국제해양수도 "부산"	• 부산시정 계획 및 수산시책 홍보 공간 • 물류중심지 감천항의 미래상 제시	Panel, Touch Screen
휴식공간	정보의 바다	정보검색대 / 휴식공간 전자방명록	• 관람객의 휴식, 수산 관련 정보 PC 검색대 • Text Mobile을 활용한 전자방명록으로 관람객 Feed-back	PC Text Mobile, Touch Screen
영상체험관	미지의 바다	가변형 영상실 (이벤트 & 기획)	• 도매시장 홍보 동영상 해양 관련 영상 상영 • 슬라이딩 도어 개폐로 가변적으로 운용 가능 • 가변 운용예 : 테마기획 전시실, 소회의실, 강연장 등… • 체험존 예 : 연육만들기, 통조림만들기 등 관람객이 직접 참여할수 있는 체험이벤트 기획	가변형 전시테이블 및 stool

부산국제수산물도매시장 홍보관의 전시 시나리오(전시연출 구성)의 사례(자료 : (주)세한전시)
전체 영역을 도입, 전시, 비전, 휴식공간, 영상체험관으로 구분하고 있다. 각 주제는 7개의 zone으로 구분하여 각각의 존별로 소주제(title)를 정하여 이들에 대한 전시
내용과 연출매체를 정리하였다.

전시 시나리오는 대주제와 중주제, 소주제 등에 대한 내용과 각각에 대한 전시 아이템, 전시내용, 전시연출의 사례, 전시매체 등에 대한 내용을 모두 일괄적으로 파악할 수 있도록 작성하는 것이 좋겠다.

현대의 전시공간에서는 storytelling이라는 기법을 전시연출에 적용하여 관람객들이 전시공간을 둘러 보면서 하나의 이야기를 읽어내려가는 듯한 느낌을 줄 수 있도록 전시 시나리오를 구성하는 경우가 있다. 관람자가 이동하면서 전시를 관람할 때 각 존과 주제들을 서로 연계시켜 기승전결의 구성을 가짐으로써 각 전시주제를 하나의 이야기가 되도록 구성하는 전시 시나리오를 작성해 나가는 하나의 좋은 방법이다.

전시대상과 전시주제에 따라서 독립적으로 공간을 구성하는 경우가 많지만, 역사적인 이야기나 유사한 성격의 전시자료를 관람자들에게 보여주는 방법으로 storytelling 기법이 종종 사용된다.

대주제 존 (ZONE)	중주제	소주제	전시 아이템	연 출 내 용	전시자료 사례 이미지 전시연출 사례 이미지	연출매체				
						그래픽	영상	모형	실물	작동체험
기초과학 존 / 과학의 원리를 찾아서	우리별 지구	지구와 자연현상	자연환경	자연환경과 물의 순환에 대한 이해. 지구의 외부모습을 연출하고 영상을 통한 물의 순환 과정과 지구의 자연환경을 설명		●	●			
			생명의 터널	지구의 내부로 진입하여 지구의 내부단면 형태를 연출하고 생성과정을 그래픽 패널로 설명		●	●			
			자기장 체험	전자기 유도현상이 일어날 수 있는 조건 및 이를 이용한 장치설명. 양 끝이 전자석으로 되어 있는 아치형 파이프 밑으로 사람이 지나가면 강한 자기장이 발생, 링이 움직이는 체험						●
	빛과 소리	원리 체험	색과 그림자	그림자에 색이 표현되는 원리를 설명. 빔라이트에서 발광하는 3색광이 중첩되어 스크린에 표현되는 그림자를 관찰		●	●			●
			어두울수록 빛나는 빛	형광물질을 이용하여 특유의 색을 밝게 표현함으로써 빛의 효과를 학습하는 코너. 여러 가지 형광물질을 바른 공간에 자외선 램프를 켜면 형광빛의 색으로 변화되는 체험.		●				●
			매직 스틱	빛의 성질을 이용하여 스틱 내부에 반사각도를 조절하여 체험하는 코너로 빛의 굴절을 이해함 빛이 숨어 있는 벽체에 다양한 색깔의 스틱을 꽂아 글자, 그림을 표현						●
			무지개 나무	여러 높이에 매달린 프리즘을 통해 형광등을 바라보면 무지개빛을 볼 수 있으며, 광원과 스펙트럼의 다채로운 형상을 시각적으로 체험						●
			소리로 촛불 끄기	소리와 진동과의 관계를 체험 큰 북을 치게 되면 주위의 공기가 진동하게 되고 그 진동이 원통형 관에 있는 공기를 진동해서 촛불이 흔들리거나 꺼지게 되는 것을 체험						●

창원과학체험관 전시 시나리오(전시연출 구성) 작성사례(자료 : (주)중앙디자인)
대주제 존과 중주제, 소주제, 전시 아이템을 각각 설정하고 이에 대한 구체적인 전시내용과 사례사진, 전시매체를 총괄적으로 정리하고 있다. 전시연출 시나리오 작성에 대한 가장 일반적인 방법이다. 전시 시나리오는 구체적인 전시공간 계획이나 전시연출 디자인 과정의 이전에 하게 되는 작업이기 때문에 사례로서 전시공간의 분위기나 이미지를 대신 보여 줄 수 있다.
종종 간단한 스케치를 통하여 전시연출의 대략적인 방향을 보여주는 경우도 있다.

대주제	중주제	소주제	전시내용	전시매체	전시연출 스케치
정보 다루기	디지털 정보와 멀티미디어	왜 디지털인가?	아날로그와 디지털을 비교 설명하고 디지털 기술에 대하여 소개 체험형으로 연출하여 관람자가 쉽게 이해할 수 있도록 연출	체험관찰 SET 디지털 악기 실물크기 모형	왜 디지털인가?
	초미세 회로의 혁명	빛을 전기로, 전기를 빛으로	반도체의 개념을 소개 작동모형과 관찰기기를 통하여 채험형으로 전시를 연출	확대모형 작동모형 체험관찰 SET	빛을 전기로, 전기를 빛으로
정보 나누기	인터넷 세상	정보가 어떻게 흘러다닐까?	인터넷에서 정보가 어떻게 전송되고 흘러다니는지를 이해할 수 있도록 터치 스크린과 그래픽 패널 등으로 연출	터치 스크린 그래픽 패널 원형 전시대	정보가 어떻게 흘러다닐까?
	전파는 정보를 싣고	전파로 가득 찬 세상	관람자가 다양한 주파수를 스캔해 보면서 눈에 보이지 않는 전파의 존재를 알 수 있도록 체험관찰 SET과 모니터를 통하여 연출	작동모형 체험관찰 SET 모니터	전파로 가득찬 세상

과학계열 전시공간의 전시연출 시나리오 작성사례

가장 일반적인 전시연출 내용에 대한 정리방법이다. 각 주제를 결정하고 이에 대한 전시연출 내용과 매체를 정리해나간다. 각 주제별 전시연출에 대한 아이디어를 간략하게 스케치하여 함께 정리하는 것도 좋은 방법이다.

1.3 전시공간 구상단계는 무엇인가?

전시공간 구상의 단계는 전시공간에 대한 틀을 마련하기 위한 작업이다. 전시대상에 대한 선정과 개념에 대한 구체적인 내용 및 전시연출 구상이 모두 정리되었다면 그 다음에는 이를 담아낼 그릇을 디자인해야 한다.

전시공간 구성에 해당되는 작업에는 전시공간에 대한 공간개념의 설정에서부터 시작하여 각 주제별 영역에 대한 조닝계획, 관람객 동선체계 구상, 공간의 볼륨과 평면형태에 대한 스터디, 평면 스케치, 모형제작 등이 포함된다.

공간구상의 단계는 전시대상을 어떤 공간에 담을 것인가의 문제이면서 동시에 관람객의 흐름과 각 주제별 영역들의 연계를 어떻게 할 것인가를 모두 결정해야 하는 과정이라고 볼 수 있다.

공간계획에 있어서 전시대상에 따른 층고나 볼륨에 대한 검토(공룡전시와 나비전시는 근본적으로 전시자료의 상대적인 크기가 매우 다르기 때문에 층고나 공간규모가 다르게 계획되어야 한다), 관람객들이 어떠한 경로를 지나면서 이동을 하도록 할 것인가의 동선체계 구상, 각 전시주제별로 공간을 어떻게 배치할 것인가 등의 공간적인 문제를 해결하고 이를 구체적으로 하나씩 해결해 나가는 과정인 것이다.

전시영역의 zoning
전시공간과 인포메이션, 휴식공간 개념인 테라스 영역을 각 층별로 구분하여 diagram 형식으로 보여주고 있다.

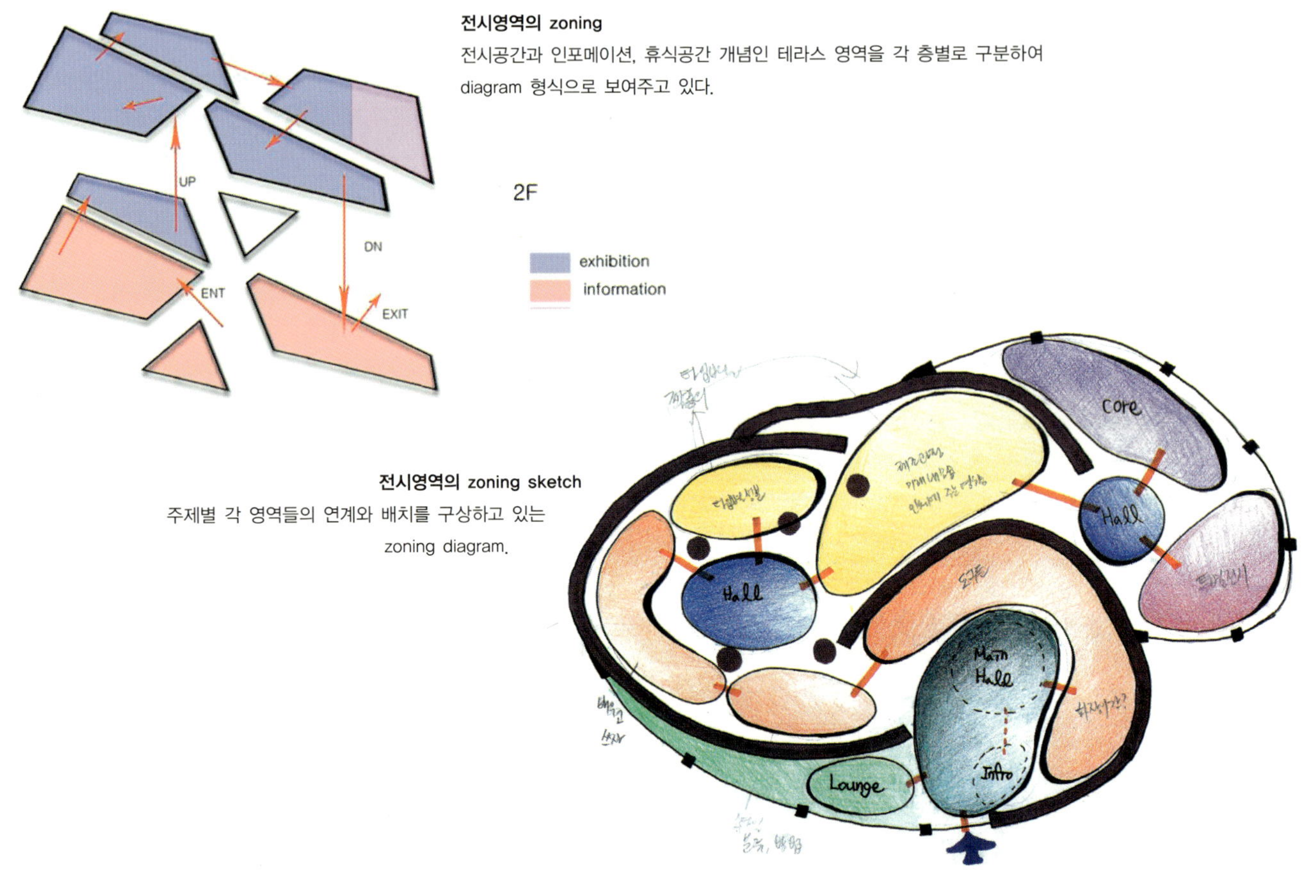

전시영역의 zoning sketch
주제별 각 영역들의 연계와 배치를 구상하고 있는 zoning diagram.

조닝의 설정

조닝은 각 전시주제별 영역의 연결관계(결국 영역의 연결관계는 공간에서 관람객들의 움직임의 동선을 결정하게 된다)와 공간의 위치를 결정하는 작업이다.

조닝은 각 층별로, 각 전시주제별로 구별하여 구상하고 전시연출 구상에 따라서 공간의 규모와 대략적인 위치를 결정해 나간다. 또한 조닝에서는 관람동선도 고려하여 그 배치를 결정해야 하고 대략적인 공간의 영역과 전체적인 이동의 흐름정도를 파악할 수 있는 수준에서 작업이 마무리되어야 한다.

공간구상을 위한 평면 스케치

대략적인 조닝 구상을 마치면 전시공간에 대한 형태를 구상하고 이를 토대로 공간을 구상해나간다. 공간구상 과정에서는 평면 스케치나 입면 스케치, 투시도 등의 아이디어 스케치가 유효한 수단이다.

전시공간의 평면계획을 위해서는 이전단계에서 작업하였던 모든 데이터와 이미지 등을 활용하여 이를 도면화하는 작업을 수행한다.

평면도를 구상하는 과정은 각 전시영역과 전시의 주제 및 전시 아이템들과 전시매체 등에 대한 구체적인 레이아웃과 조닝에서 설정하였던 각 영역 간의 구체적인 공간조직을 바탕으로 해야 한다.

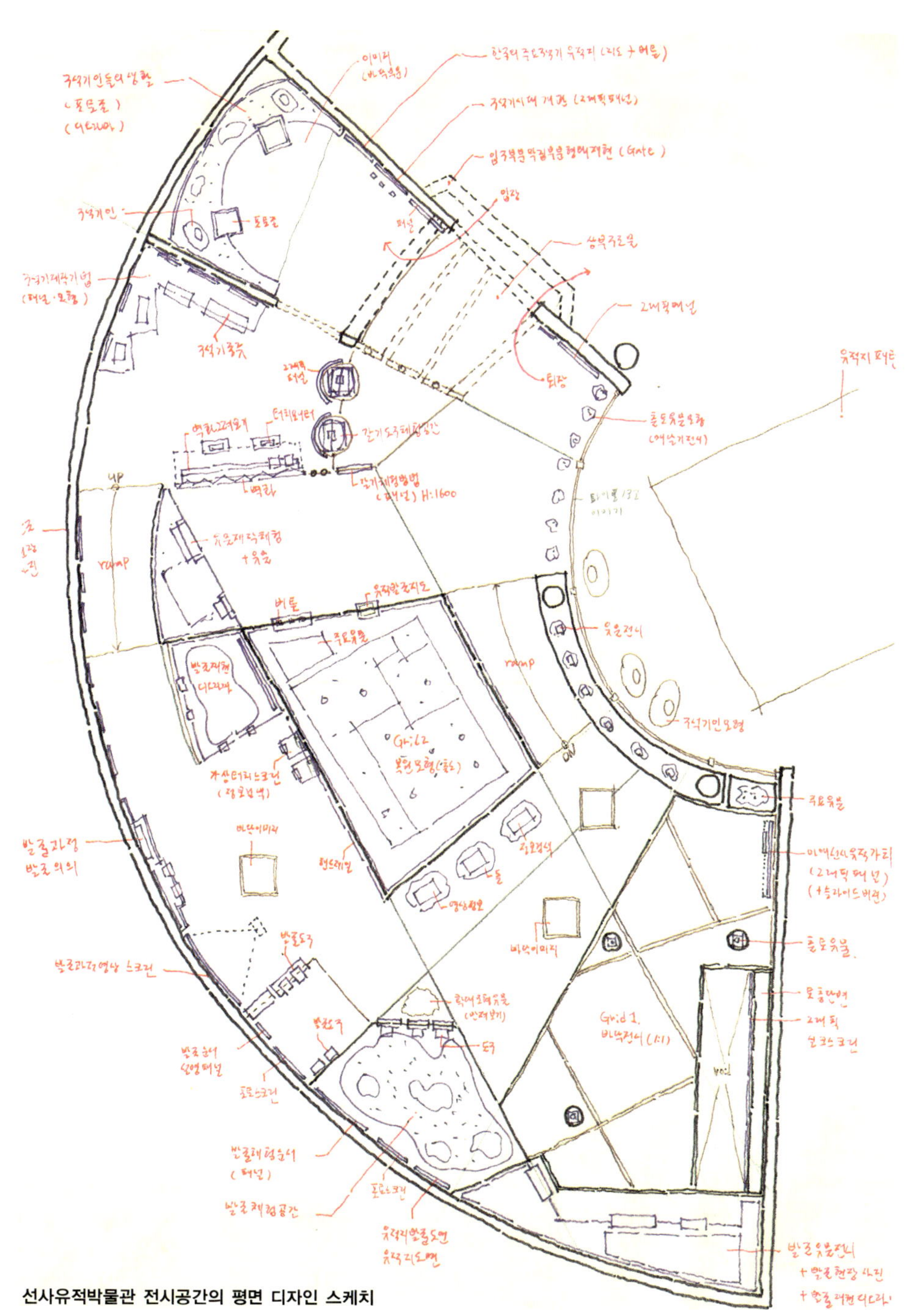

선사유적박물관 전시공간의 평면 디자인 스케치

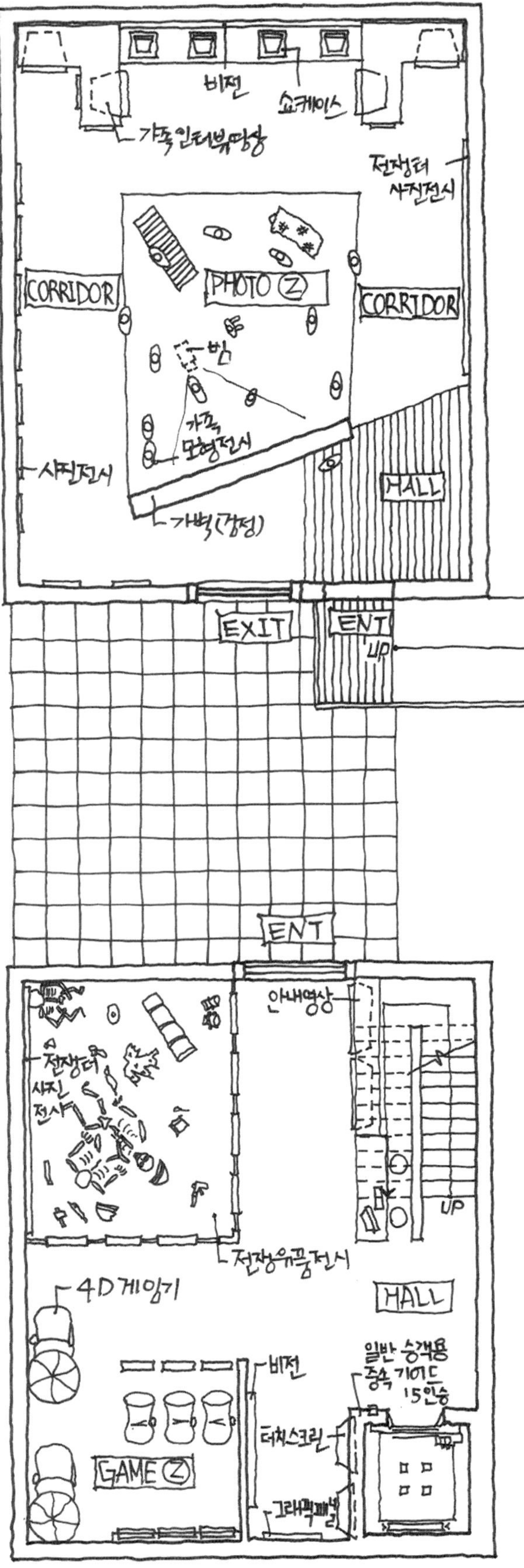

전쟁기념관의 평면 스케치 사례

평면 스케치는 최대한 내가 표현하고자 하는 공간연출이 도면에 드러나도록 해야 하며, 기본적인 도면기호를 준수하여 가급적 상세하게 그려나간다.

스케치 평면도에는 전시영역, 전시 아이템, 전시매체와 연출기법, 마감재료 등과 관련된 text를 모두 상세하게 기입하는 것이 바람직하다.

학생들의 스케치를 보면 대략적인 공간의 형태나 벽면 정도를 그려 넣고 도면을 완성해 버리는 경우가 많은데, 전시공간의 디자인에서는 전시자료와 전시매체 등을 상세하게 도면에 표현하여 전시연출에 대한 구체적인 내용이 도면에서 파악될 수 있도록 초기 스케치 단계에서부터 정리해 나가야 한다.

공간에 대한 아이디어 스케치

평면 스케치와 더불어 공간에 대한 대략적인 공간의 이미지를 투시도 스케치를 통하여 그려보는 것도 매우 좋은 디자인 방법이다. 평면으로 구상한 공간이 과연 어떤 연출과 전시매체에 의해서 구현될 것인가의 문제를 구체적으로 검토해 보기 위해서 투시도를 그려보는 작업이 매우 중요하다.

결국, 공간의 구상이라는 것은 전시대상을 어떤 공간에 담을 것이며 또한 전시자료들이 관람자들에게 공간에서 어떻게 보여질 것인가를 예측하고 디자인하는 과정인 것이다.

전시공간에 대한 아이디어 스케치를 하는 것은 전시공간 디자인에서 가장 중요한 부분이라고 해도 과언이 아니다. 설정한 주제와 전시 아이템을 관람자들에게 효과적으로 보여주고 전시정보를 전달하기 위해서 다양한 전시매체와 전시연출 기법을 활용해야 한다.

전시공간 디자인에 있어서 무엇보다 중요한 것은 관람자들이 흥미 있게 전시자료가 가지고 있는 정보를 받아들일 수 있도록 공간을 디자인하는 것이다. 이를 위해서는 디자이너는 다양한 전시매체를 활용해야 하고, 또한 전시연출 방법에 대한 아이디어를 제안해야만 한다.

예를 들어, 같은 전시자료라고 하더라도 전시매체와 공간연

선사유적 전시를 위한 공간 투시도 디자인 스케치

출에 대한 아이디어가 있어야만 관람객들의 흥미를 유발하고 지루하지 않은 전시공간 연출이 가능하게 되는 것이다.

전시자료에 대한 전시연출 아이디어 스케치를 반드시 필요한 계획의 과정이며 내가 스케치를 잘하고 못하고는 중요하지 않다. 물론 그럴듯하게 잘 그려진 스케치가 보기에 좋겠지만, 나의 스케치 수준을 탓하기보다는 전시자료를 어떻게 관람

61

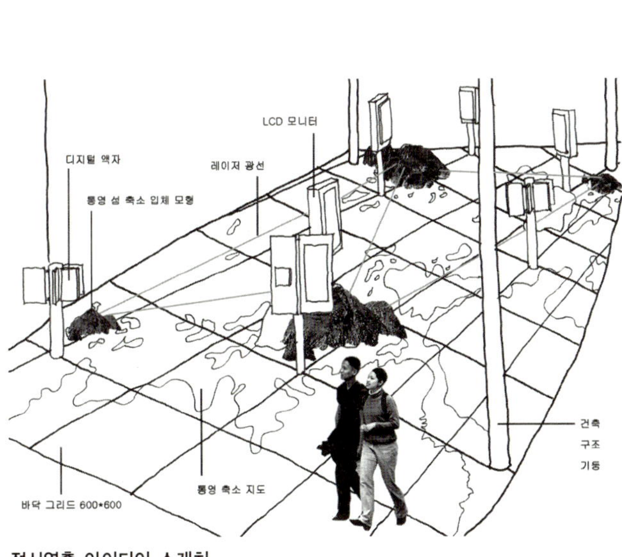

전시연출 아이디어 스케치

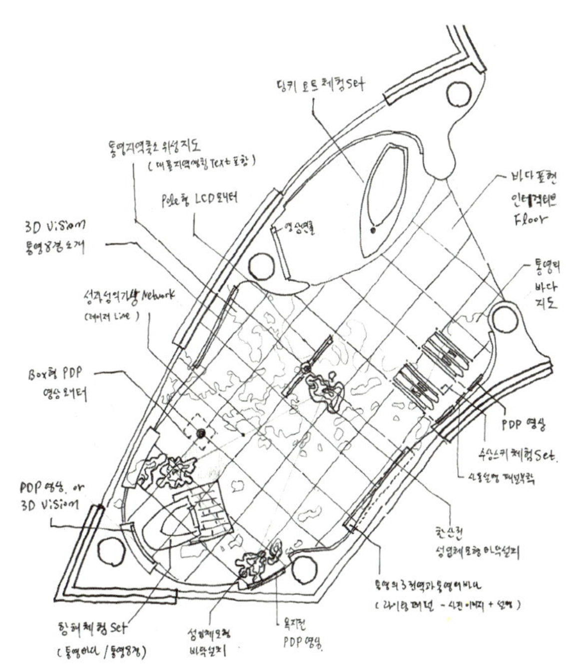

평면 스케치

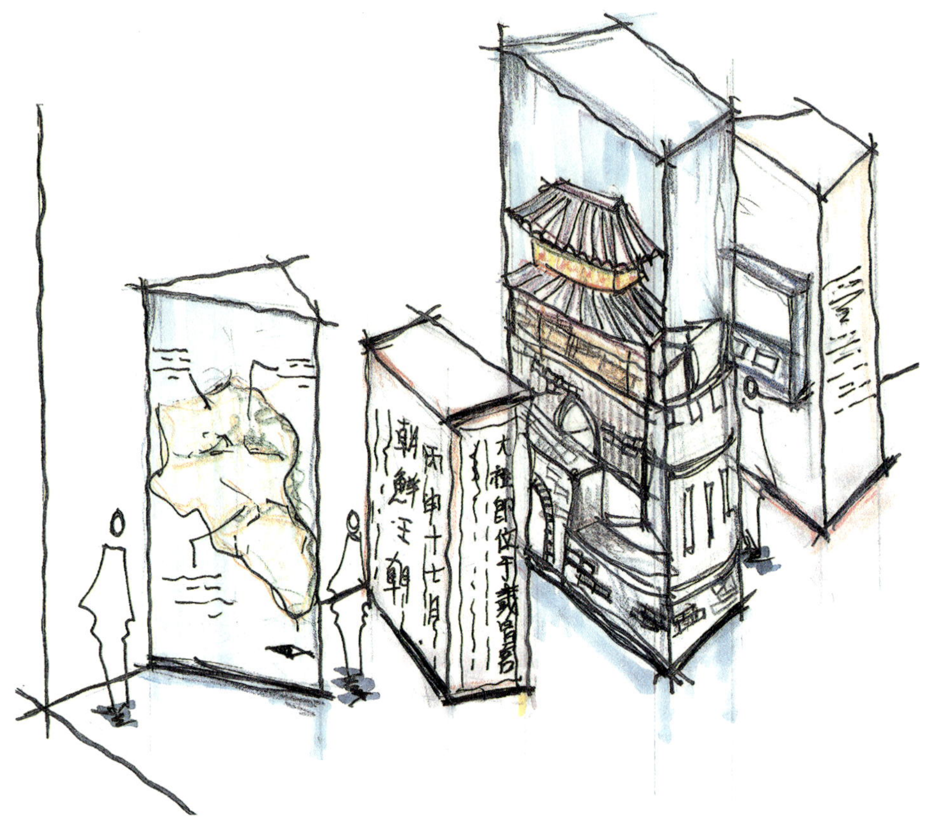

전시연출 아이디어 스케치 사례

62

자들에게 보여줄 것인가에 대한 아이디어를 제안하고 이를 시각적으로 표현하려고 노력하는 자세가 중요하다. 전시연출 에 대한 아이디어 스케치는 공간의 형태에 너무 연연해 하지 말고 아이디어만을 표현하는 데 집중하는 것이 좋다.

전시자료를 내가 어떻게 전시연출로 디자인해 낼 것인가의 문제는 궁극적으로 어떤 방법을 통하여 전시자료를 관람자 들에게 보여줄 것인가에 대한 문제인 것이다. 따라서 전시연 출 아이디어 스케치는 평면계획 이전 시점에서 각 전시주제 별 전시 아이템들에 대한 다양하고 참신한 아이디어를 제안 하는 것이다.

전시연출 아이디어 스케치는 오른쪽 그림의 사례와 같이 전 시자료에 대한 매우 부분적인 연출 아이디어만을 간략하게 그려도 좋다.

자신이 표현할 수 있는 모든 방법과 수단을 동원하여 전시 자료를 충분히 공간에 표현하는 것이 좋겠다. 전시연출을 위 한 디자인 스키치의 과정은 특별한 원칙이나 방법이 있는 것 이 아니다.

관람자의 입장에서 전시를 흥미롭게 보도록 의도하고 전시 정보를 효과적으로 전달할 수 있게 하기 위한 공간적인 대안 을 찾는 과정인 것이다.

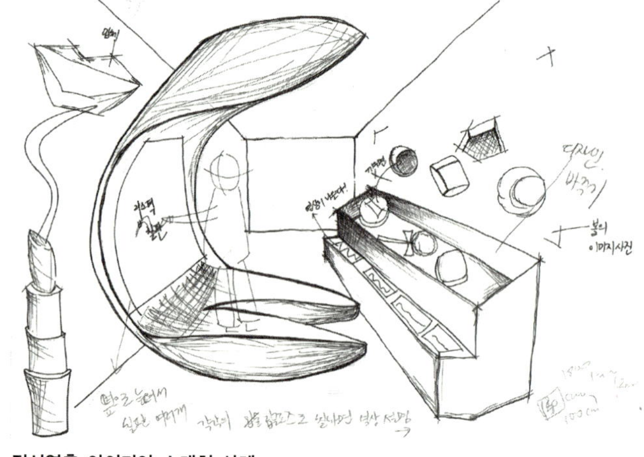

전시연출 아이디어 스케치 사례

조선왕조의 역사를 전시하기 위한 전시연출 부분 스케치

공간 구체화를 위한 입면 스케치

평면 스케치와 전시연출에 대한 아이디어 스케치와 더불어 입면에 대한 검토는 공간구상을 보다 명확하게 하는 도구다. 입면도 스케치에서는 가급적 전시연출의 특성, 전시 아이템의 위치와 쇼케이스의 형태, 그래픽적인 표현과 전시연출의 기법이 잘 드러나도록 작성한다.

입면도 스케치를 통하여 자신이 구상하는 전시공간 연출에 대한 아이디어를 표현하는 매우 중요한 작업의 과정이며 일반적으로는 공간의 영역, 마감재료, 전시매체, 그래픽, 조명, 가구, 천장과 바닥부분의 형태 등이 잘 나타나도록 그린다.

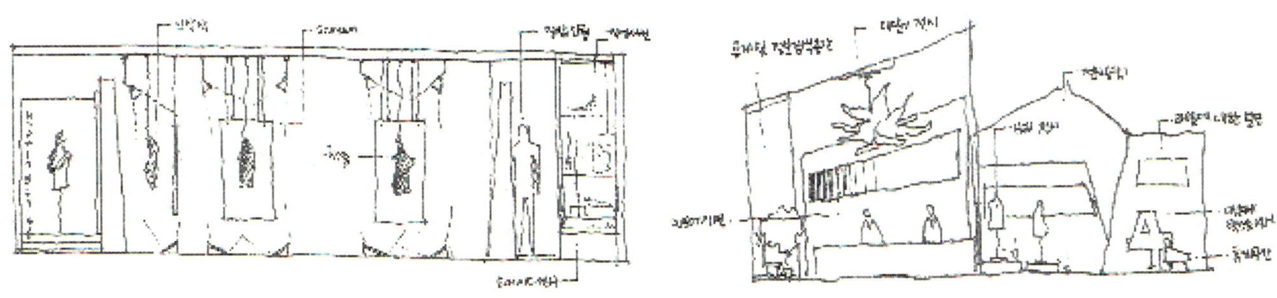

패션을 전시하는 전시공간의 입면 디자인 스케치

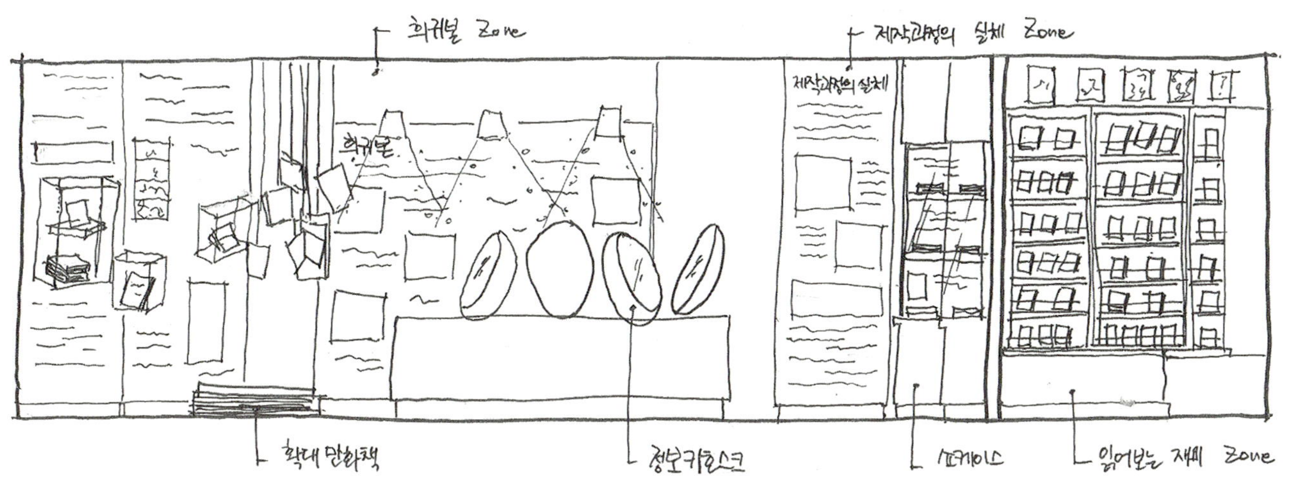

만화책을 전시하는 전시공간의 입면 디자인 스케치

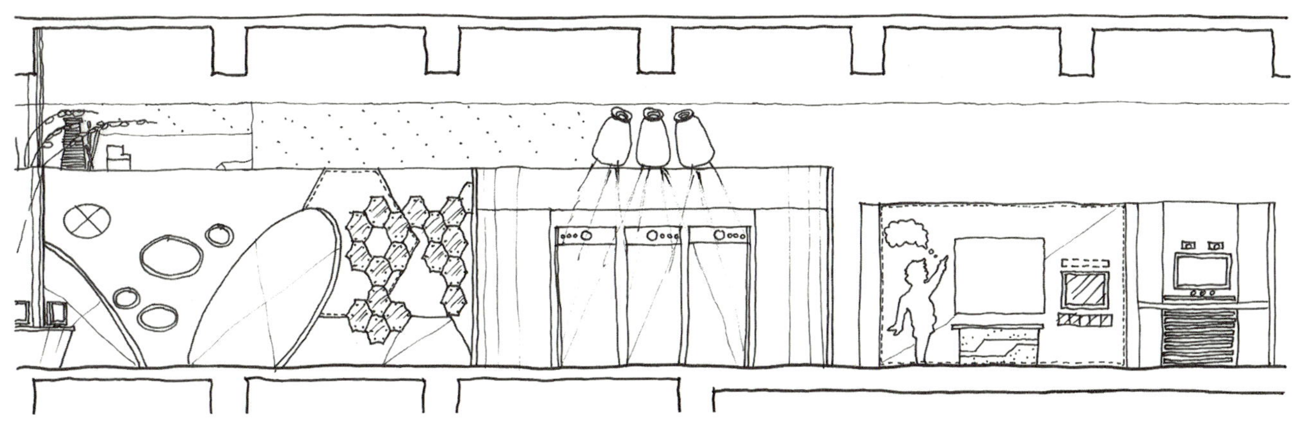

과학체험 전시공간의 입면 디자인 스케치

63

모형작업을 통한 공간검토

스케치를 통하여 평면과 입면에 대한 평면적인 구상이 진행되면 이를 스터디 모형 등의 입체적인 형태로 제작하여 공간에 대한 보다 구체적인 검토를 진행한다.

모형은 다양한 방법으로 제작되어 질 수 있는데, 일반적으로 평면 스케치나 도면을 우드락 혹은 라이싱지, 폼보드 등을 통해서 특정 스케일(1/30, 1/50, 1/60, 1/100 등)로 3차원적으로 제작하여 공간을 입체적으로 표현하는 작업의 과정이라 하겠다.

모형을 제작할 때는 공간의 형태, 벽면의 형태와 위치, 천장의 형태, 개구부의 위치 등을 명확하게 알 수 있도록 제작해야 하며, 종종 마커 등을 이용한 컬러링을 통해 자신이 구상하고 있는 공간의 컬러 개념과 재료를 표현하는 것도 매우 좋은 방법이다.

모형을 통해 나타나는 공간적인 문제점이나, 관람동선과 시각적인 이미지, 각 전시공간의 영역들에 대한 연계성, 전시매체들의 배치 등을 면밀하게 검토할 수 있다. 이러한 스터디 모형작업을 통하여 2차원적인 도면에서 미쳐 생각하지 못했던 구상안에 대한 여러 가지 계획상의 문제점이나 디자인적인 부분을 보완해 나갈 수 있게 된다.

모형작업은 최대한 쇼케이스 등의 전시매체나 가구, 전시 이미지 등을 가급적 상세하게 표현하여 보다 실제공간의 느낌과 최대한 유사하도록 제작하는 것이 좋다. 모형은 최대한 크게 만드는 것이 디테일이나 공간감을 검토하는 데 유리하다.

모형을 제작하는 것은 2D적인 도면검토에서 한 단계 나아가 3D적인 공간감에 대한 접근성을 한층 높여주는 작업이기 때문이며 이를 통하여 구체적으로 전시공간의 형태와 전시의 배치에 대한 검토가 가능하다.

전시공간에 대한 구상의 과정에서 스터디 모형제작은 공간에 대한 3차원적인 볼륨과 공간에 대한 보다 면밀한 검토를 위한 작업이다.

우리가 그리는 모든 도면은 2차원을 넘어서지 못한다. 하지만 모형을 제작함으로써 2차원 공간에서 알 수 없는 공간감과 관람자들이 느끼게 될 시각적인 이미지를 3차원적으로 파악할 수 있다. 또한 전시공간의 부분모형을 통해 보다 구체적으로 쇼케이스 디자인을 완성할 수 있다.

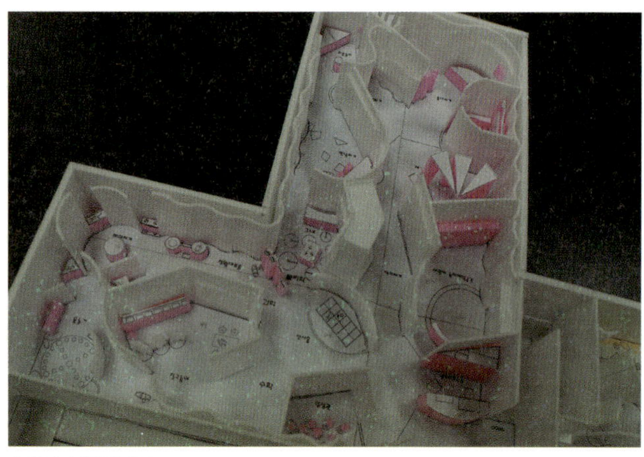

스터디 모형사례 1

스터디 모형사례 2
자연의 요소를 디자인의 모티브로 설정하여 전체 외부형태와 내부공간 볼륨의 디자인적인 요소를 추출해낸 사례

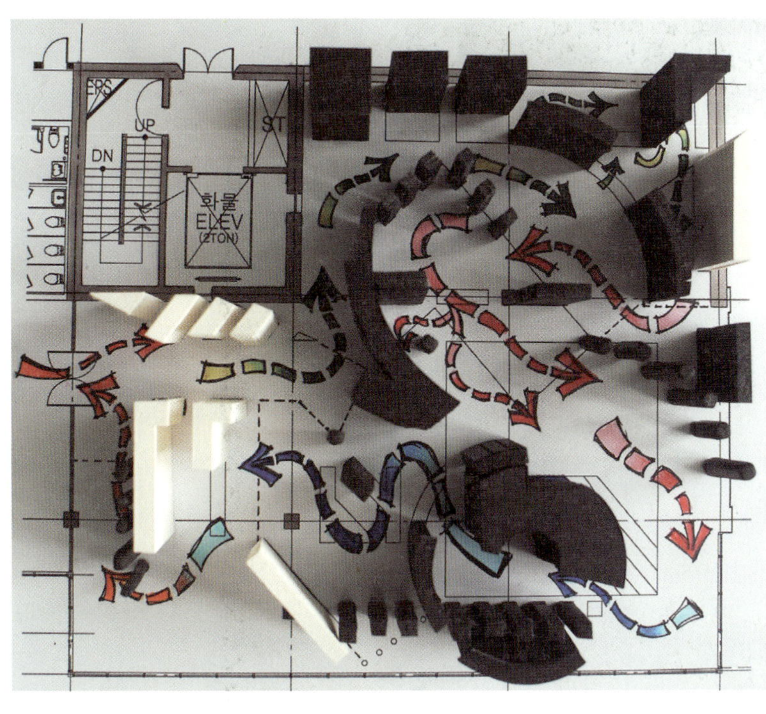

공간구성과 관람자 동선, 전시연출 매체의 볼륨을 표현한 스터
디 모형사례

전시연출을 위한 쇼케이스 디자인 사례 : 스터디 모형을 통한 디자인 구체화 과정

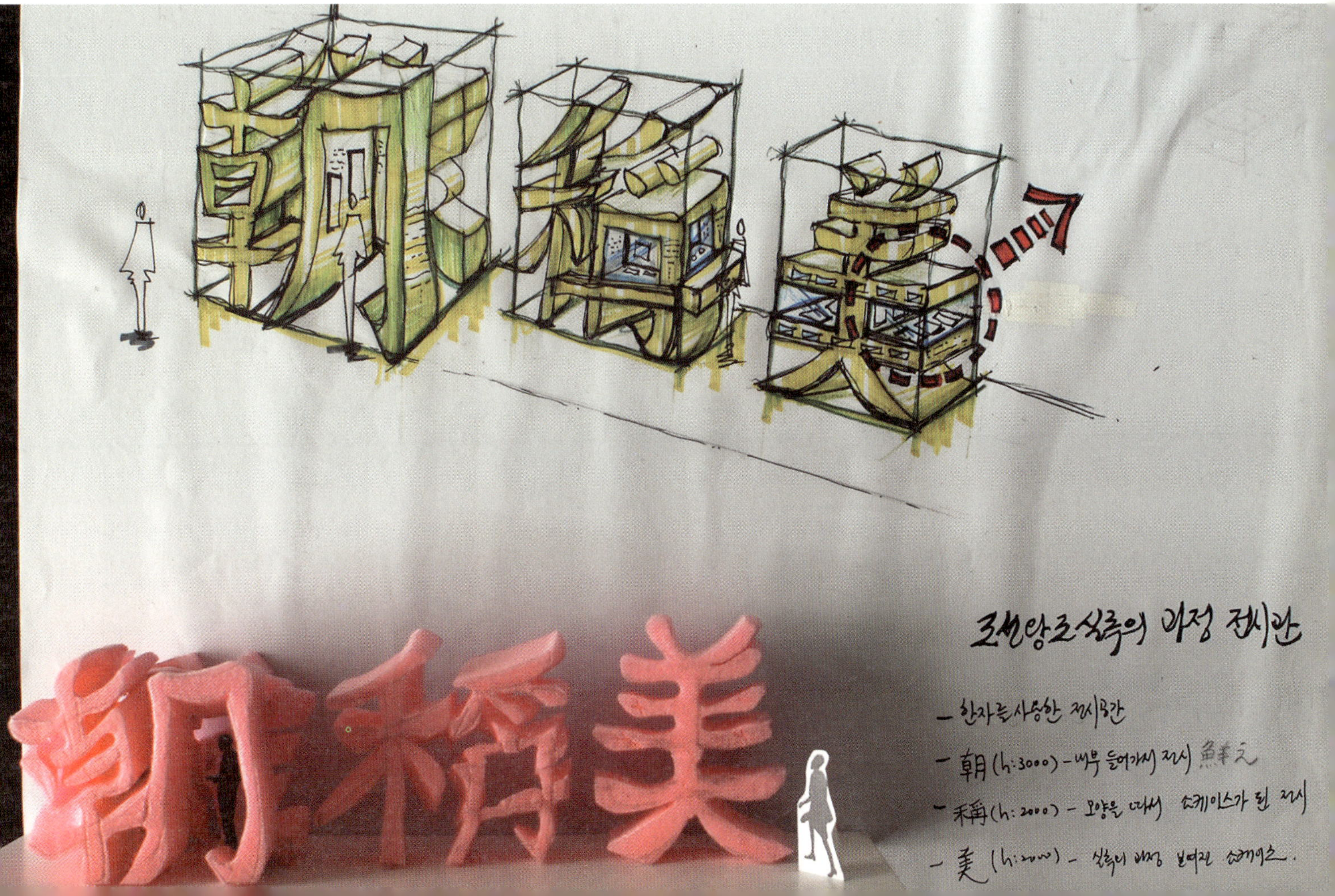

전시공간 디자인에 있어서의 모형작업은 특히 공간을 구성하는 요소들에 대하
여 구체적으로 표현하는 것이 공간을 설명하거나 공간에 대한 구체적인 공간감
을 파악하는 데 유리하며, 컬러 계획과 마감재료에 대한 표현까지를 모형에서 보
여주는 것도 매우 효과적인 작업의 수단이 된다.

모형사례

전시공간 디자인에 대한 최종 모형제작
의 사례다. 미술작품을 위한 공간 디자인
으로 파티션과 전시공간에 배치되는 미
술작품의 위치와 크기를 명확하게 알 수
있도록 작품의 이미지를 모형에 표현하여
모형이 보다 현실감 있게 보인다.

모형사례

일러스트 작품의 전시를 위한 공간 디자
인에 대한 모형사례다. 전체적으로 공간
의 형태가 매우 조형적으로 표현되었으며
분할된 공간의 VOID를 활용하여 일러스
트 전시를 기획하고 있다. 일러스트 작품
의 배치도 명확하게 알 수 있도록 모형에
서 이미지를 표현하였고 컬러는 원 톤으
로 처리한 것을 알 수 있다.

모형제작을 통하여 실제공간에서의 연계관계와 공간의 조
직, 시·지각적인 공간감, 컬러와 재료, 벽면과 천장 및 바닥
부분에 대한 구성 등을 파악할 수 있다. 최종 모형제작은 프
리젠테이션을 위한 제작의 궁극적인 목적도 있지만, 평면과

입면에 대한 구체적인 3D적 확인작업이 가능한 수준으로 제
작함으로써 종종 모형작업을 통해 평면도에서 보지 못했던
오류나 보다 좋은 디자인이 떠오르는 경우가 많이 있다.

최종적인 도면(평면도, 입면도, 상세도 등)의 작성을 통한 디자인 완성

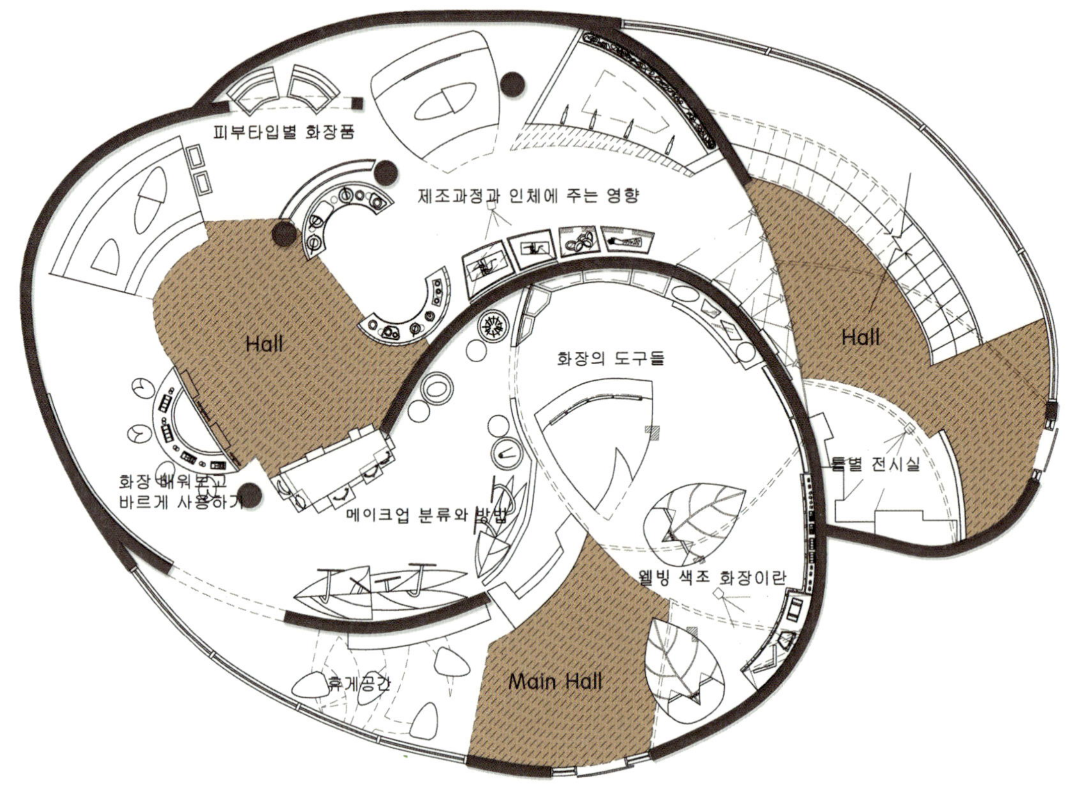

디자이너는 스케치를 통하여 구상한 아이디어를 AUTO-CAD PROGRAM 등을 사용하여 최종적인 도면 드로잉 작업을 수행하게 되며 이를 통하여 최종적인 계획안에 대한 도면을 완성하게 된다. 제안서나 발표를 위한 도면일 경우 PHOTOSHOP과 같은 프로그램을 통하여 컬러링이나 그림자 표현 등의 리터칭을 하는 경우도 있다. 평면도의 부분적인 컬러링은 각 존의 구성이나 전시공간 영역을 보다 명확하게 시각적으로 표현할 수 있다.

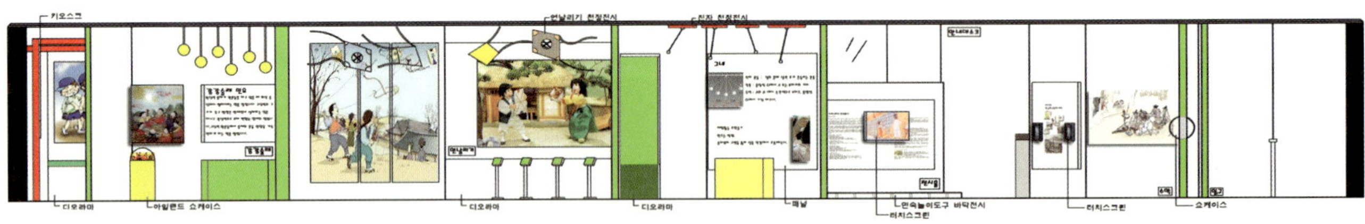

입면도도 평면도와 마찬가지로 약간의 컬러링을 통한 리터칭의 과정을 수행함으로써 AUTO-CAD PROGRAM을 통한 입면도 작성 시 상세한 표현이 어려웠던 재료의 질감이나 그래픽적인 이미지를 Adobe ILLUSTRATOR나 PHOTOSHOP 등의 프로그램을 통하여 보완해나가면 보다 명확한 시각적 정보전달과 공간 이미지를 표현해 낼 수 있다.

컴퓨터 프로그램을 통한 그래픽 작업은 최종적인 도면의 완성을 위한 시각적 표현수준을 한 단계 높여줄 수 있다. 평면과 입면도, 단면도 등에 대한 다양한 표현방법과 디자인 과정에 대한 다양한 결과물은 궁극적으로 전시공간에 대한 정보전달력을 향상시키기 위한 일련의 작업과정이다.

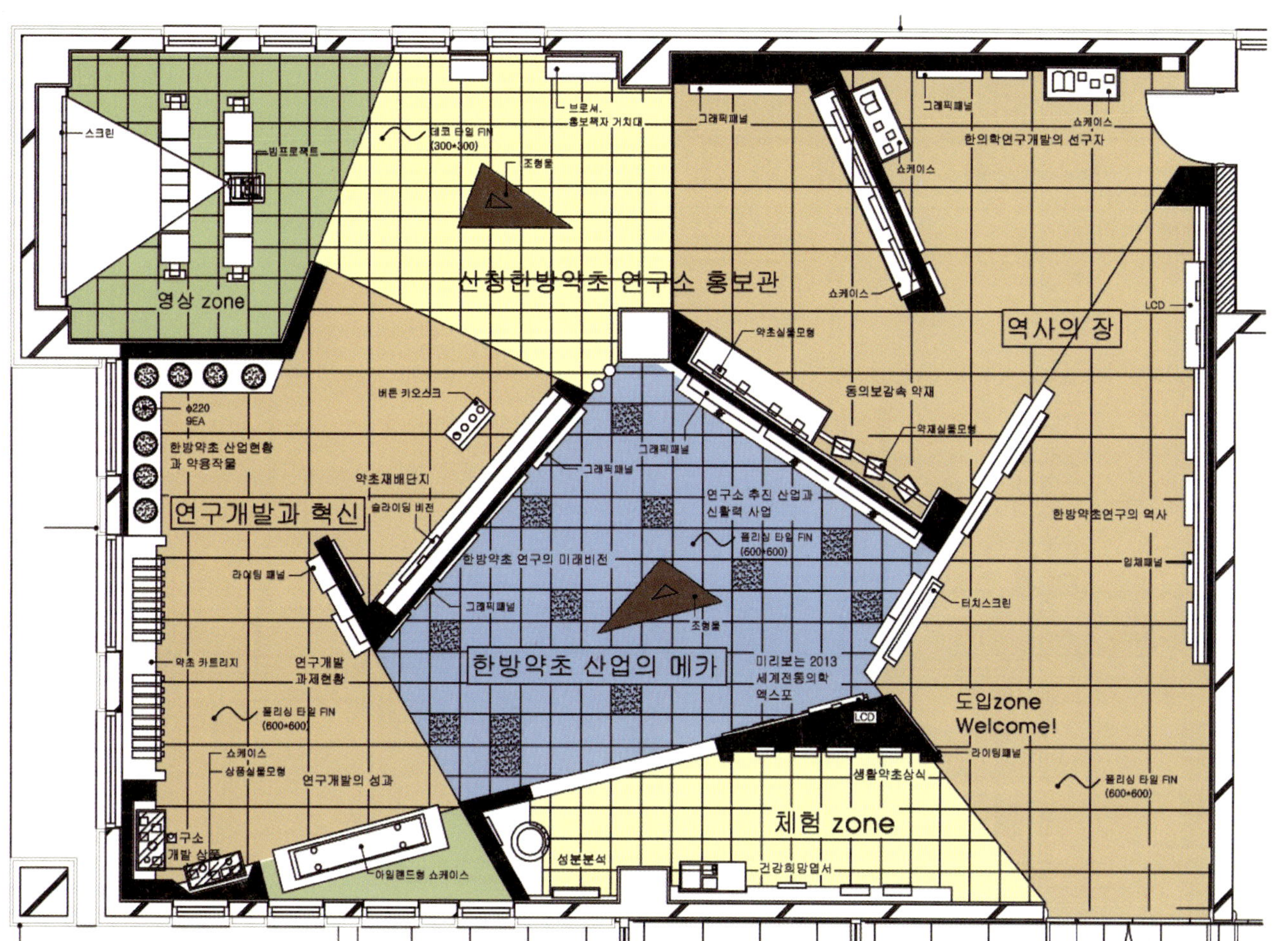

AUTO-CAD 프로그램을 통한 평면도 작업 후 PHOTOSHOP으로 리터칭 컬러링한 사례.
AUTO-CAD를 통하여 작성된 도면을 EPS 형식의 파일로 출력하면 도면을 PHOTOSHOP 프로그램에서 불러올 수 있다.
PHOTOSHOP으로 불러온 도면에 각 ZONE별로 컬러링을 하면 각 공간의 영역을 명확하게 표현할 수 있다. 또한 컬러링을 할 때에는 강한 원색의 컬러보다는 파스텔
톤의 컬러를 사용하거나, 사용한 컬러의 투명도를 80~70% 정도로 조절하여 표현하는 것이 좋다.
도면에 컬러링을 할 경우에는 일반적으로 복도 등의 공용공간과 전시공간의 영역 및 쇼케이스와 같은 전시매체를 각각 구분하여 컬러를 선택하는 것이 좋다.

전시공간 디자인에 대한 여러 단계의 과정을 거치고 나면 최종적으로는 도면을 통해 모든 아이디어와 계획적인 내용을 정리해나간다. 평면도와 입면도, DETAIL 등은 3차원적인 작업은 아니지만 이들을 토대로 최종 투시도작업이나 실제적인 3D 작업이 이루어지기 때문에 매우 정확해야 하며 공간의 기능과 형태, 전시매체, 마감재료, 개구부의 위치, 치수, 바닥의 패턴 등에 이르는 내용이 빠짐없이 도면으로 작성되어야만 한다.

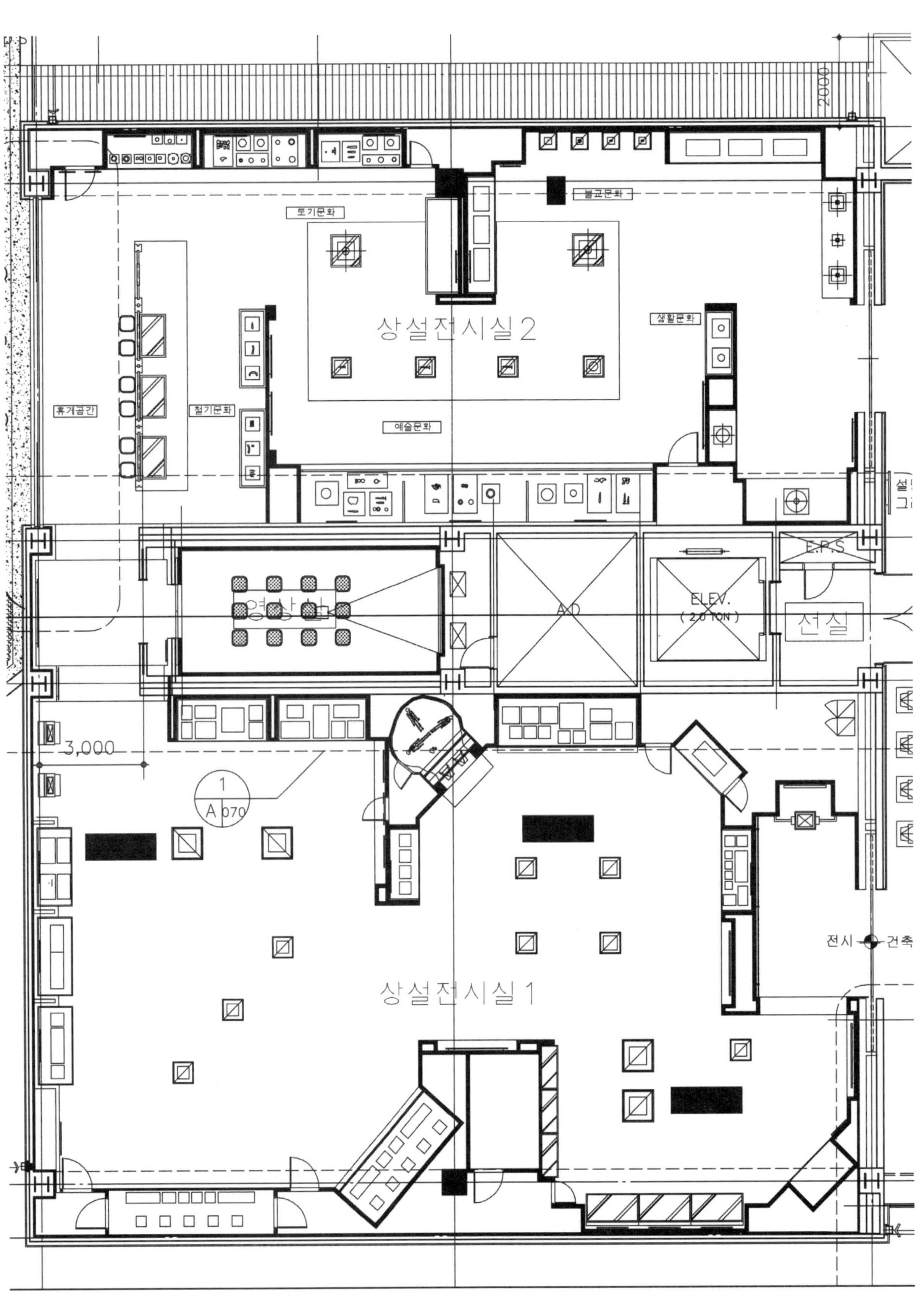

국립춘천박물관 1층 상설전시실 전시설계 평면도(자료 : (주)건우사 종합건축사사무소)

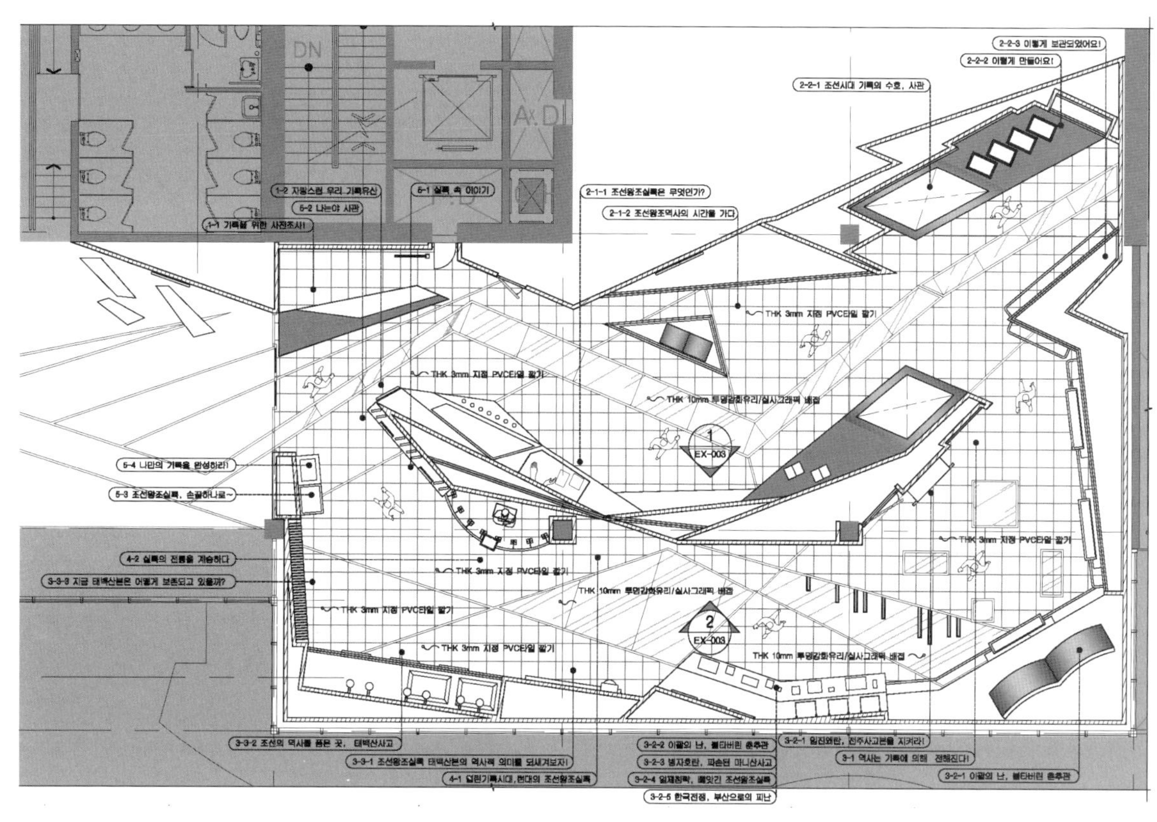

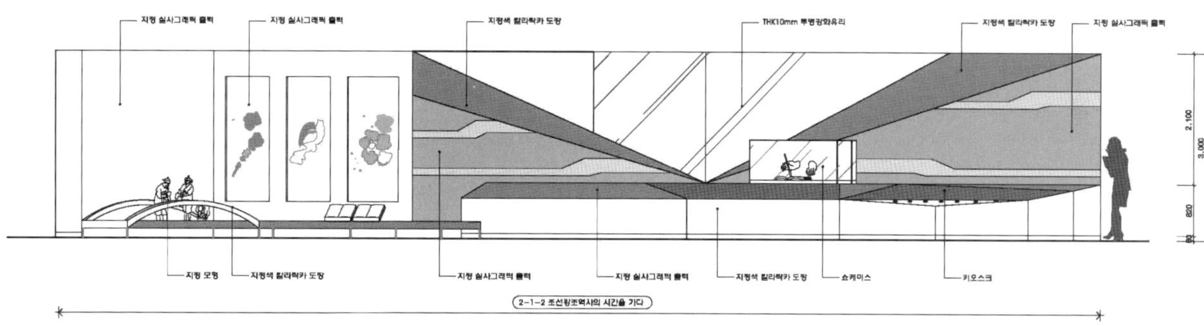

입면전개도-1

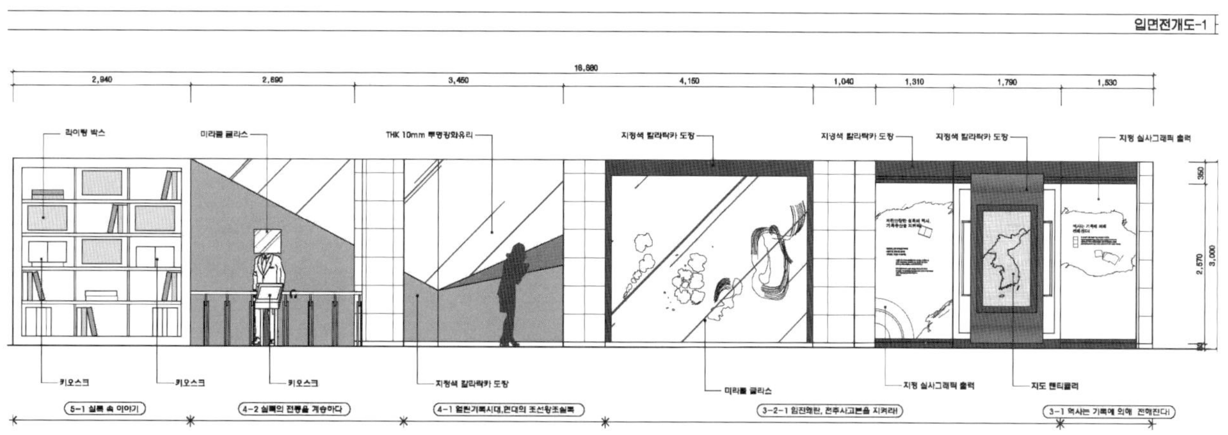

역사기록관 조선왕조실록실 전시설계 평면도와 입면도(자료 : 인들디자인)

1.4 어떻게 전시할 것인가?

어떻게 디자인할 것인가의 문제는 세부 연출계획 구상과 전시공간 구체화의 과정이다.

전시공간 디자인에 있어서는 세부 연출계획은 전시주제와 전시아이템을 관람자들에게 어떠한 전시매체를 통하여 어떻게 공간에서 연출하여 보여줄 것인가를 결정하는 과정이다.

다양하고 재미있고, 관람자들이 흥미를 가질 수 있도록 전시를 어떻게 연출할 것인가? 이것은 전시 디자인에 있어서 가장 중요한 문제다. 전시자료가 아무리 훌륭한 것이라도 결국 전시공간은 관람자들에게 무엇인가를 보여주는 공간이기 때문에 이를 간과해서는 안 된다. 관람자들에게 관심을 끌지 못하는 전시자료는 그 전시공간에서 쓸모없이 자리만 차지하게 되는 골칫거리로 전락하기 쉽다.

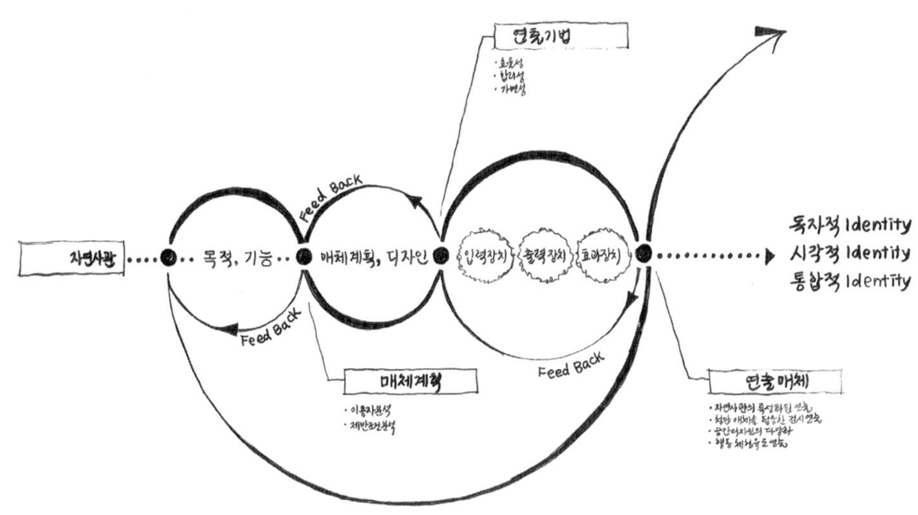

전시공간에 대한 연출매체와 연출기법에 대한 개념을 정리한 diagram

NEMO 전시공간의 스케치
과학적인 이론과 원리를 체험형식으로 연출하여 관람자들이 직접 만져보고, 조작해보고, 실험해보도록 작동모형, 터치 스크린, 실험기기 모형 등의 다양한 매체를 구현하고 있다.
현대의 전시공간은 지루하지 않고 흥미로움이 가득 넘치는 전시공간으로 디자인하려는 전시연출의 경향을 보인다.

72

NEMO 전시공간의 스케치

현대의 전시공간은 관람자들의 참여를 유도하는 공간을 선호한다. 특히, 과학계통의 전시공간 연출은 관람자들이 적극적으로 참여하여 무엇인가를 학습하고 이를 통하여 정보와 메시지를 전달하는 방식의 공간연출이 많이 나타난다. 암스테르담에 위치하고 있는 NEMO의 경우도 위의 스케치에서와 같이 관람객들이 모여 앉아 과학의 기초적인 원리를 직접 실험해보고 또 참여하는 관람객을 함께 바라보며 즐기는 체험공간을 연출하여 관람자와 전시공간이 함께 소통하도록 유도하고 있다.

전시연출의 다양성을 결정하는 가장 중요한 요인 중의 하나는 전시매체다. 전시매체 계획은 세부 연출계획에서 빠질 수 없는 부분이다.

어떻게 전시할 것인가? 이것은 결국 전시공간과 관람객, 그리고 전시자료의 삼각관계를 어떻게 설정할 것인가의 문제이며, 공간, 전시매체, 전시자료의 삼위일체가 되어 관람객과 조우하게 되는 공간연출에 대한 방향을 설정하고 구체적으로 이를 디자인하는 과정이라 하겠다.

세부 연출계획에는 일반적으로 전시주제, 전시연출에 대한 개요, 전시매체, 관람방법, 공간연출 투시도, 전시공간 연출에 대한 구체적인 목적과 전시자료에 대한 설명 등을 모두 포함하여 작성한다.

전시연출 아이디어 스케치
원시인들의 생활상을 디오라마의 전시기법을 통하여 전시연출하려
는 디자이너의 아이디어를 스케치로 보여주고 있다.

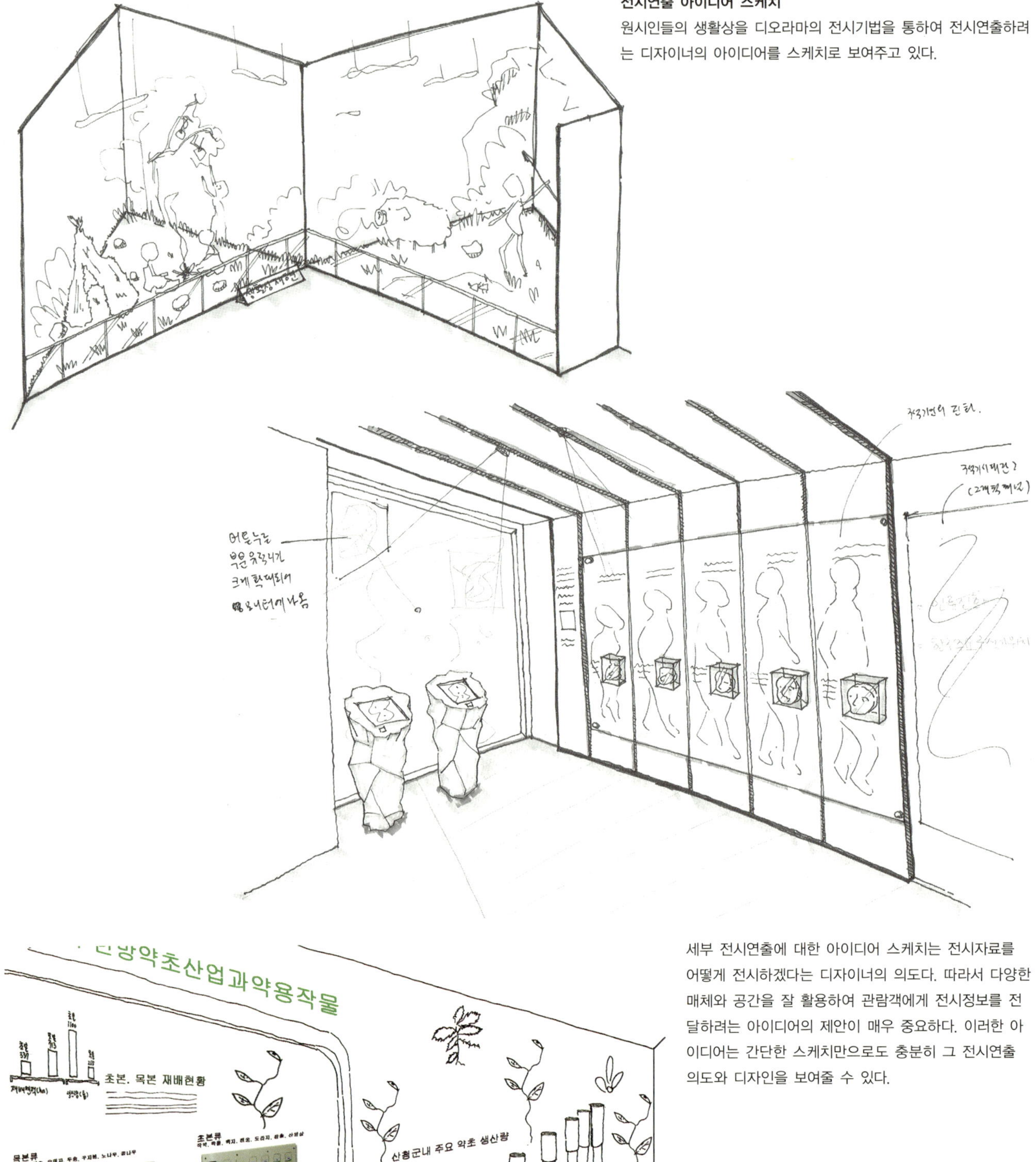

세부 전시연출에 대한 아이디어 스케치는 전시자료를
어떻게 전시하겠다는 디자이너의 의도다. 따라서 다양한
매체와 공간을 잘 활용하여 관람객에게 전시정보를 전
달하려는 아이디어의 제안이 매우 중요하다. 이러한 아
이디어는 간단한 스케치만으로도 충분히 그 전시연출
의도와 디자인을 보여줄 수 있다.

전시 세부 연출계획 스케치
암석을 전시대상으로 하여 암석의 생
성, 암석의 순환, 암석의 이용, 암석의 박
편관찰 등의 전시주제를 공간으로 연출
하였다.
WIDE VISION, 그래픽 패널, 암석 실물자
료, 사진, 암석관찰을 위한 현미경, 암석
실물크기 모형, 체험 모형기구 SET 등의
매체를 사용하여 전시를 구현하고 있다.
바닥전시와 동굴탐험, 암석 만져보기 등
의 체험형 전시를 통하여 공간을 연출하
려는 의도와 공간 디자인에 대한 아이디
어를 투시도와 카툰 형식의 스케치로 표
현하였다.

전시 세부 연출계획 스케치
위성에서 본 지구라는 주제로 생명이 있
는 지구의 아름다움을 감상하기 위한 공
간을 연출하였다.
공간의 한편에는 지구모형을 전시하고
지구 내부의 단면을 볼 수 있는 모형, 터
치 스크린 키오스크, LED 영상, 모니터,
음향 스피커, 그래픽 패널 등의 전시매체
를 통하여 연출하였다.
지구의 모습을 보여주기 위하여 높은 층
고를 활용하고 관람자들이 지구의 내부
구조, 대륙의 판 이동설, 지구의 환경변
화 등에 대한 정보를 관람하도록 연출
하였다.

• 연출 개요 및 시나리오

전시연출개요 — 3D 입체 영상 시뮬레이터로 공군 전투기 체험을 연출

전시매체 — Cave style, 입체안경 착용, 라이더 장치,
3면 이상의 평면스크린, 입체 영상장치

체험자수 — 한 Cave 당 2명
충3개의 Cave

체험시나리오
- 라이더에 탑승 후 입체 안경 착용
- 비행 시뮬레이더에서 전투기 조정 테스트
- 활수로에서 이륙 · 도시를 나는 선회 · 착륙
- 모든 체험에서 합격하면 자동으로 라이센스 발급

항공우주박물관 세부 전시연출 사례

공중 조종사의 꿈이 현실로 라는 전시주제를 가지고 세부 연출계획을 구상하
였다.

전시매체는 3D 입체영상과 시뮬레이터, 그래픽 패널과 터치 스크린을 사용하고
가상의 공군 전투기의 조종과 체험을 통하여 조종사 라이센스를 관람자들에게
발급해주는 형식의 전시연출을 투시도로 보여준다.

전시연출 개요와 시나리오의 내용도 diagram 형식으로 나타내었다.

항공우주박물관 세부 전시연출 사례
첨단 항공기 기술발달이라는 전시주제를
비행기의 실물 엔진과 그래픽 패널, 영상
스크린 등의 전시매체로 연출하고 있다.
세부 전시연출 계획에서는 전시공간의
전시 아이템과 전시매체, 공간의 특성이
명확하게 보이도록 구성하여 작성한다.
또한 전시연출의 개요와 시나리오를 함께
보여주어 전시공간의 연출에 대한 구체
적인 내용을 파악 할 수 있도록 작성하
는 것이 좋겠다.

• 연출 개요 및 시나리오

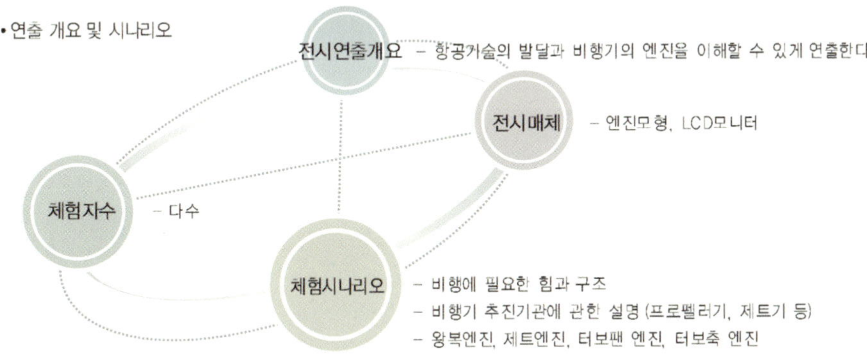

세부 전시연출을 위한 아이디어 스케치 사례

가. 공간별 전시시설 구성계획

가. 공간별 전시시설 구성계획

역사기록관 조선왕조실록 전시공간의 세부 연출계획 사례(자료 : 인들디자인)

통영관광정보센터 전시실 계획안(자료 : 예홀디자인)

창원과학체험관 전시 세부 연출계획 사례(자료 : (주)중앙디자인)

| 공간연출 개요 | · 실물들을 전시하여 보고, 만지는 오감의 체험
· 충분한 보조적 설명으로 오감체험의 이해 극대화 |

전시물 제작 및 설치계획

적정성	창의성	안전성	기 타
신소재와 원리를 직접적으로 체험	실물전시를 통한 구체적 오감전시	직접적 체험과 이벤트 관람자를 고려한 공간구성	공간의 변형 시 기타 이벤트 공간으로의 활용 가능성

전시연출 계획 총괄표

소주제	전시 코드	전시 코너 / 아이템	크기(m)	중량(kg)
[소1-1] 소재의 종류	[소1-1-A]	반도체 제조과정	2.4×2	121
	[소1-2-A]	초전도현상	2.4×3.4	206
[소1-2] 소재의 성질	[소1-2-B]	자기부상열차	6.8×2.3×3.4	1347
	[소1-2-C]	통전성질	1.4×3.4	120
	[소1-2-D]	흡음성질	1.4×3.4	120
[소1-3] 소재의 이용	[소1-3-A]	소재의 활용범위	1.4×3.4	120

공간연출 개요	· 새로운 에너지 및 전력의 형상을 기본방향으로 하여 공간을 설정 · 에너지의 확산, 분배의 콘텐츠를 공간에 구성하여 전시 기본방향을 유지 · 자유로운 전시물 선택이 가능하도록 동선과 콘텐츠를 구성

전시물 제작 및 설치계획

적정성	창의성	안전성	기 타
에너지별 코너 구성으로 학습효과를 극대화함	에너지별 그룹화로 효과적 교육효과 기대	대기와 체험을 조율할 수 있는 넓은 공간. 단체/어린이 관람객을 고려한 디자인 설계	전시물 관리를 위한 서비스 도어 구축. 서비스 도어의 별도 관리동선 배려

전시연출 계획 총괄표

소주제	전시 코드	전시 코너 / 아이템	크기(m)	중량(kg)
[환1-1] 전력의전달	[환1-1-A]	전기의 발생과 이용	2×2×4.5	456
	[환1-1-B]	전력전달	1.5×3.4	129
[환1-2] 에너지절약	[환1-2-A]	절약하세요	4×3.4	344
	[환1-2-B]	새로운 에너지	1.5×1.5×1	57
[환2-1] 연료전지	[환2-1-A]	연료전지란	1.8×3.4	155
	[환2-1-B]	연료전지 실험장치	2.2×1.5×1.5	125
	[환2-1-C]	연료전지의 활용	0.9×0.9×1.8	36

Part 3. 전시공간의 세부연출계획

▶정보의 장 : 연구개발과 혁신
_산청의 한방약초 산업 현황과 약용작물

개요

한국의 약초연구의 역사를 단군 신화에서부터 산청한방약초연구소에 이르기까지에 이르는 연대표를 그래픽 패널로 설명. 이와 더불어 현존하는 최고의 의학서인 향약구급방과 한국의 한의학 연구의 결정체인 동의보감에 대하여 설명하고 본초학과 약용작물에 대한 용어를 올바르게 이해 할 수 있도록 설명.

전시내용

한방약초연구의 역사를 고조선을 시작으로 하여 삼국시대, 통일신라시대 등 각 시대별로 연대표와 이미지를 통하여 간략하게 설명. 모니터 영상에는 한의학의 역사를 내용으로 하는 영상 연출하며 방문객의 접근에 의해 동작하도록 센서를 설치)

전시연출계획 및 매체활용 ·입체 그래픽 패널 연대표 + 이미지 사진 +LCD 모니터

Part 3. 전시공간의 세부연출계획

▶정보의 장 : 연구개발과 혁신
_최적의 약초재배 단지, 산청!

■개요

· 산청의 우수한 한방약초 재배 조건, 한방약초 재배현황, 산청군 관내 주요약초 및 생산량, 한방약초 산업 현황에 대한 내용을 중심으로 설명.

■전시내용

· 산청 지역현황 및 산청군 약초연구단지, 산청한방이학연구소의 위치정보, 한방특화사업 지역, 주요 생산 약초에 대한 설명, 웰빙 체험 학습장으로의 활용 현황, 재배단지에서 생산되는 약초의 이미지 등을 슬라이딩 비전을 통하여 연출, 방문객이 버튼을 선택하면 선택한 장소에 대한 정보가 슬라이딩 비전에 연출된다.

■전시연출계획 및 매체활용

· 입체 그래픽 패널
(산청의 지도와 대표적인 재배단지 사진 이미지)

한방약초홍보관을 위한 세부 전시연출 계획안 사례

안동마애선사박물관 계획안의 전시공간 연출 투시도와 동선, 조닝을 표현한 패널(자료 : (주)새한전시)

2. 전시 디자인 요소

2.1 규모설정

(1) 박물관의 규모계획 요소

박물관의 규모를 산출할 수 있는 공식은 존재하지 않는다. 앞으로도 절대 존재하지 않을 것이며 존재할 필요도 없는 것이다. 이 사실을 박물관 관계자나 전시 디자이너들은 우선적으로 인식해둘 필요가 있다.

박물관의 공간규모는 차마 셀 수도 없을 정도로 지극히 다양한 접근방법에 의해서 이루어진다. 이는 시설의 종류와 시설의 이용대상, 부지조건, 경제적 여건, 시설의 수용력, 법적 제약조건, 환경요건, 기술적 지원요건 등에 따라 당연히 매우 다르게 나타날 수 있기 때문이다. 규모의 설정에 있어서는 다각도의 접근체계에 의한 신중한 비교분석이 요구된다. 이러한 다각적 분석은 어떤 특정기법을 사용할 경우에 발생하는 변수의 오류를 최소화한다는 의미에서 중요하게 생각할 필요가 있다.

규모계획이란, 일반적으로 적정규모를 정하는 것으로 건축계획에 있어서 첫번째 단계인 것이다.[10] 규모계획은 시설의 여러 가지 제반조건이나 계획의 목적, 제약, 대상의 범위, 건물 수용력의 범위 등에 따라 달라지는 불특정요인을 명확히 파악하여 공간수요를 예상하고 결정하여 적정수준의 규모를 산정하는 것이다. 여기에서 말하는 공간수요란, 규모계획 시 잠재되어 있는 각 항목과 요소들의 수요를 지칭하는 것이며 이것은 단위공간의 종류, 면적규모, 단위공간에 필요한 공간규모 등의 산출에 이용된다. 또한 여기서의 적정규모의 수준이란, 이용자 측에서 본 관점과 시설운영자 측에서 본 관점 등에 따라 다를 수밖에 없으며 규모설정 시 폭이 있는 범위값으로 설정하여 규모설정에 있어서 융통성을 지닐 수 있도록 함이 좋을 것이다.

(2) 전시공간의 규모설정 지표

박물관의 규모계획 시에는 다음과 같은 공간수요 계획의 기본사항들을 고려해야 한다.

① 평면의 기초단위 (인체동작 / 물품·표본·자료)

평면의 기초단위는 시설 각 부문의 현실적인 규모산정 지표로서 작용할 수 있는 기초적 자료가 된다.

전시부문의 경우, 자료의 특성과 치수단위는 전시형태와 전시장치, 전시환경과 관련하여 규모에의 접근성을 증진시킨다. 기본적으로 관람객이 관람을 위해 이동하기 위한 복도의 폭, 쇼케이스의 바닥면적, 전시자료가 가지고 있는 평면치수는 전시공간의 밀도와 면적에 직접적으로 영향을 미치는 요소가 된다. 전시공간의 전시자료와 환경요소, 전시매체 등의 크기를 정확하게 파악하는 것은 규모계획에서 매우 주요한 과정이다.

② 단면의 기초 단위: 소요실의 단면높이나 실 폭, 실의 깊이

자연사박물관의 경우 맘모스, 티라노사우루스, 사이스모사우루스, 어룡, 곤충, 조류, 해양 생물, 미세포, 생물의 서식활동, 높이 조사 등의 자료가 공간의 단면높이를 결정하는 기초단위로서 작용한다. 특히 자연사박물관의 경우에는 자료의 크기가 극소한 것에서 공룡과 같이 초대형의 것에 이르기까지 천차만별로 달라서 단면치수와 관람형태에 대한 분석과 고려가 관의 건립 이전에 사전 검토되어야만 한다.

미술관의 경우는 같은 평면적인 회화일지라도 세로방향으로 2m – 3m 이상 되는 긴 것과 가로방향으로 긴 것과는 단면치수와 감상거리가 다르게 산정될 수 있는 것이고 대형 조각품의 경우는 특히 사방에서 관람함으로 높은 단면치수와 여유있는 전시면적이 요구되는 것이다.

---

10) 新建築學大系 13 建築規模論, 岡田光正 外 1人, 도서출판 大光書林, 1992.

오른쪽 그림에서와 같이 전시자료에 대한 충분한 공간적 고려를 하지 않으면 오른쪽 그림과 같이 기둥 사이에 공룡을 끼워넣는 식으로 전시해야 하는 경우가 생긴다.(span과 space의 오류)
전시자료의 특성(단면형상, 크기, 체적 등)을 고려한 전시공간의 계획이 요구되며, 전시자료의 크기는 전시공간의 실 깊이와 실 길이, 전시공간의 층고를 추정하는 데 있어서 현실적인 규모설정 지표가 된다.

전시공간의 일부 높은 공간에 전시하는 것은 전시의 리얼리티를 살리게 된다.
예를 들어, 오른쪽 그림에서와 같이 우주비행사가 우주를 유형하는 모습의 재현 전시라든지 인공위성 등을 공중에 매다는 형식으로 전시하는 경우, 전시자료의 높이는 전시를 보는 관람객의 시각적인 측면에 직접적으로 반영되기 때문에 전시물에 대한 통찰력과 이해를 위해서는 단면과 규모의 기초단위가 전시계획 시 반드시 고려되어야 한다.

③ 공간적 유사성 검토 : 공간조건(높이와 넓이 등), 전문분야, 전시의 영역과 전시자료의 특성

박물관에서 다루고 있는 분야와 전시자료의 특성과 유형에 관한 검토는 이에 부합하는 공간의 조건을 만족하는 규모검토에 도움이 된다. 전시자료의 속성과 특성을 고려한 전시공간 규모에 대한 배려는 전시감상 조건과 밀접한 관계를 가지기 때문에 이에 대한 신중한 검토가 요구된다.

④ 전시·수장·연구 부문의 특수조건과 환경, 전시매체의 조건 검토

전시부분은 자료의 재질, 형상, 색체, 기본재료, 크기 등의 특성에 따라 실의 조건이 다르게 고려되어야 하며 수장부문에 있어서는 특히 자료가 가지는 보존여건에 따라서 습도, 온도를 일정하게 유지해주는 공조 시스템이 요구된다. 전시공간의 전시자료에 대한 전시매체 설정과 수장부문의 자료 장르별 수장량과 증가량 및 특수성에 대한 조건의 검토는 반드시 이루어져야 하는 공간요건이 된다.

그림에서와 같이 길이가 50미터나 되는 사이스모사우르스와 사람의 크기를 비교해 본다면 전시공간의 크기와 단면상의 층고에 매우 다양함을 고려해야 한다는 것을 알 수 있다.
박물관의 전시공간 계획에 있어서는 공간의 전시실의 폭과 층고에 대한 세심한 배려가 요구되며, 이는 전시되는 다양한 전시자료들의 크기와 형상 및 특성을 반영한 공간계획이 필요하다는 사실을 잘 말해주는 것이다.

2.2 전시자료의 속성

전시자료의 유형과 속성을 고려한 전시연출 및 규모계획

정밀묘사 드로잉, 귀금속, 보석, 장신구, 곤충, 공예품, 미생물 표본 등
곤충과 같은 매우 작은 전시작품이나 부분적으로 세밀하게 장식된 공예품의 무늬, 정밀묘사 드로잉 작품 등은 관람자가 멀리서 전시자료를 보기보다는 근접하여 가까이서 전시자료를 볼 수 있도록 연출해야 한다. 종종 돋보기, 현미경 등의 전시보조 매체를 활용하여 관람자의 관람을 즐겁게 한다. 공간의 규모도 관람자가 전시작품을 조용하게 감상하고 자세히 살펴볼 수 있도록 휴먼스케일의 공간 규모가 더욱 유효하다 하겠다.

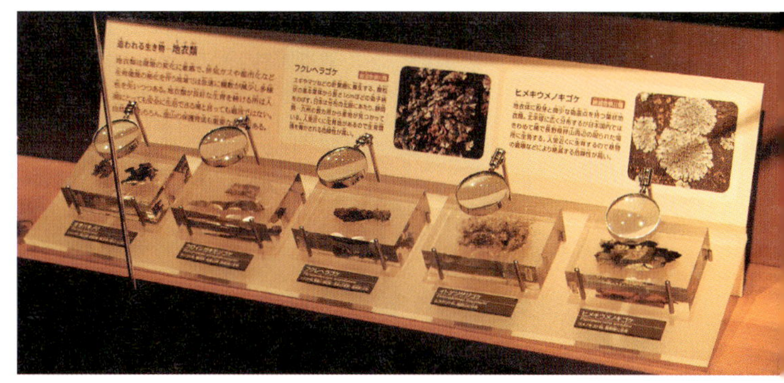

도쿄국립과학관 전시사례

입체 공예품, 사람의 전신상 조각, 도자기, 운석 등
관람자가 4면에서 모두 감상이 가능하도록 아일랜드형으로 전시를 연출하는 것이 바람직하다. 종종 한 면이나 두 면만을 보여주는 경우가 있는데, 이는 전시자료의 전체모습을 모두 볼 수 없어 관람자들에게 종종 원성을 듣게 된다. 전시물이 회전할 수 있도록 회전판을 설치하는 연출방법도 가능하다.

서화류, 고서 등
오래된 고서나 한문, 일본어로 제작된 전시자료는 종종 글을 써내려가는 순서가 오른쪽에서 왼쪽으로 되어 있는 경우가 있다. 다시 말해서 오른쪽에서 왼쪽으로 시선이 움직여야만 글을 순서대로 읽을 수 있다는 이야기다. 따라서 전시를 연출할 때, 자료의 배치에 대한 관람자의 동선방향이 반드시 오른쪽에서 왼쪽으로 움직이도록 유도해야 한다. 또한 자연채광이 직접적으로 전시자료에 노출되어서는 안 되고, 전시연출을 위한 조도조건이 다른 전시물에 비하여 매우 낮기 때문에 이를 위한 LED 조명 등의 보조매체 사용을 고려해야 한다.

높이가 3M가 넘는 대형병풍, 대형조각, 공룡 등
사람의 키 높이보다 큰 전시자료들은 관람자의 감상위치를 일반자료들과는 달리 전시자료의 중심부 정도까지 높여서 연출하면 전체를 감상하기 위한 조건이 보다 양호해질 수 있다.

풍경화, 대형조각, 대형사진과 그래픽, 공룡, 맘모스 등
풍경화와 같이 전체의 모습을 모두 볼 수 있어야 하는 전시자료의 경우는 여유 있는 공간규모
(전시실 폭과 천장고)가 요구된다. 종종 자연사 박물관에서 전시공간에 여유가 없거나 충분한 층고가
마련되지 않아서 대형공룡의 뼈를 관람자가 관람하기 부적절한 공간연출을 흔히 볼 수 있다.
당연히 전시자료의 크기를 규모설정에 반영해야 한다.
나비와 공룡전시는 그 규모설정에서 근본적으로 다르게 접근해야만 한다는 것이다.

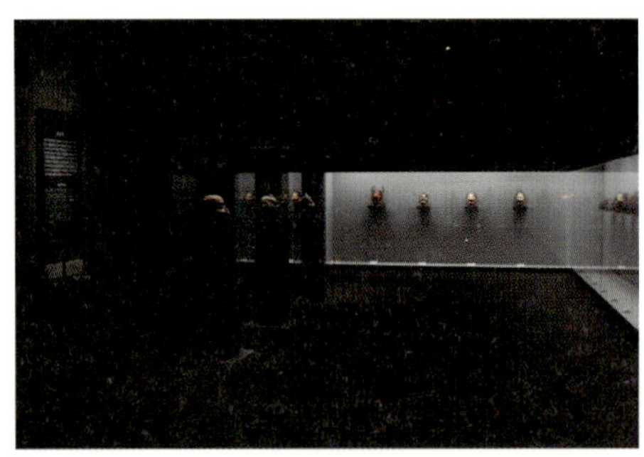

국보급의 주요 전시자료, 유명한 미술가의 그림, 희귀품, 고가의 실물 전시자료 등
매우 중요한 전시자료는 저밀도의 공간적 배치가 요구되며, 또한 쇼케이스를 통하여 보존과 보안유지에 각별한 신경을 써야 한다. 또한 관람자가 몰려서 감상하게 되는 경우가 빈번하게 나타나기 때문에 전시연출을 위한 충분한 공간마련이 요구된다.

곤충의 표본모형, 화석, 운석, 석재, 건축물의 일부분 모형 등
실제로 관람자가 만져보도록 해도 좋은 전시자료는 직접 관찰하고
만져볼 수 있도록 연출하는 것이 관람자적인 측면에서 보다 효과적이다.

지폐, 동전, 거울, 기와 등
종종 두 면을 가진 전시자료는 거울 등의 보조 전시매체를 활용하여 전시연출을 하면 그 효과가 극대화된다. 동전과 같은 자료는 관람자들이 앞면과 뒷면을 모두 보고 싶어하기 때문에 이를 위한 전시연출적인 배려가 필요하다.

2.3 전시 레이아웃 지표 : 전시자료의 배치

기초적인 치수개념

전시공간 계획에 있어서는 전시자료를 관람하는 데 필요한 최소한의 치수개념을 고려해야 한다. 전시를 관람하는 도중에 다른 관람자들에게 방해를 받거나, 관람을 위한 이동 중에 다른 관람자들과 마주치는 경우는 없도록 공간규모를 설정해야 한다.

기본적으로 확보되어야 하는 통로의 폭이나 전시 쇼케이스와 통로와의 적절한 공간확보는 전시 레이아웃에 있어 매우 중요한 치수개념이다.

아래 그림은 관람자들의 동선과 관람을 고려한 기본적인 치수다.

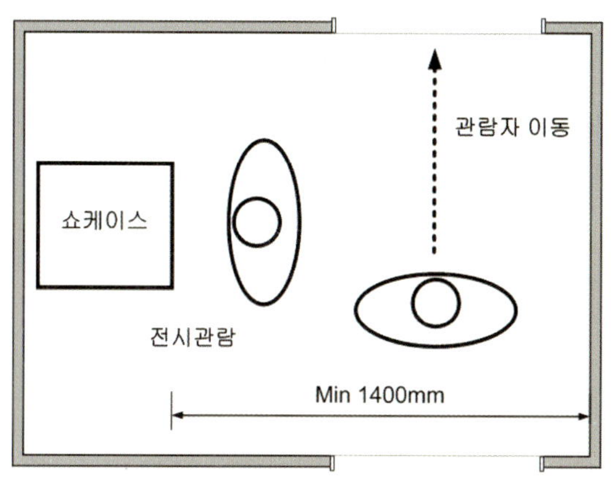

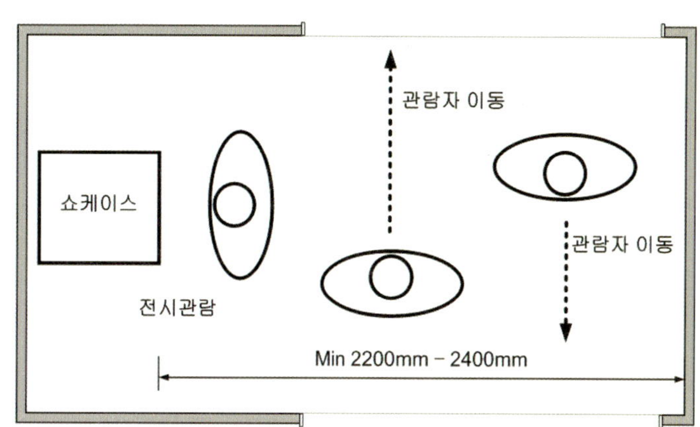

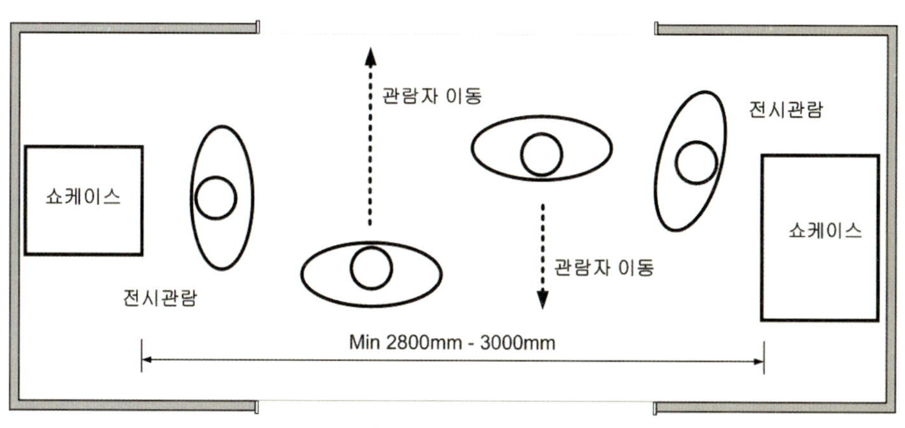

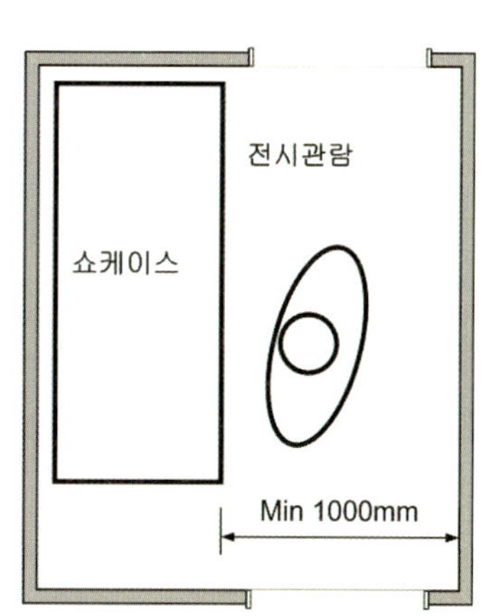

아래 왼쪽 그림은 일반적인 미술작품 등의 전시관람에서 관람자가 필요로 하는 최소한의 감상거리에 대한 기준이며, 아래 오른쪽 그림은 키 172cm의 성인 관람자가 버튼 조작이나 만져보기 위한 최소한의 선반대 높이에 대한 치수개념이다.

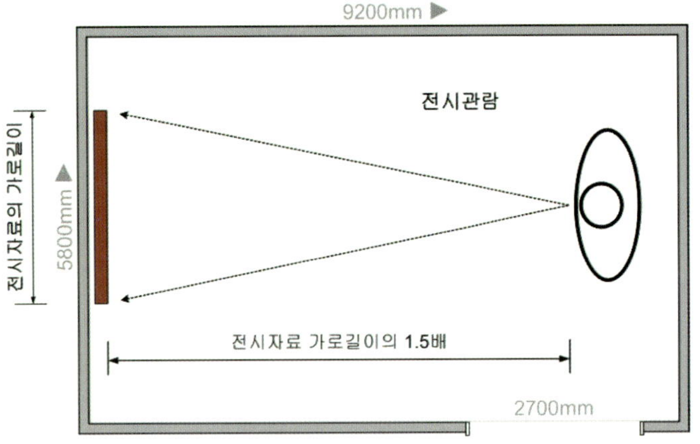

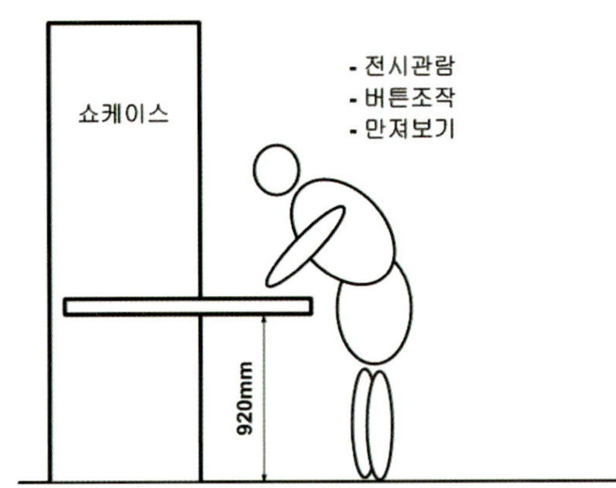

쇼케이스 배치방식

전시공간의 레이아웃에 영향을 주는 요소로는 쇼케이스의 배치방식이 있다. 현재 전시공간에 사용되는 쇼케이스는 그 유형과 형태가 매우 다양하지만 궁극적으로 쇼케이스를 전시공간의 어느 장소에 위치시키는가에 따라 관람객의 동선과 평면 디자인의 대략적인 윤곽이 드러나게 된다. 쇼케이스의 위치선정은 관람객의 동선과 전시내용, 전시공간의 조닝 등에 따라 결정해야 하며, 이러한 쇼케이스의 배치방식은 관람객이 전시자료의 전모를 자연스럽게 볼 수 있도록 하는 중요한 열쇠가 된다.

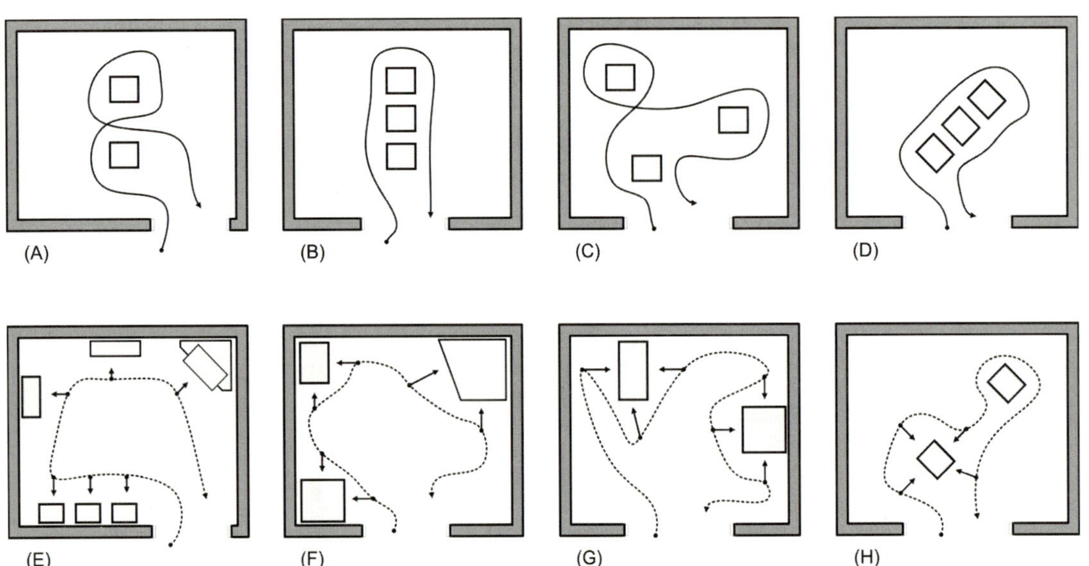

위의 diagram은 전시대를 사용하여 전시물을 독립적으로 노출 전시하는 유형(조각상, 가구 등의 전시에서 주로 볼 수 있다)과 독립 쇼케이스를 사용하여 전시공간이 구성된 유형이다.

(A)에서 (D)는 아일랜드형으로 전시가 배치되는 경우의 사례다. (A)와 (B)의 경우를 살펴보면 둘다 아일랜드형으로 배치되어 있으나 (A)는 전시물과 전시물의 사이에 거리가 있어 관람자가 자유로이 관람할 수 있도록 구성되어 있고, (B)의 경우는 전시물과 전시물이 일렬로 나란히 배열되면서 관람자가 그 사이를 지나다닐 수는 없도록 구성한 경우다. (B)의 경우는 벽면과 같은 효과를 기대할 수 있어 관람자들의 동선을 유도할 수 있게 된다. (C)는 전시공간에 아일랜드형으로 자유로이 배치된 경우이고, (D)의 경우는 대각선으로 배치하여 공간에 약간의 동적인 느낌을 가지게 한다.

(E)에서 (H)까지의 diagram을 보면, 쇼케이스를 아일랜드형으로 배치하는 경우 관람자가 감상할 수 있는 면의 개수에 따라 배치가 달라지며 관람자의 움직임, 시선의 방향 등이 변화된다는 사실을 확인할 수 있다.

(E)의 경우, 관람자가 전시물의 1면만을 감상할 수 있으며, 쇼케이스의 한쪽 면을 벽면에 거의 밀착하여 배치하고 전시물 또한 그림이나 지도, 서책 등 한쪽 면만을 보여주어도 관람에 크게 무리가 없는 자료로 구성된다.

(F)는 2면을 감상할 수 있도록 배치한 경우로서, 동전, 지폐, 거울 등의 자료에 적합한 배치다.

(G)는 3면을 감상할 수 있도록 배치한 경우로서, 전시공간의 폭에 여유가 있는 경우는 전시자료의 3면을 보여줄 수 있도록 구성하는 것이 관람자들에게 보다 흥미롭게 다가갈 수 있다. 디오라마 전시의 경우 배경이 되는 면이 필요하기 때문에 3면 구성으로 배치하는 경우가 많다.

(H)는 4면을 모두 볼 수 있도록 배치한 경우다. 건축모형, 조각 작품이나 도자기 등 전시물의 전면을 모두 감상할 수 있도록 하는 것이 좋은 자료로 구성된다. 관람자의 동선도 자유롭고 선택적 관람이 용이한 배치방법이다.

(I)의 경우, 벽면을 따라서 쇼케이스가 마주보는 대면배치된

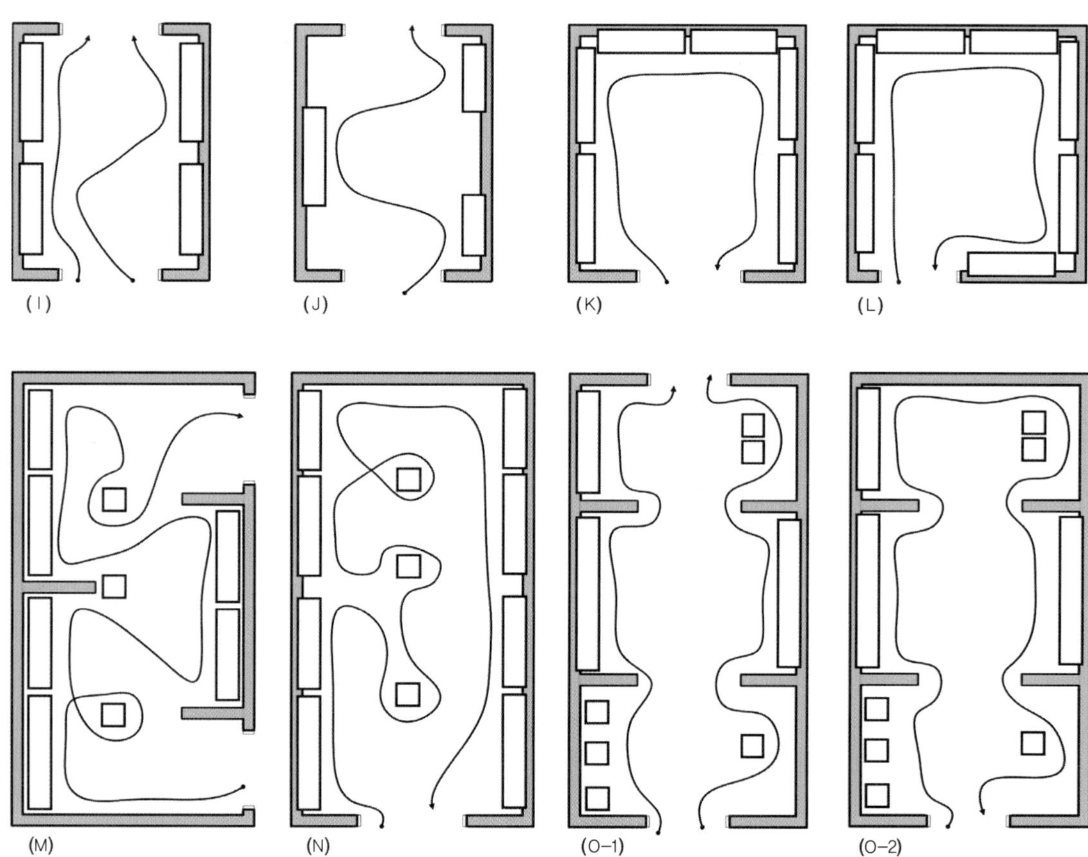

위의 diagram은 (I)에서 (L)까지는 벽면형 쇼케이스로만 전시공간이 배치된 유형이고, (M)에서 (O-2)까지는 벽면형 쇼케이스와 아일랜드형 전시 쇼케이스가 혼용되어 배치된 유형이다.

유형인데, 이와 같은 경우 관람자는 한쪽 면은 관람하지 않고 지나가 버리는 경우가 많이 나타난다. 하지만 (J)의 경우처럼 쇼케이스의 배치를 어긋나도록 위치시키면 관람자는 지그재그형의 관람동선으로 전체 전시자료를 모두 자연스럽게 관람하며 지나갈 수 있게 된다.

(K)의 경우는 3면의 벽면이 쇼케이스로 배치된 유형이며, (L)은 4면에 모두 벽면형의 전시 쇼케이스가 배치된 경우다. 모두 벽면을 따라서 관람자가 순차적으로 움직이며 관람하는 동선이 나타난다.

(M)의 경우는 벽면형 쇼케이스와 아일랜드형 쇼케이스가 함께 구성된 유형인데, 어긋난 배치와 입구와 출구를 분리한 공간으로 인하여 관람자는 모든 전시를 자연스럽게 관람할 수 있다. (N)의 경우는 전시공간의 중간마다 배치된 아일랜드형 전시 쇼케이스로 인하여 관람자의 동선에 매우 큰 변화요인이 되고 있다. 다른 관람자와 동선이 겹치거나 혼란이 야기되는 동선이 예상되는 배치다.

아일랜드형 쇼케이스를 전시공간에 배치하는 것은 관람객에게 시각적인 흥미로움을 전달할 수 있고 특별한 전시자료를 다른 전시자료와 차별화하기 위한 방안으로 매우 적절한 수법이다. 하지만 전시 관람객의 동선에 혼란을 주고 다른 전시자료를 관람객이 보지 않고 지나쳐 버리는 경우가 빈번하게 나타나기 때문에 이를 배치할 경우에는 공간의 규모와 다른 전시 쇼케이스와의 배치를 모두 고려하여 결정해야 한다.

(O-1)과 (O-2)를 비교해 보자. (O-1)은 입구와 출구를 분리하였고 (O-2)는 입출구가 동일하다. 하지만 전시동선 계획에서 (O-1)의 경우, 관람자가 반대 측의 전시를 간과하게 될 확률이 높아지기 때문에 (O-2)를 선호하게 된다.

전시공간에서 관람객의 동선은 전시물이나 쇼케이스의 배치에 따라서 다양하게 나타난다. 전시공간의 구성요소 중에서 가장 중요한 요소라고 할 수 있는 쇼케이스는 그 위치에 따라서 관람객들의 동선방향을 의도적으로 유도할 수 있으며 종종 쇼케이스에 의해서 관람동선에 매우 혼잡한 상황을 연출할 수도 있다. 따라서 공간의 구조, 입출구의 위치선정과 더불어 쇼케이스의 배치를 전시공간 디자인에서 신중하게 결정해야 한다.

쇼케이스의 배치를 살펴보면 몇 가지 유형으로 구분이 가능하며, 전시공간 디자인에 있어서 관람객들의 이동방향이나 관람의 순서를 결정하기 위한 조건으로 매우 중요하다.

2.4 시각조건

천장전시　전시실의 천장을 이용하여 천장면을 전시면으로 사용하거나 전시물을 붙이기도 하며 천장면에 전시물을 달아매는 전시기법이다. 천장면의 요철 등 다양한 전시공간의 활용이 가능하며, 전시물은 천장면과 이질감을 주어야 한다.

바닥전시　전시실의 바닥을 이용하거나 바닥면의 요철을 활용하는 전시기법으로 전시면 전체를 조망하는 데 용이하다. 바닥전시는 관람동선 공간과는 구별해야 하며, 컬러나 명확한 영역구분이 요구된다.

벽면전시　벽은 공간을 구획·한정하는 물리적 조건이면서 전시공간에서는 사선의 방향성, 배경적 효과, 전시물 지지구조 등의 역할을 하는 가장 일반적인 전시방법이다.

시야는 약 40° 각도를 갖는 범위의 사물을 지각하는 데 익숙하다. 실제로 시야는 이보다 훨씬 넓지만 눈동자를 움직이기보다는 머리를 움직이는 것이 편하기 때문에 40°를 사용하고 있다. 수직적인 시야는 위·아래 34°로 설정한다.

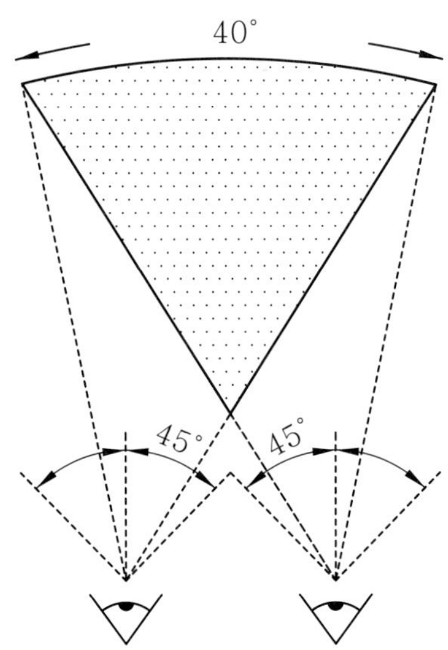

시각조건: 관람자의 감상조건과 전시실의 폭

관람자가 일반적으로 가지는 시선의 시각은 전시자료의 크기와도 관련이 있으며 자료의 크기가 커질수록 감상을 위한 전시실의 폭도 커져야 한다. 따라서 전시자료의 크기를 고려하여 전시실의 폭을 결정하는 것이 바람직하다.

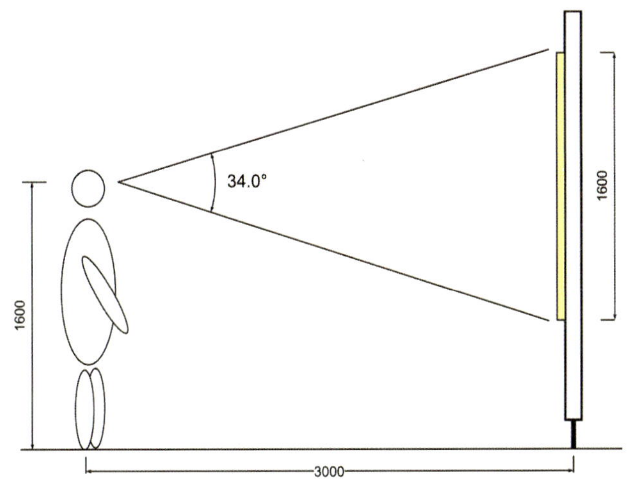

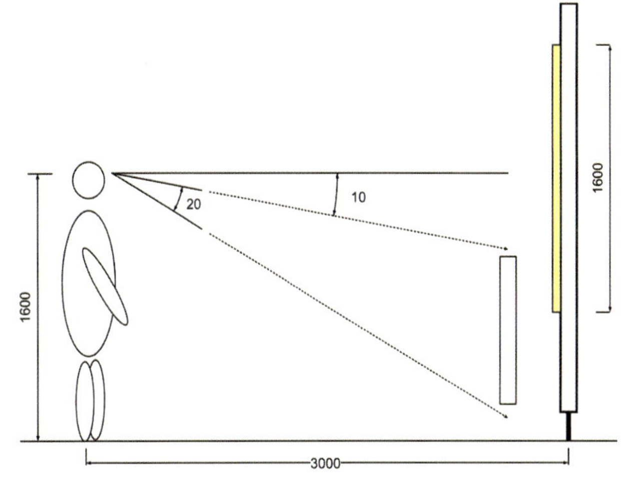

일반적인 시각조건

사람의 눈높이를 1.6m로 보았을 때, 1.6m 크기의 전시자료를 감상하기 위해서는 3m 정도의 폭이 요구된다.
(0.8m 크기 자료인 경우는 최소한 1.5m의 전시실 폭이 필요)

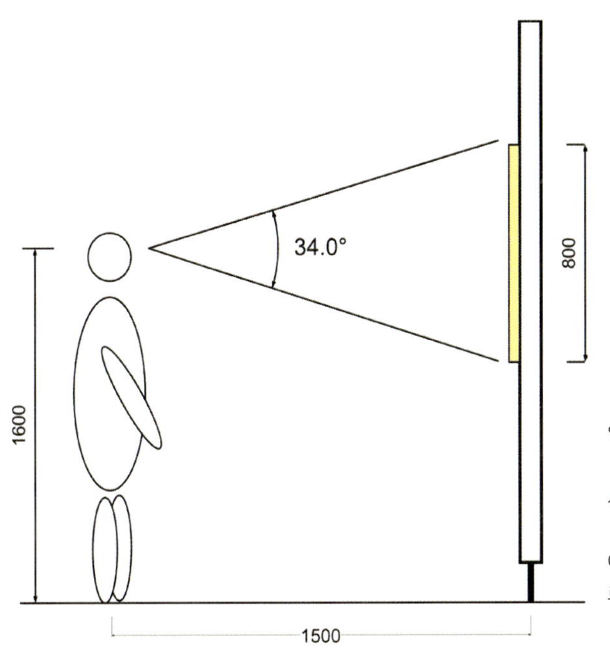

일반적으로 편하게 감상할 수 있는 시선의 수직범위

시선의 수평면으로부터 10°에서 30° 범위에서 편하게 감상할 수 있다.

아일랜드형의 전시물이나 실물전시인 경우는 이 시선의 범위 내에서 관람자가 전시자료를 볼 수 있도록 설치하는 것이 좋다.

2.5 동선체계와 관람행태

공간구조에 따른 관람객의 일반적인 관람 패턴

아래의 diagram에서와 같이 전시공간의 형태와 구조는 관람객의 동선에 영향을 미친다. 공간의 구조와 벽면의 위치에 따라서 관람객은 동선을 선택하게 된다. 동선계획에 있어서는 공간구조를 조작하여 의도적으로 관람자의 움직임을 유도해 낼 수 있게 된다. 하지만 궁극적으로는 관람자들이 전시자료의 전모를 자연스럽게 관람시킬 수 있도록 하는 공간의 구조와 동선계획이 중요하다.

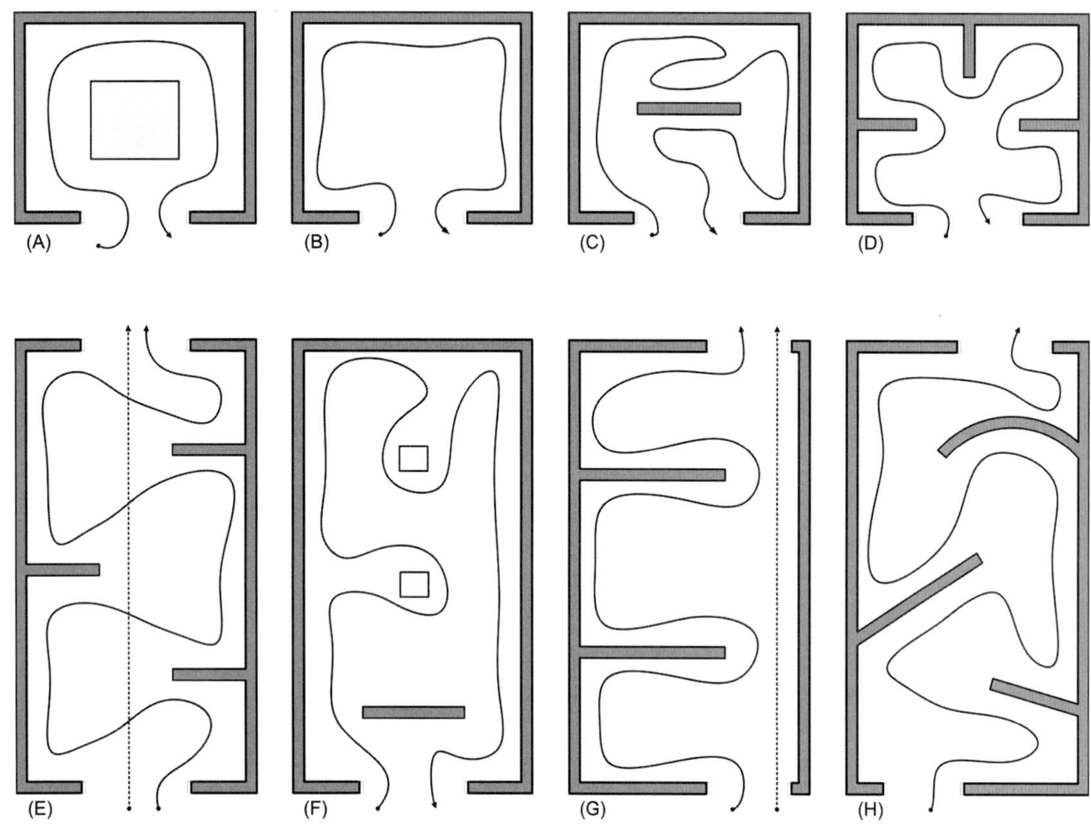

위 diagram의 (A)는 중정이 전시공간의 중심에 있고 중정을 회람하여 전시관람을 하는 동선이 나타난다.

(B)는 전시공간을 관람자가 자유로이 돌아다니며 관람을 하게 된다. 따라서 전시물의 위치에 따라 동선이 매우 혼잡해지는 경우가 있다. 벽면 위주로 작품이 배치되는 경우, (B)와 같이 벽면을 따라 관람자가 이동하는 동선의 형태가 나타난다.

(C)와 같이 전시공간의 일부에 전시벽면이 독립적으로 구성되는 공간구조인 경우는 벽면의 위치와 전시물의 배치 여부에 따라 관람객의 동선이 달라지며 관람방향에 혼란을 주기 쉽다.

(D)와 같이 전시공간을 벽면으로 4영역으로 구분하고 있는 공간구조인 경우는 일적으로 중앙부분에서 4영역 중 하나의 영역을 관람객이 선택하여 전시관람을 시작하게 되거나 입구에서 가까운 영역부터 관람을 시작하여 벽면을 따라 관람객이 이동하게 된다.

(E)는 전시공간 내부 벽면위치로 인하여 지그재그 형태의 관람객 동선이 나타나며 관람객이 전시를 빠짐없이 순서대로 관람하도록 유도할 수 있는 공간구조다.

(F)는 출입구 부분에 놓여 있는 벽면이 관람객의 동선방향을 두 방향으로 구분하고 있으며 더불어 입구와 출구를 구분해 주고 있다. 전시공간의 중간에 배치된 아일랜드형 전시로 인하여 동선의 혼란이 가중되고 관람자가 전시자료를 모두 보지 못하고 지나치는 경우가 나타나기 쉬운 공간구조와 배치다. 아일랜드형의 전시물은 종종 관람자들에게 흥미로운 전시물이 될 수 있지만 관람동선의 방향을 흐트러뜨리는 요인이 된다.

(G)는 입구와 출구가 명확하고 전시공간을 크게 3개의 영역으로 구분한 공간구조다. 관람자의 입장에서는 쉽게 전시의 관람순서와 방향을 알 수 있는 구조다.

(H)는 관람자가 관람을 시작하면서 전시벽면이 유도하는 방향으로 관람을 하게 되는 공간구조다. 일반적인 전시공간에서 가장 선호하는 계획방법이며, 동선의 혼란이 적고 전시물이 유도하는 데로 관람자가 이동하게 된다.

전시공간과 복도의 연결관계에 따른 관람동선 유형

아래 diagram의 (A)는 관람객이 복도에서 전시공간으로 직접 연결되는 경우이며, (B)는 연결복도를 거치지 않고 전시공간에서 전시공간으로 순차적으로 접근하게 되는 동선을 보인다. (C)의 경우는 관람자가 선택의 여지없이 한방향을 따라서 전시공간을 순회하게 되는 ONE-WAY 방식의 동선이며, (D)의 경우는 3개의 전시공간이 각각 오른쪽의 복도와 연결되도록 하여 관람객들이 각 전시공간을 순차적으로 복도를 통해 접근하게 된다. (E)의 경우는 홀이나 광장 등의 공간을 거쳐서 각 전시실로 이동하게 되는 경우인데, 관람자는 전시실을 자신이 원하는 전시공간부터 선택해서 볼 수 있게 된다.

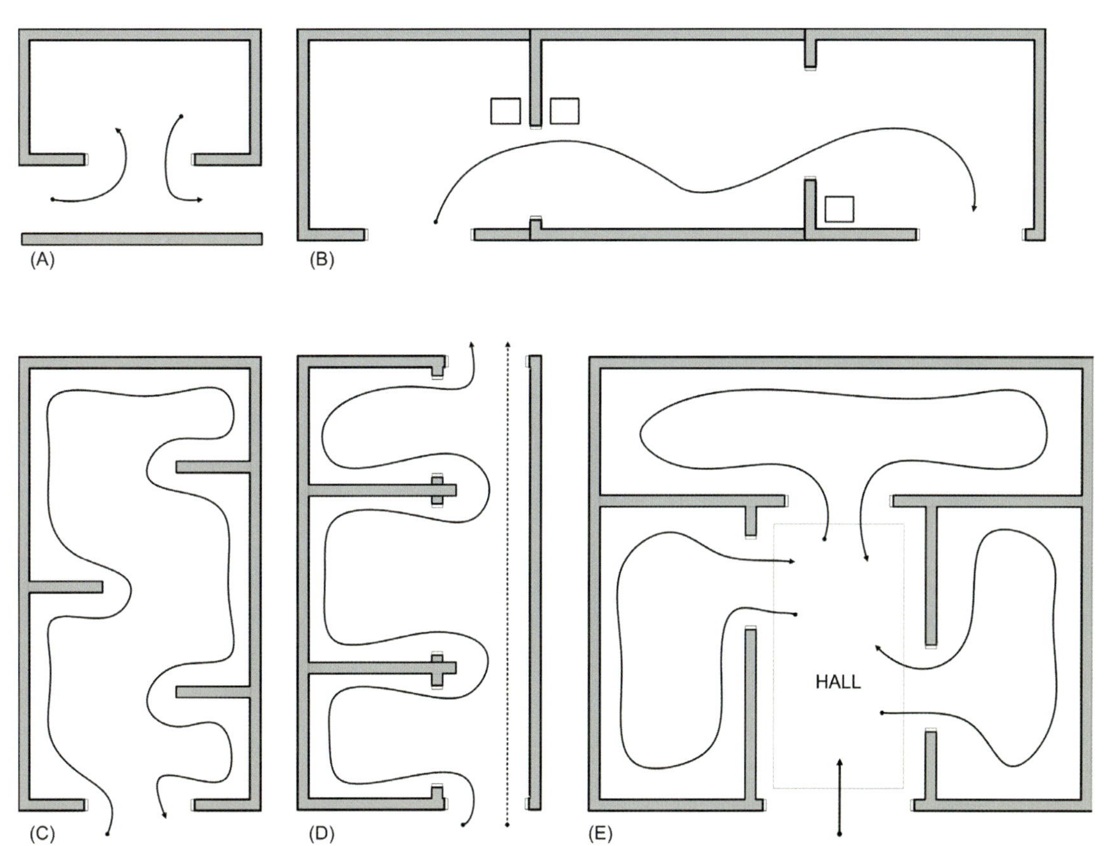

입구와 출구의 개수와 위치에 따른 동선

전시공간의 동선계획에 있어서 입구와 출구의 개수와 위치선정은 매우 중요하다.

입구에서 출구가 보이는가 등의 동선방향에 대한 시각적인 인지범위와 관람자를 전시공간으로 들어갔던 곳으로 되돌아 나오게 할 것인가에 대한 문제 등은 관람자가 움직이는 방향의 선택에 있어서 중요한 문제가 되며, 종종 동선의 혼란을 초래할 수 있기 때문에 이를 고려하여 전시공간의 동선을 계획해야 한다.

다음의 (A)는 입구와 출구가 동일한 개소인 경우다. 동선이 매우 명확해지며 관람자는 들어간 곳으로 되돌아 나온다.

(B)는 입구에서 반대쪽 출구가 보이며 관람자는 자신이 원하는 대로 관람을 하고 난 뒤 전시실을 나가게 된다.

(C는 동일한 벽면에 입구와 출구가 분리되어 두 곳이 있는 경우다. 대부분의 관람자는 들어온 곳과 다른 곳을 선택하여 전시장을 나서게 된다.

(D)는 입구와 출구가 다른 이면의 벽에 위치하는 경우다.

(E)는 관람객이 전시를 모두 보지 않고 지나치는 경우가 많이 발생되는 입출구의 구조다.

(F)는 입구와 출구의 방향과 시각적인 인지가 명확하지만 복

도가 되는 입구의 오른쪽 벽면에는 전시품을 두지 않는 것이 유리하다. 입구에서 들어와 왼쪽 공간을 둘러보고 바로 나갈 수 있도록 하는 것이 좋다.

(G)는 관람객이 입구에 들어서면서 출구가 잘 보이지 않는다. 또한 한쪽 벽면의 전시를 지나치는 경우가 빈번하게 발생하게 된다.

(H)는 하나의 전시실 공간에 입출구가 세 곳 이상 설치되는 경우인데, 관람자의 동선선택의 다양성은 생기지만 관람자는 어디로 가는 것이 올바른 선택인지 혼란을 가지게 된다. 전시공간에서 입구와 출구의 위치와 개소의 수는 관람자들의 이동에 대한 경우의 수를 발생시키는 원인이 되기 때문에 각 전시공간과 전시공간의 연계관계나 전체 전시공간을 관람객들에게 어떻게 순차적으로 혹은 선택적으로 관람을 시킬 것인가를 신중하게 판단하여 결정해야 한다.

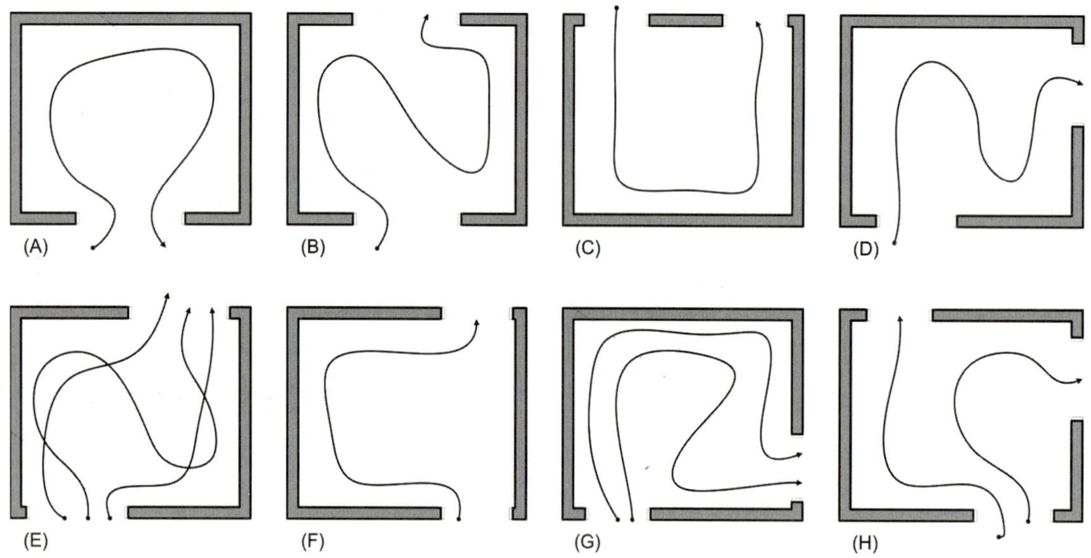

관람객의 관람행태와 동선

다음의 diagram은 전시공간에서 빈번하게 나타나는 관람자들의 행태다. 관람자들의 행동특성을 파악하면 동선계획에 매우 유익한 정보가 된다. 또한 관람자의 행동특성은 동선을 미리 예측하여 이를 전시배치와 동선계획에 활용할 수 있다.

(A)는 들어왔던 입구로 다시 되돌아 나가는 행동이다. 관람자는 자신이 들어왔던 입구를 통해서 다시 나가는 행동의 특성을 보인다. 전시공간이 매우 복잡하거나 중도에 관람을 모두 보지 않고 나오는 경우에 이러한 행동이 빈번하게 나타난다.

(B)는 앞에서 전시를 관람하는 다른 사람을 무작정 따라가면서 자신도 관람을 하는 행동이다.

(C)는 일반적으로 관람자는 입구에서 반시계방향으로 회전하며 전시를 관람하는 경우가 많다. 역사의 시대순서로 전시를 기획하거나 특정 차례대로 전시관람이 이루어지도록 전시를 배치하는 경우에는 이러한 관람자의 움직임 특성을 반영하여 입구의 오른쪽에서부터 전시를 나열하는 것도 동선을 자연스럽게 유도하기 위한 하나의 방법이다. 전시실 내의 이용자동선은 우회와 좌회 그리고 자유선택의 방법이 있지만, 관람자가 어느 쪽으로부터 왔던 간에 일반적인 경우는 관람자들의 행태를 고려하여 전시는 오른쪽으로부터 왼쪽으로 향해서 배치한다. 관람자는 왼쪽으로 돌면서 오른쪽을 보고 걸어가는 것이다. 각종 해설판도 같은 방향성을 가져야 한다. 특히 자료가 역사, 민속, 고고 등에 관한 것일 경우, 관람동선은 반시계방향으로 좌회하며 스토리가 전개되어

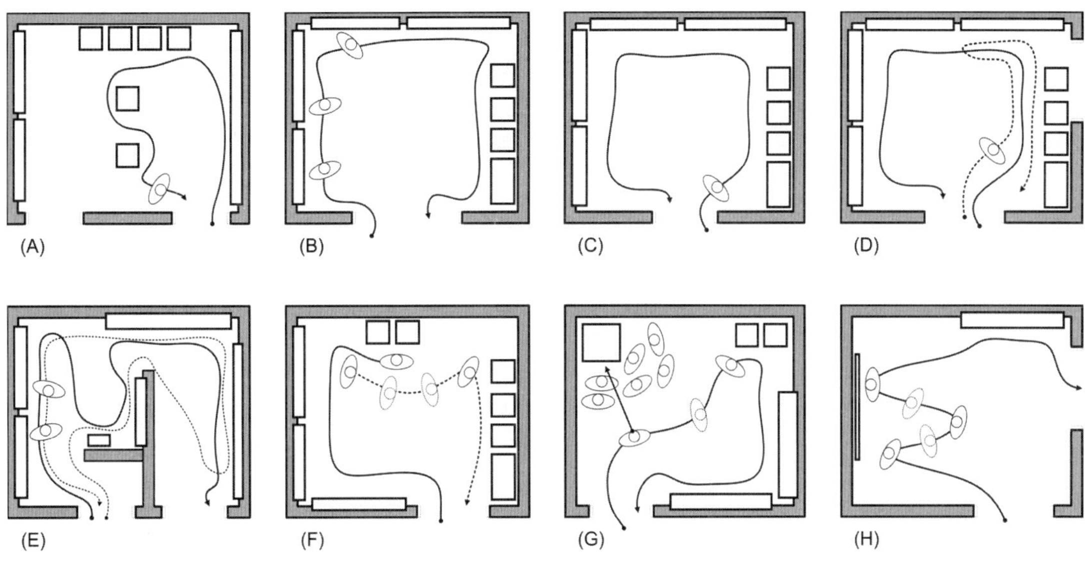

가는 것이 원칙이다.[11] 근대 이후의 역사자료에서 간혹 볼 수 있는 횡서나 그 내용이 왼쪽으로부터 오른쪽으로 진행되는 것, 전시자료의 설명을 위해 산용문자(숫자)나 서양문자를 이용하여 왼쪽으로부터 오른쪽으로 횡서를 취하고 있는 경우에는 자료를 견학순로의 좌측에 배치하여 관람자에게는 왼쪽으로 도는 그대로 좌측을 보면서 이동시켜 가면 된다. 이 경우의 설명문이나 사인도 왼쪽으로부터 오른쪽으로 읽어가도록 횡서로 한다. 이러한 설명문을 왼쪽으로부터 오른쪽으로 써서 견학자의 움직임을 그것과 역으로 왼쪽으로 돌도록 하고 있는 예를 종종 보는데, 실제로 그것은 관람자에게 많은 피로를 유발하게 된다. 좌우 어느 쪽의 견학순로를 취하던 간에 자료의 동·서·고·금 그리고 인문계·자연과학계의 구별 없이 관람자가 전시물을 보면서 이동하는 흐름의 방향으로 해설도 읽으면서 가며 되돌아오는 일이 없도록 배치나 글자 등을 고려하여야 한다.[12] 이것은 사소한 것 같지만 관람자가 진열품을 이해하는 데 있어서 중요하다. 따라서 이러한 자료의 속성별로 전시실의 구분 내지는 전시 코너를 구분하여 동선계획의 지표로 삼아야 한다.

(D)는 전시공간에 있는 전시물을 모두 관람하지 않고 중간에 관람을 포기하는 행동이다.

(E)는 관에서 정해 놓은 관람의 순서와 반대로 역행하여 움직이는 행동이다.

(F)는 다른 관람자가 특정전시물 앞에 서서 오랜 시간 상세하게 관람을 하고 있는 경우, 자신은 그 전시물을 보기 위해 기다리거나 머무르지 않고 그대로 지나쳐 버리는 행동이다.

(G)는 단체 관람객 등이 입장하여 전시물을 관람하고 있는 경우에 자신은 멀리서만 전시물을 대충 보고 지나쳐서 다른 전시물로 가버리는 행동이다.

(H)는 대형그림이나 조각 등은 가까이에서도 관람을 하고 또 멀리 물러나서도 관람을 하게 되는 관람자들의 행동이다. 이러한 경우는 전시실의 폭이 충분하게 마련되지 못하면 관람자들 사이에서 동선이 마구 겹치는 현상이 발생되어 전시실 내에 혼잡이 발생한다.

11) 신미경, 박물관 순회형식에 관한 연구, 홍익대 석사논문, 1994.
12) 임채진, 박물관의 수장 및 전시환경 요건 고찰, 박물관학 연구 창간호, 1996.

2.6 전시매체 계획
: SHOWCASE, 그래픽 패널, 사진, 실물/모형, 첨단 전시매체

전시공간에서의 전시자료를 보여주기 위한 가구나 장치로서의 전시매체는 매우 다양하게 나타난다.

일반적으로 사용되는 쇼케이스뿐만 아니라 근래에는 최첨단 영상 시스템과 홀로그램 등의 도입으로 인하여 전시공간에서 전시되는 자료를 최대한 관람자들에게 흥미롭게 보여주기 위한 전시방법과 매체가 나타나고 있다.

먼저, 일반적인 전시매체의 다양한 종류를 간단하게 정리해 보면 다음과 같다.

SHOWCASE

건축공간의 구조체로부터 독립되어 제작된 진열장에 의한 전시나 건축공간의 일부를 활용하여 주로 유리 케이스를 이용하여 전시물을 안에 놓거나 거는 방식의 전시매체. 일반적으로 전시물의 보호가 주목적이다. 전시대상은 주로 보존 상태가 중요한 전시물이나 현물 등이고 입체물은 보조매체(유리 스크린의 보조설명)의 복합으로 효과를 높일 수 있다. 매우 다양한 형태의 디자인과 전시가 가능하다. 일반적으로 가장 많이 활용되는 전시매체라 하겠다.

GRAPHIC PANEL / PHOTO : 그래픽 패널 / 사진

전시공간에서 쇼케이스와 함께 가장 많이 선호되는 전시매체로, 일반적으로 벽면을 활용하여 다양한 전시자료와 정보를 제공하는 역할을 한다. 종종 확대된 사진이나 기록사진 등도 평면형태의 전시매체로 사용된다.

평면 전시매체이지만 다양한 형태와 그래픽적인 디자인으로 관람객에게 흥미를 줄 수 있다.

OBJECT / MODEL : 실물 / 모형

전시물을 노출한 채 전시할 수 있는 기본형식으로 전시 쇼케이스를 필요로 하지 않는 경우다. 주로 대형전시물이나 보존성의 요구가 크지 않은 실물자료, 입체조형물, 현물모형 등이 대상이 된다. 바닥부분에 직접 실물이나 모형을 두지 않고 전시대를 사용하여 그 위에 올려서 전시하는 경우도 있다.

LIGHTING PANEL / WIDE COLOR

패널의 뒷면에 조명을 설치하여 패널의 뒷면을 비추어 패널이 하나의 조명과 같이 밝게 연출되도록 한 매체다.

MONO VISION

정지 단일영상으로 관람객의 집중도를 높일 수 있어 전시물에 대한 이해를 돕는다.

PDP 모니터를 활용하여 전시벽면 등에 매입형태로 설치하는 전시매체로 영상이나 음향을 가미하여 관람객들에게 전시정보를 보다 효과적으로 전달할 수 있다.

SLIDING VISION

그래픽 패널과 함께 주로 사용되며 전시자료의 특정한 부분에 대한 상세설명이나 정보제공을 위해 사용된다.

수평, 수직으로 움직이는 모니터를 통하여 많은 정보를 관람객에게 제공하며 그래픽 패널에서 보여줄 수 없는 부분을 영상이나 설명을 통하여 관람객에게 부연 설명할 수 있는 전시매체다.

HARF MIRROR

거울처럼 보이지만 관람객이 접근하면 센서와 빛에 의해 다양한 정보를 거울 면에 보여주는 전시매체다.

거울 면을 활용하여 다양한 정보를 버튼이나 센서를 통해 관람자들에게 제공한다.

TOUCH SCREEN

터치 모니터를 활용하여 관람객이 키보드나 버튼 등을 조작하지 않고 직접 모니터 면을 손으로 접촉하여 다양한 전시정보나 전시자료에 대한 이미지 정보를 얻을 수 있도록 한 디지털 전시매체다.

REAR SCREEN

일반적인 스크린 방식은 빔 프로젝터를 스크린의 전면에서 비추도록 구성되는데, 리어 스크린은 스크린의 뒷면에서 영상을 비추는 방식이기 때문에 빔과 스크린의 중간부분에 사람이 서 있는 경우 그림자가 스크린에 나타나는 단점을 보완한 영상장치다.

MULTI VISION

정지 단일영상을 복합함으로써 다중매체로 실물전시가 불가능한 전시물을 설명하고 전시물의 이해를 돕는 보조수단이다. 시각상의 변화로 관객의 흥미를 유발시킬 수 있으며, 1개의 스크린에서 얻을 수 없는 큰 화면을 연출할 수 있다.

BEAM PROJECTOR / MULTI-PROJECTOR

일반적으로 영상을 보여주는 장치로 가장 보편화된 전시매체로서, 빔 프로젝터를 사용하여 영상을 스크린이나 벽면에 투사하여 관람자들에게 다양한 정보를 제공한다. 종종 여러 대의 빔 프로젝터를 사용하여 하나의 연속된 대형영상을 만들어 내기도 한다.

3D VISION

입체영상으로 스크린 저쪽면에서부터 튀어나오는 듯한, 2차원 영상이 줄 수 없는 새로운 체험을 줄 수 있어 관객의 흥미를 유발시킬 수 있다.

CIRCLE VISION

동적 단일영상 기본체계에 컴퓨터 제어 메커니즘을 복합시켜 다중매체를 얻어내어 영상에서의 특질을 최대한 활동할 수 있는 동적 다원영상 전시방법이다. 시각상의 변화로 관객의 흥미를 유발시킬 수 있지만 영상 스크린을 조합하여 360°의 화면을 보려고 하면 시각상의 장애를 받는다.

Imax

35m/m, 70m/m의 거대 영상 시스템으로 관람객은 박진감과 생생한 현장감을 얻는다. 스크린과 객석을 모두 포함하면 소요되는 규모가 크기 때문에 공간계획상 주의를 요한다.

Omnimax

초대형 곡면(DOME) 영상 시스템으로 공간 자체가 스크린이 된 것 같은 분위기에서 관람객은 생생한 현장감과 박진감을 최대한 극대화시킬 수 있다.

Hologram

특수 영상장치를 활용하여 공간에 입체형으로 전시자료를 출력하여 관람자들이 3차원적으로 전시자료를 볼 수 있도록 고안된 전시매체다. 비용적인 측면에서 많은 시설비용이 필요하고 관람자가 직접 전시물을 만져볼 수는 없지만 보다 현실감 있는 전시자료 구현에 적합하다.

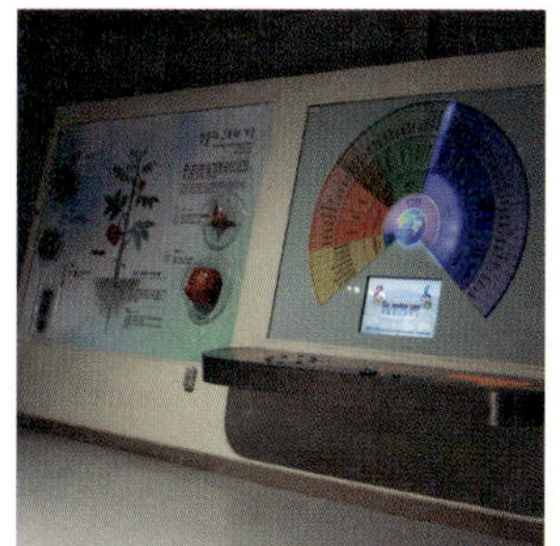

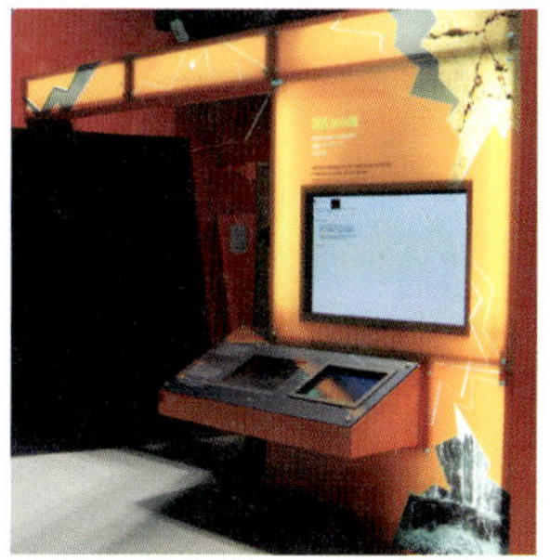

(1) SHOWCASE DESIGN & DETAIL

쇼케이스는 전시라는 일반관객에 대한 노출로부터 전시자료를 안전하게 보관하는 것이 일차적인 기능이었다고 할 수 있다. 그러나 최근의 급속한 기술 및 과학의 발전은 전시자료의 보존을 극대화하는 동시에 관람자의 쾌적한 감상을 도모하고 전시공간과의 공간적 조화를 이룰 수 있는 다양한 쇼케이스들을 출현시키고 있다.

이러한 고품질의 유리가공과 철가공 기술, 하드웨어의 발달, 혁신적인 조명방식 등으로 대변되는 기술개발의 성과는 그야말로 차세대의 전시방법(전시매체)의 등장을 예언하고 있는 것이다. 또한, 그 구성은 실로 복잡, 방대하여 기초, 철골골조, 전기설비, 냉난방공조, 조명, 내·외부 마감 등 건축공간에 필요한 모든 요소들이 복잡한 하나의 소규모 건축공간이기도 한다.

요약하자면, 박물관 쇼케이스는 박물관 공간의 일부라는 것이다. 박물관에 있어서 쇼케이스는 「제2의 전시공간」이다. 벽면에 걸려진 그림이나 바닥에 놓여진 조각품을 제외한 문화재, 귀중품, 유품 등의 대부분은 쇼케이스에서 전시되기 때문이다. 박물관의 전시를 노출전시와 비노출전시로 양분할 경우, 비노출전시는 어김없이 「유리를 통한 관람」과 「유리 속의 보존」이라는 쇼케이스 전시형식을 취하게 되므로 박물관 전시의 대부분을 차지하게 된다. 그러므로 박물관 전시의 「관람」에 대한 많은 연구 또한 이 「유리를 통한 관람」에 과학적·미학적 관심이 오랫동안 집중되어 왔던 것이다.[13]

전시매체로서의 쇼케이스는 중요한 전시자료의 안전과 온·습도 환경에 약한 유물들의 보존환경 조성이라는 측면에서 설치되며, 관람자들은 그 속에 놓여진 유물의 가치와 의미를 자각하며 쇼케이스 유리면에 최대한 근접한 상태로 관람하게 된다.

박물관 자료는 원래의 상태 그대로 전시하는 것이 기본적인 자세다. 때문에, 전시 디자인상의 쇼케이스의 유형과 세부적인 종류는 전시자료의 특성을 충분히 반영한 결과물이어야 하는 것이다.

특히 외기의 변화에 민감하여 노출이 어려운 자료, 먼지를 흡수하는 자료, 그대로 전시할 경우 지나칠 우려가 있는 형상의 소형자료, 도난이나 손상의 우려가 있는 자료 등은 쇼케이스 내에 잘 보존된 상태로 전시하는 것이 좋겠다. 귀중한 자료, 복제하기 어려운 자료는 쇼케이스 전시가 필수적이다. 전시된 자료의 가치가 높으면 높을수록, 전시자료에 필요한 공간비율이 상승한다. 다양한 쇼케이스에는 유물의 크기, 보존조건 등의 전시자료의 특성에 따라 수많은 형태의 디자인이 가능하나 기존의 쇼케이스 형식은 전시실의 구성 자체를 극히 제한하는 단점이 있으며 건축계획상의 배려가 미비하여 설치상의 곤란이 있는 점도 허다하다. 이를 극복하기 위하여 다양한 쇼케이스의 유형을 고려하고 이를 실제상황에 응용 가능한 디자인이 요구된다.

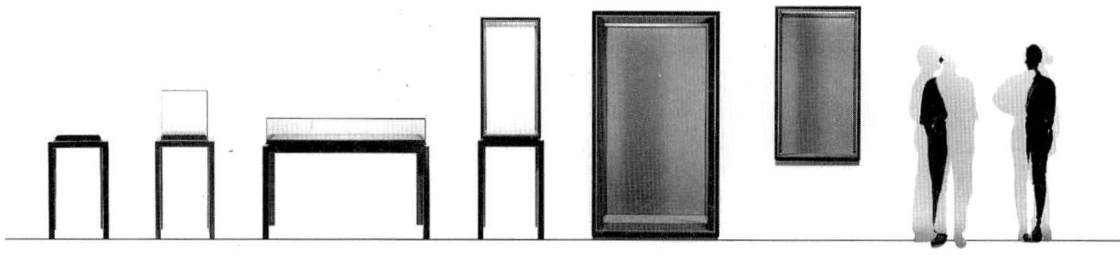

13) 임채진 외, 박물관의 전시환경계획지침에 관한 연구, 홍익대학교 환경개발연구원, 1995, p.152 재인용.

일반 벽부형 케이스 (wall type case)

벽부형은 연속되는 쇼케이스로 구성되거나 단위 진열장으로 구성되는 것으로 일반적으로 가장 널리 사용되는 타입이며, 그 속에서 비교적 다양한 전시형태를 연출할 수 있다. 연속된 일자형의 경우, 케이스 내의 환경조건을 일정수준으로 유지하기 힘들고 형태적인 진부함이 반복된다. 쇼케이스의 치수는 전시실이나 전시실의 길이, 폭에 의해 결정된다. 깊이가 깊어질 경우는 소극적이나마 3차원 전시가 이루어지며, 깊이가 얕으면 케이스 내의 연직면 조도분포가 일정하기 어려운 단점이 있다. 전시벽면에 따라 측면에 포켓 도어를 두어 내부로 들어갈 수 있는 전실을 갖는 형태가 일반적이며 tilting glass rail system이 도입된다.

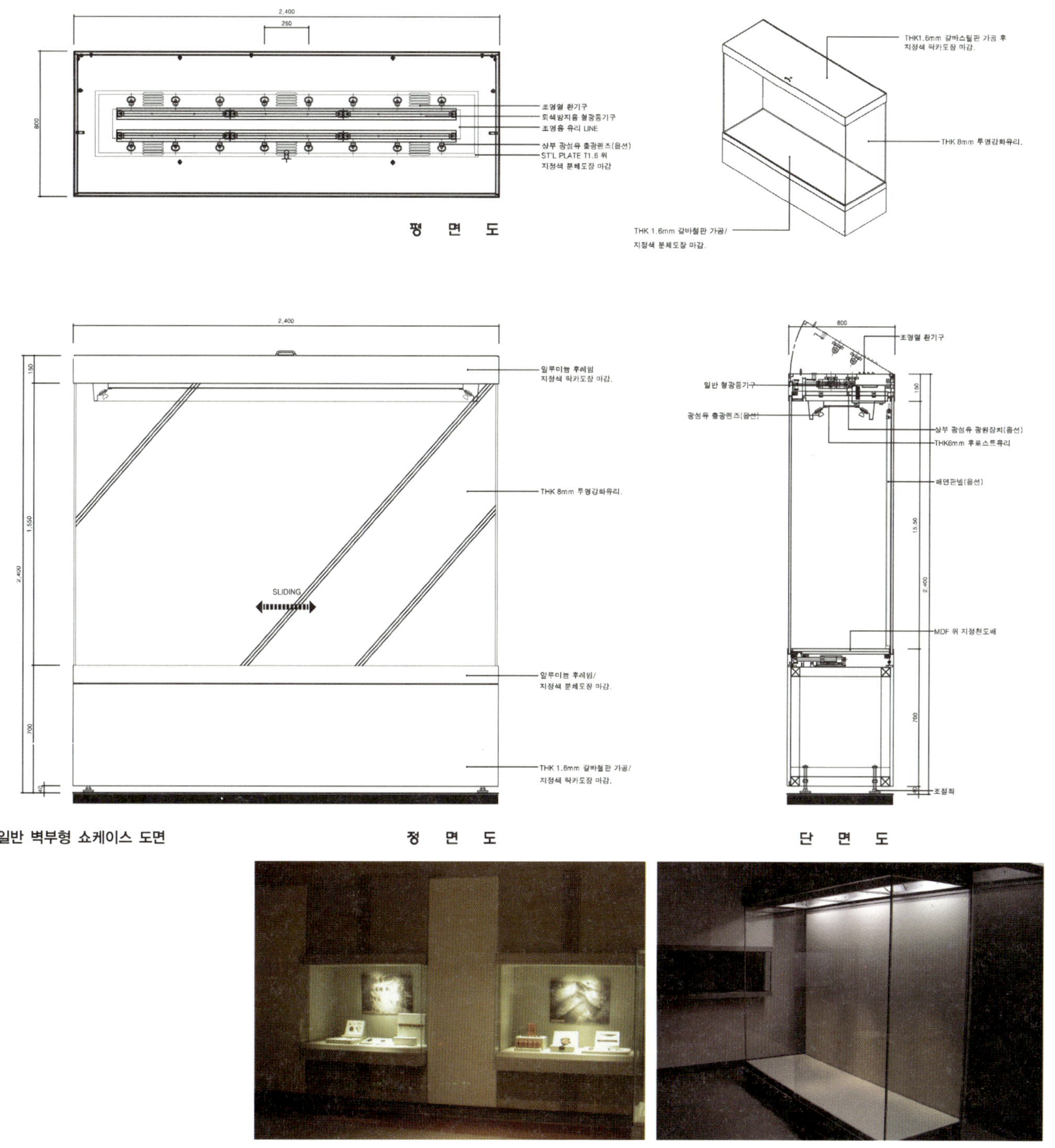

일반 벽부형 쇼케이스 도면

벽부 매입형 쇼케이스

벽부 매입형 쇼케이스는 일반적인 붙박이 가구와 같이 벽체와 일체식으로 제작하는 형태다.

쇼케이스 내부 전시대의 높이는 전시연출 방법에 따라 각기 다르며 역사계 박물관에서 가장 흔하게 접할 수 있는 쇼케이스 유형이다.

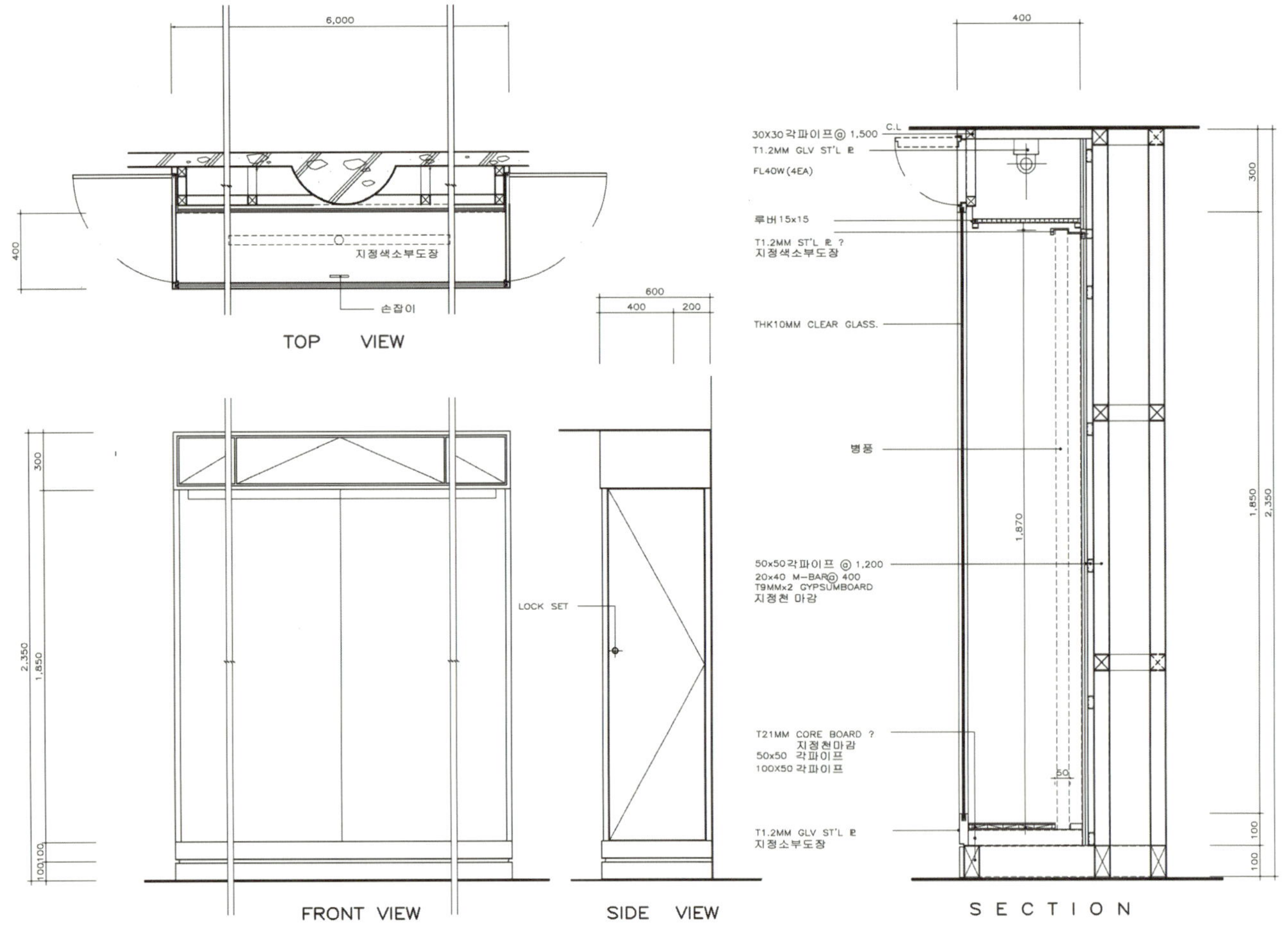

벽부 매립형 쇼케이스 도면

도쿄국립박물관 동양관 벽부 매립형 쇼케이스 사례

도쿄국립박물관 보물관 벽부 매립형 쇼케이스 사례

102

벽부 선반설치형 쇼케이스

중형 공예품이나 평면 공예품, 운석조각, 암석조각 샘플 등의 작은 전시자료의 전시에는 적절하나 대형 입체공예(화병, 조각 등)와 대형암석 등의 전시에는 다소 부적절하다.

특히 공예품의 경우, 관람자가 사물의 형상적 특징보다 문양, 세공의 정도 등을 관찰하는 근접관람 특성이 있으므로 미세한 조명의 조절이 필요하다.

유리선반이 파손될 경우, 유리가 공예품 등의 전시자료를 파손시킬 수가 있으므로 유리선반에 의한 단을 설치하는 경우는 전시자료의 무게를 고려하여 설치한다.

목포자연사박물관의 선반설치형 쇼케이스

벽부 돌출형 쇼케이스

지정 루버

40×40×1.4 각파이프구조틀
THK 8.5mm 합판 1겹
THK 9.5mm 석고보드 1겹
THK 3mm 포멕스 1겹
지정 실사그래픽 출력

THK 8mm 투명강화유리

4
EX-303

1,500

3,000

470

80

THK 1.6mm 갈바스틸판 가공
지정색 칼라락카 도장

40×40×1.4 각파이프구조틀
THK 8.5mm 합판 1겹
THK 9.5mm 석고보드 1겹
THK 3mm 포멕스 1겹
지정 실사그래픽 출력

850

9.5mm 폴리싱타일 깔기
THK 90mm 시멘트 몰탈
건축 마감

THK 1.2mm 스텐레스스틸판 가공
THK 8.5mm 합판 1겹
40×40×1.4 각파이프구조틀

100

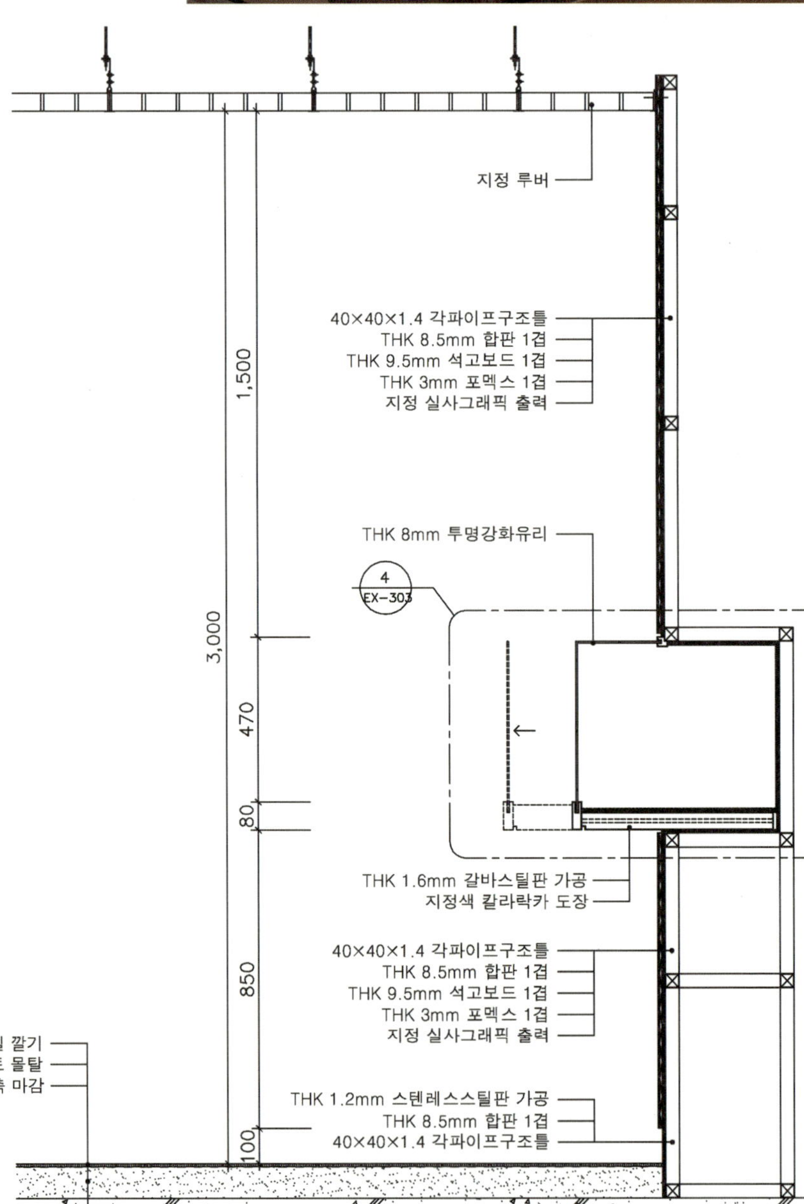

독립형 쇼케이스 TYPE 1. (Island type showcase)

벽면 부착형을 제외한 것을 기본으로 하여 전시성격에 따라, 유물의 방향성에 따라 건축의 형태 및 전시실의 크기와 환경조건에 따라 비교적 다양한 형태로 전시할 수 있다. 벽이나 천장을 직접 이용하지 않고 자료와 전시장치를 배치함으로써 다양하고 가변적인 전시공간을 만들어내는 기법이다. 전시물의 크기와 형상 정면성을 고려하여 자유로이 배치할 수 있고 전시공간 전체를 공간적으로 활용하여 관람객 동선이 쇼케이스 사이를 자유롭게 지나갈 수 있으므로 전시물을 입체적으로 관람할 수 있다. 그러므로 관람자의 시각은 모든 방향에서의 관람이 가능하다.

비교, 유사자료를 전시할 경우나 벽부형 쇼케이스 내의 전시물과 대비시켜 이를 강조하고자 할 경우에도 널리 쓰인다. 전시벽면에 채광창이 있을 경우에는 아일랜드 케이스만으로도 전시구성을 완성시킬 수 있다.

독립 쇼케이스 형태 중에서 상부가 유리로만 구성된 부산해양자연사박물관 쇼케이스 사례

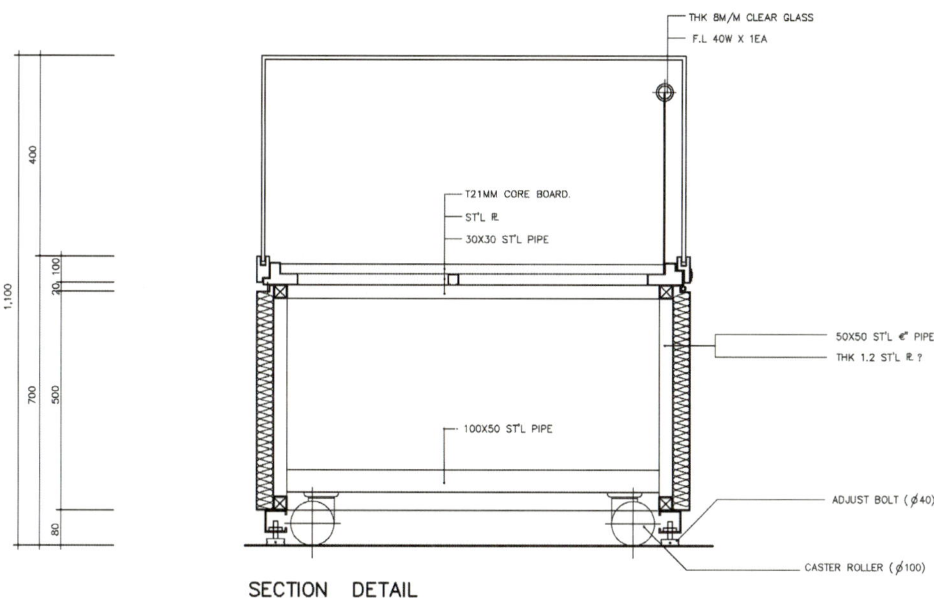

SECTION DETAIL

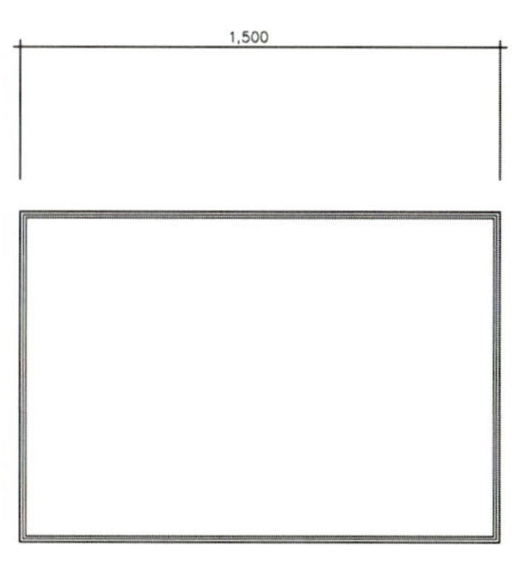

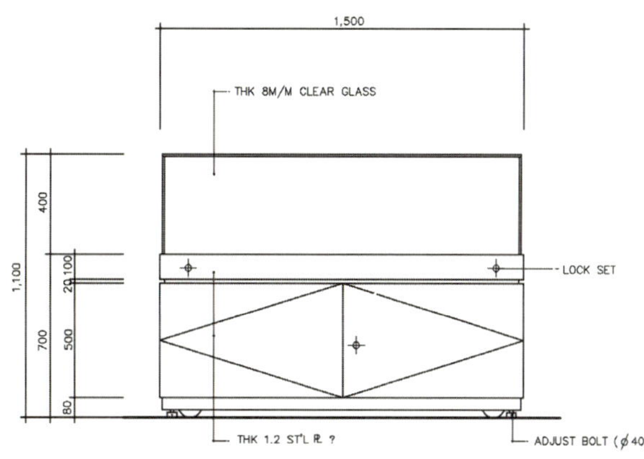

TOP VIEW   FRONT VIEW

105

독립형 쇼케이스 TYPE 2.

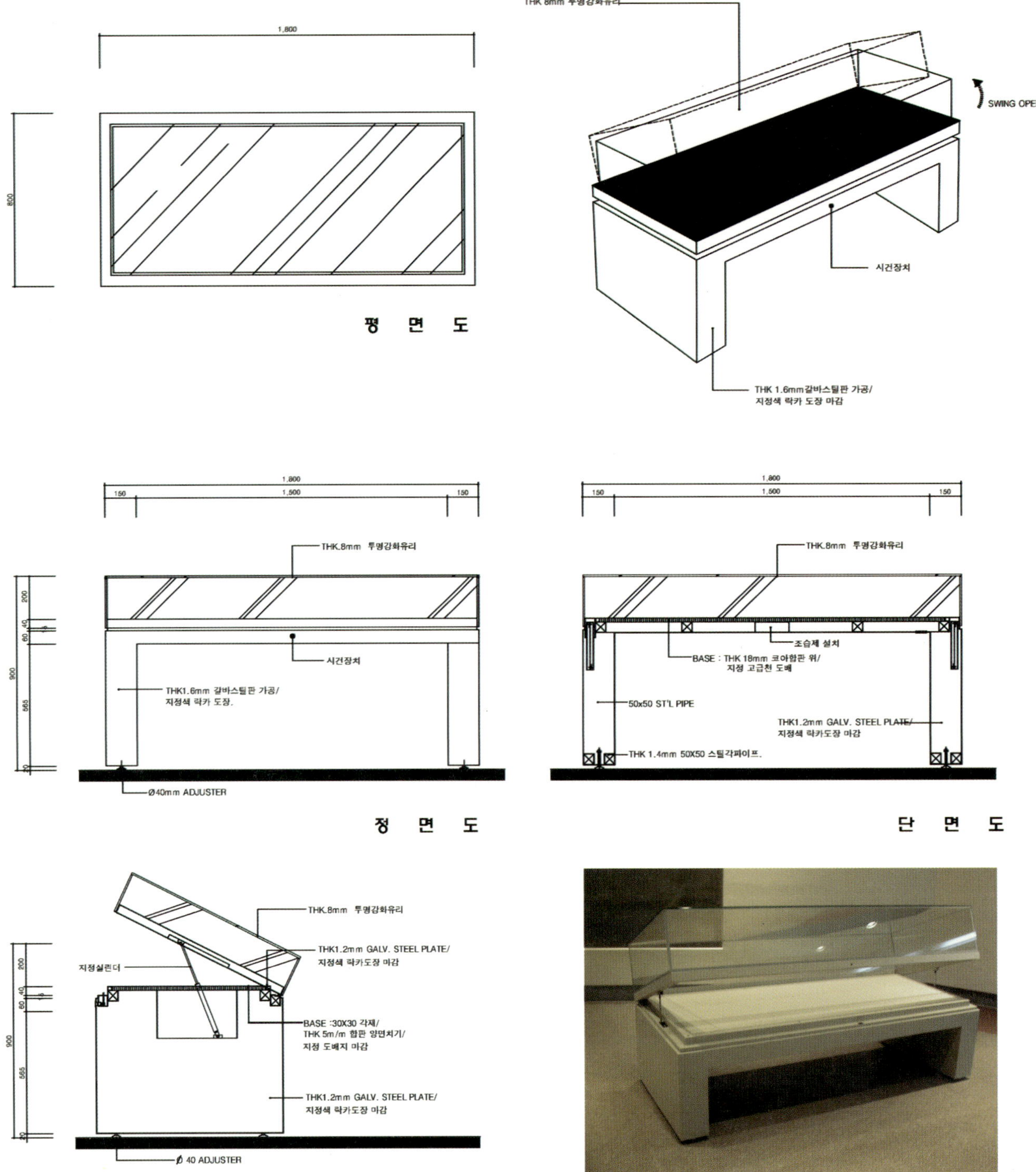

독일수공예박물관
쇼케이스 TYPE 2. 사례

부산근대사박물관
쇼케이스 TYPE 2. 사례

대형 입체단일품을 전시해 놓은 독립형 쇼케이스를 벽면에 밀착하여 다양하게
배치함으로써 효과에 변화를 유도한 루브르박물관 쇼케이스 사례.

독립형 쇼케이스 TYPE 3.

전시 디자인과 전시물의 프로그램 설정에 있어서 관람객의
시각적 인지도를 높이기 위해서나, 동선의 유도를 위해서, 대
표적 전시물의 효과적 부각을 위해서 독립형과 벽부형 쇼케
이스의 혼합형이 이용되기도 한다.

독립형만으로는 단조롭기 쉬운 전시공간에 변화를 유도하는
형태로 다양한 크기의 독립형 쇼케이스들의 조합형에서부터
건축의 디자인 모티브를 적극 활용하여 배치한 형태까지 융
통성 있는 디자인을 취할 수 있다.

독립형 쇼케이스 타입 1과 비교하면 상부에 조명 박스가 설
치되어 있어 전시물에 대한 조도확보가 가능한 형태의 쇼
케이스다.

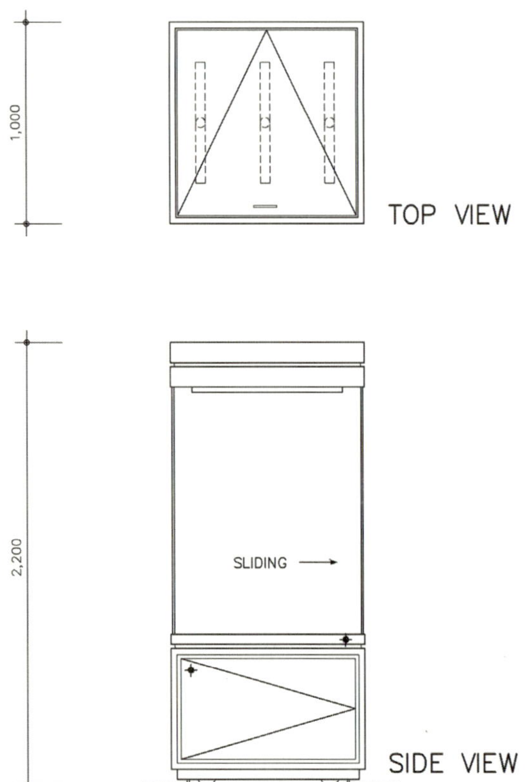

독립형 쇼케이스 TYPE 3 도면

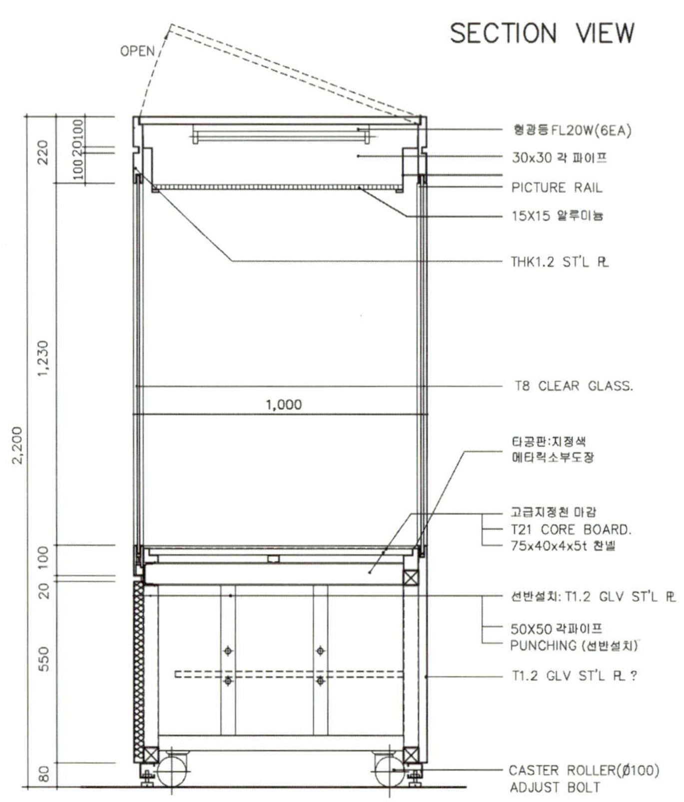

독립형 쇼케이스 TYPE 4.

하부에만 전시대가 설치되고 상부에는 글라스 면으로 깔끔하게 마감이 되는 형태의 쇼케이스다.

상부 면이 글라스로 처리되어 쇼케이스 상부에서 특별하게 조명을 설치할 수는 없지만, 독립형 쇼케이스 TYPE 3과 비교하여 관람자의 시각적인 개방감은 높아진다.

독립형 쇼케이스 TYPE 4 도면

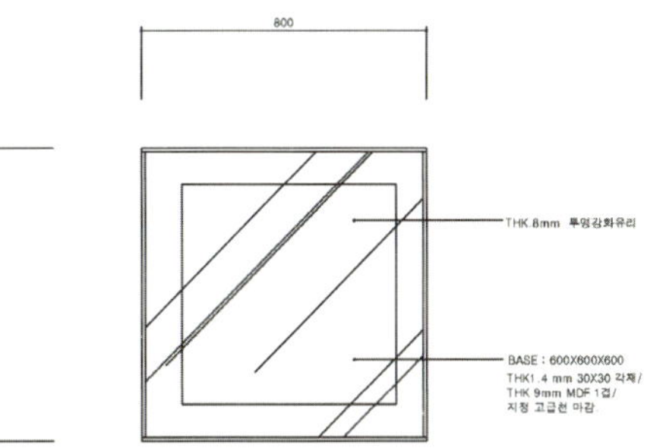

평 면 도

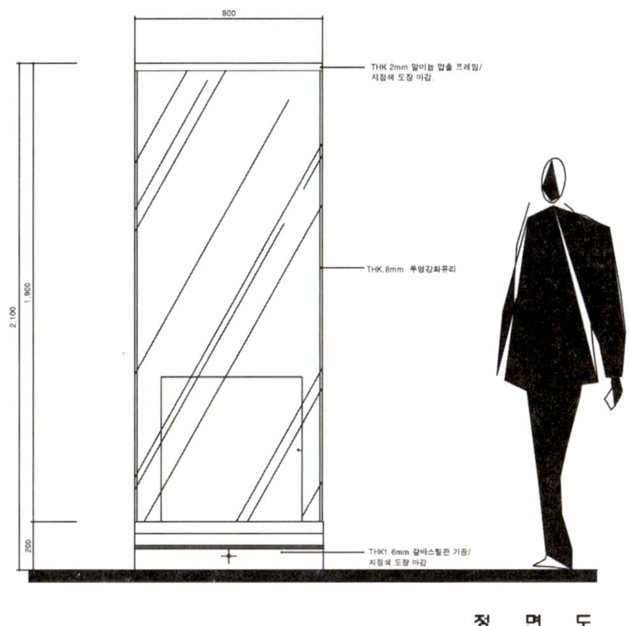

정 면 도

단 면 도

독립형 쇼케이스 TYPE 4 사례

특수형 쇼케이스

전시공간의 성격에 맞추어 특수 제작된 형태들로 명확한 형
태분류보다 전시자료의 특성에 적절한 디자인 유도가 우선
시 되는 order-made 중 하나의 유형이다. 벽부형 쇼케이스,
기둥부분과 모서리부분에 조합·연계 배치된 다목적 쇼케이
스, 벽면 돌출형 쇼케이스 등 건축적 의도와 함께 계산되어
배치된 쇼케이스 등은 전시공간의 표준화된 쇼케이스 형태
를 리듬 있게 변환시키는 역할을 한다.

서울역사박물관 쇼케이스

베르린유대박물관 전시사례

경사진 전시 벽면에 돌출된 형태의 쇼케이스 디자인
슬라이딩 방식으로 전시자료를 쉽게 교체할 수 있도록 디자인하였다.
투명 강화유리와 갈바스틸판을 사용하여 제작하였다.
벽면 돌출형 쇼케이스는 지루하게 연속된 전시벽면에 조형성과 활력을
불어넣어 주는 포인트 요소가 된다.

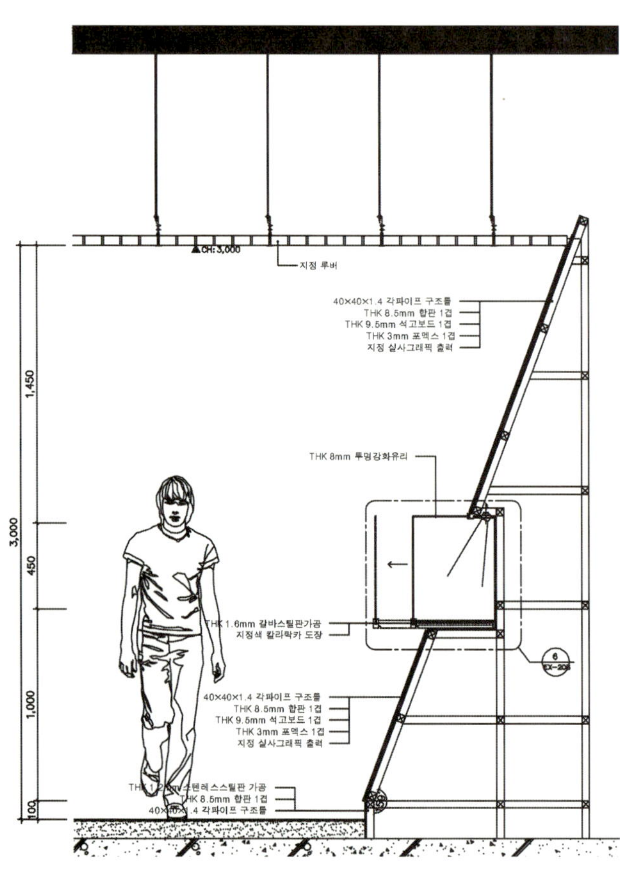

국가기록원 역사기록관 조선왕조실록실
특수하게 제작된 쇼케이스 디자인.
그래픽 패널 부분과 쇼케이스 부분이 하나의 일체형으로 제작된 쇼케이스.
낮은 눈높이에서 서책을 편하게 감상할 수 있도록 쇼케이스의 높이를
600mm 정도로 조정하였고 쇼케이스 바닥은 패브릭으로 마감하였다. 레일
을 사용하여 서책의 교체가 원활하게 이루어질 수 있도록 디자인하였다.

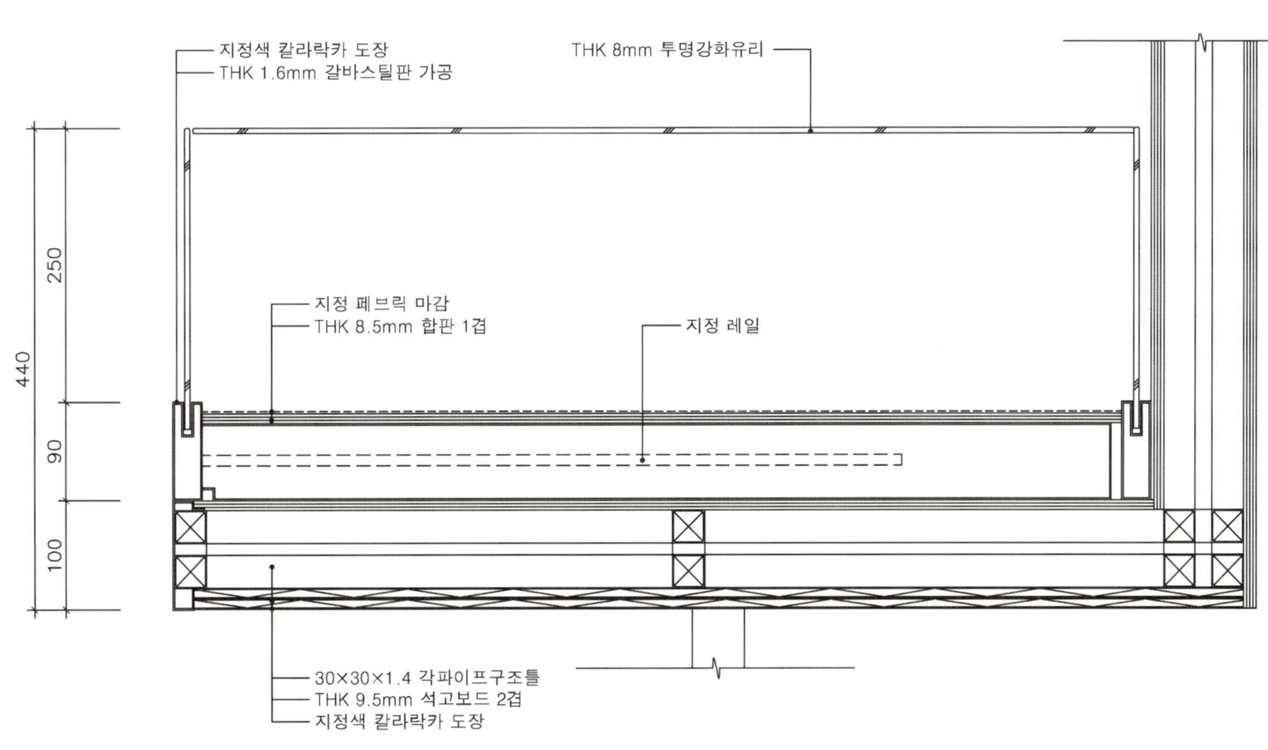

경사면 쇼케이스

전시공간의 성격에 맞추어 제작된 형태로 관람객들이 전면에서 전시물을 바라보는 경우보다 양호한 시·지각 조건을 갖출 수 있다. 유리 상부의 경사면과 전면부에 유리로 구성된 부분은 서적이나 표본 등의 전시자료를 관람자들에게 글라스면 현휘발생을 최소화시켜주고 가까이에서 전시 대상물을 감상하는 데 유리한 조건을 만든다.

도쿄국립과학관 경사면 쇼케이스 사례

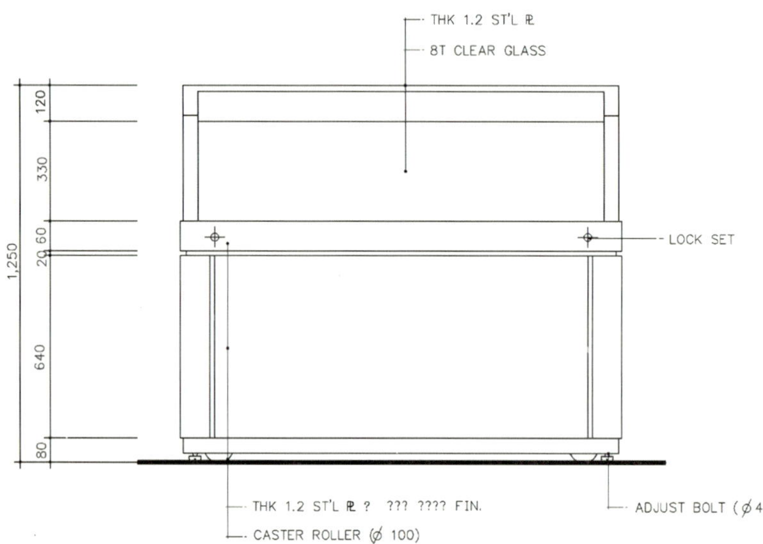

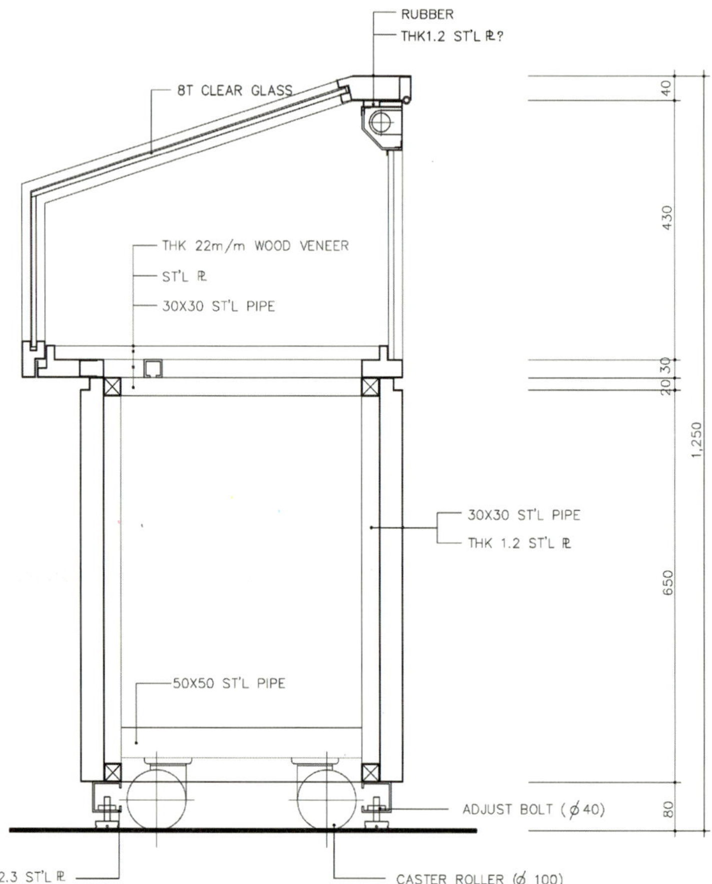

경사형 쇼케이스 단면도

양측 경사면 쇼케이스

종종 서적과 같은 전시물의 전시를 위한 쇼케이스로 사용된다. 양측 면 모두 전시감상이 가능하도록 제작되어 있기 때문에 동선과 충분한 감상공간의 확보가 필요하다.

내부에 조명설치를 위한 공간이 마련되어 있으며, 사람의 키 높이에 서서 감상이 가능한 정도의 높이로 제작되는 경우가 많다.

도쿄국립박물관 동양관 쇼케이스 사례

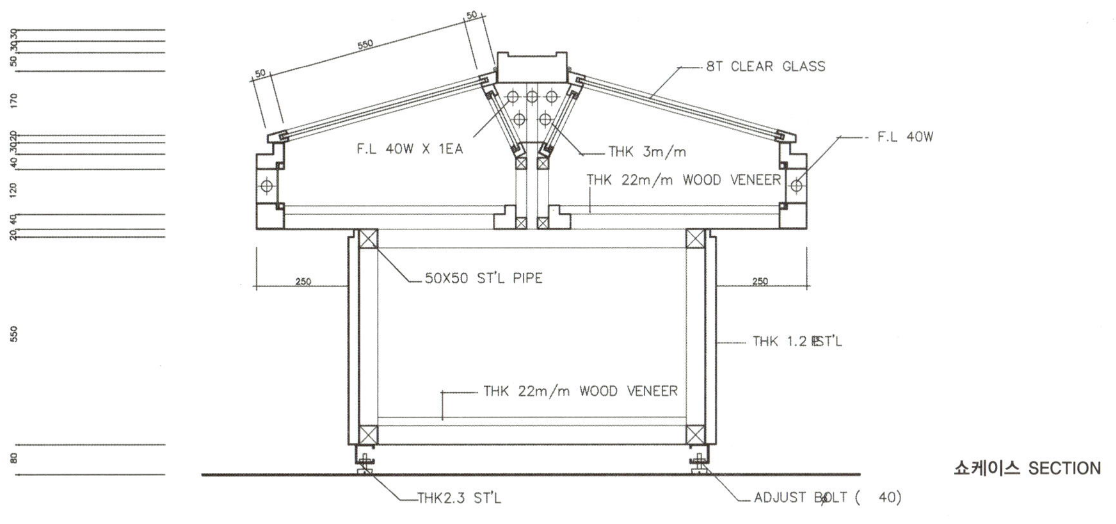

쇼케이스 SECTION

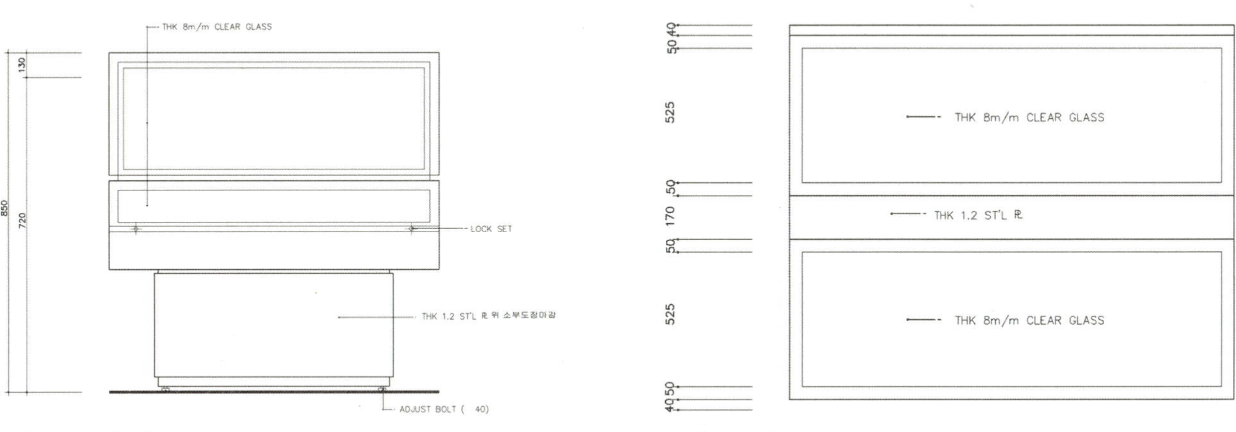

쇼케이스 ELEVATION   쇼케이스 PLAN

113

서책형태의 독립 SHOWCASE / cartridge type

서책형태의 쇼케이스는 관람자들에게 흥미를 줄 수 있는 전시연출이 가능하다.

관람자가 쇼케이스의 일부분을 꺼내어 볼 수 있도록 하여 원하는 전시자료 정보를 선택적으로 관람할 수 있다. 전시자료의 크기가 작거나 그 두께가 작은 우표, 식물의 표본, 지도 등의 자료는 이러한 서책형태의 cartridge type 쇼케이스를 통하여 전시연출이 가능하다.

아일랜드형 전시와 같이 독립적인 공간활용이 가능하고, 수장고와 같이 전시자료의 안전한 보관이 가능하며, 동시에 관람자들의 동적인 관람을 유도할 수 있다.

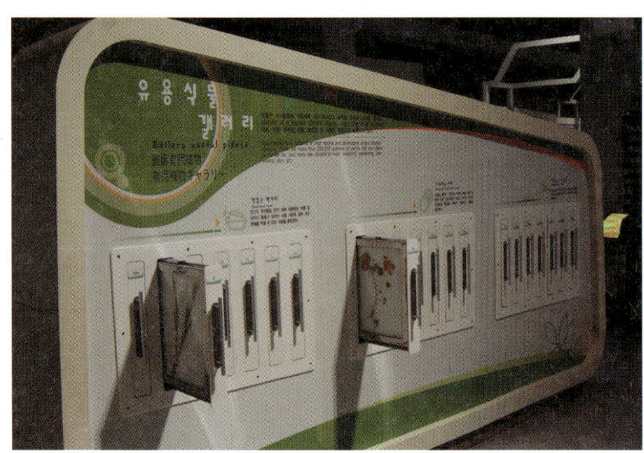
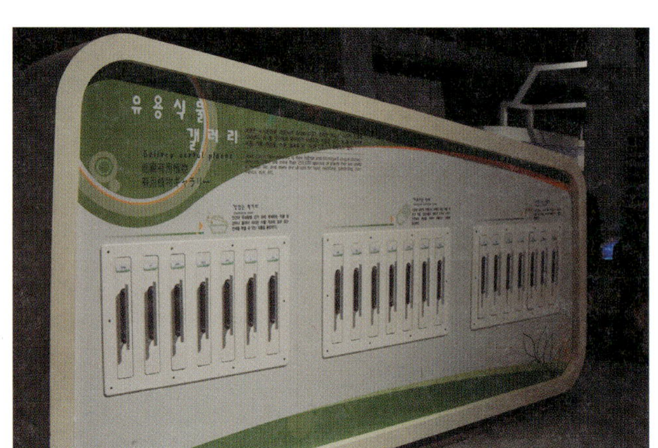

국립과천과학관의 유용식물 갤러리에 사용된 서책형태의 독립 showcase

목포자연사박물관에 사용된 서책형태의 showcase
일반적으로 수장고에서 사용되는 cartridge type의 수납장을 전시공간의 일부분에 활용하여 전시연출을 의도한 사례다.

쇼케이스 배치사례

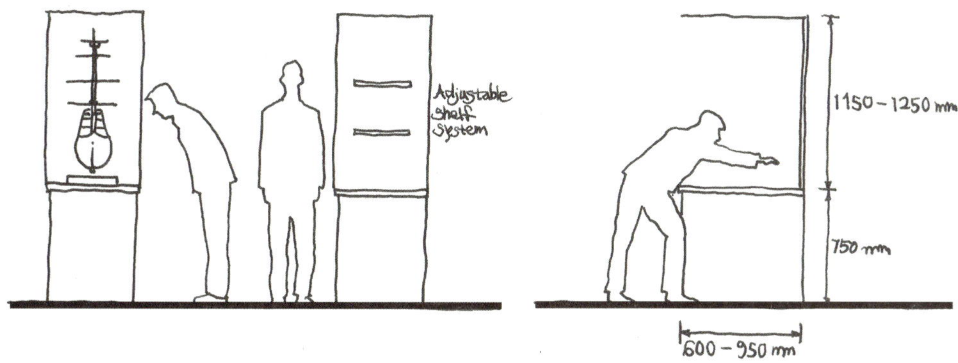

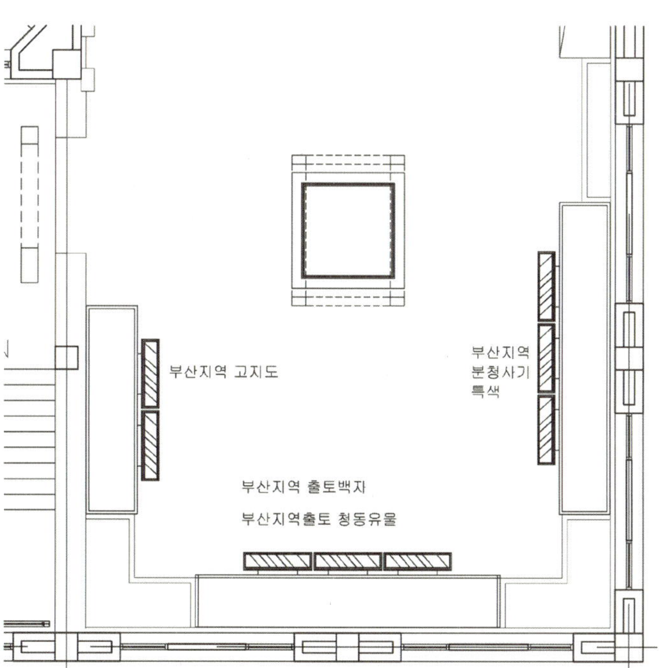

부산박물관 전시실 쇼케이스 배치

부산박물관 전시실 쇼케이스 평면도

115

116

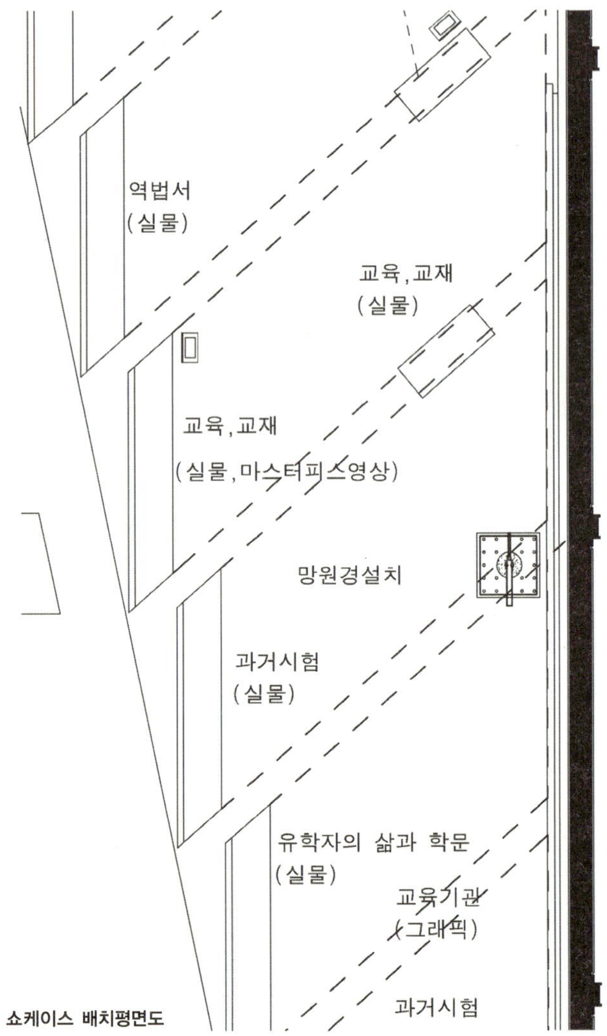

서울역사박물관 학술문화 전시영역의 쇼케이스 배치평면도

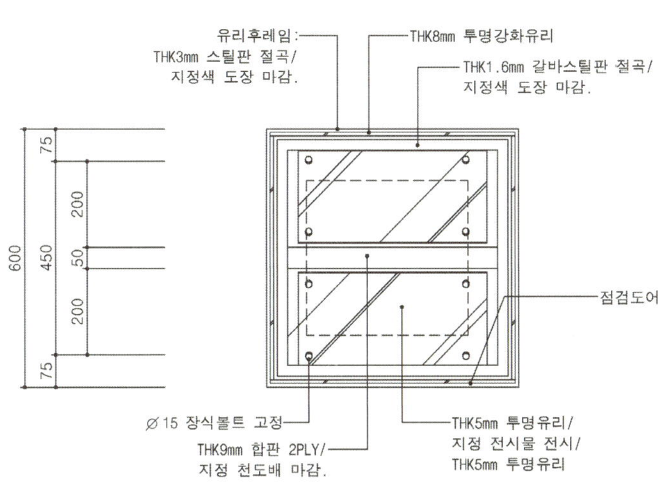

증권박물관 전시 쇼케이스 평면도

증권박물관 전시 쇼케이스 배치(증권갤러리 전시영역)

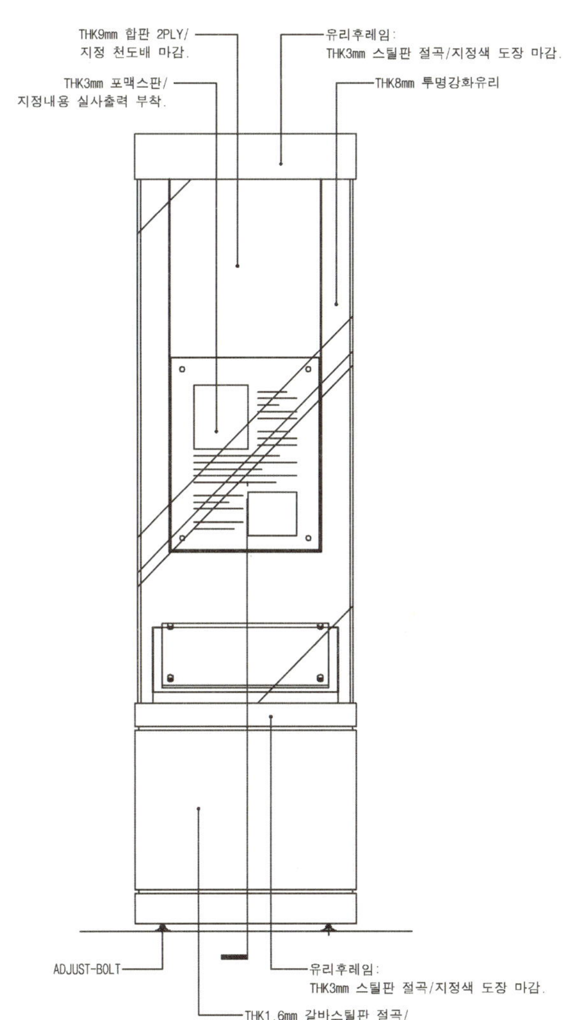

증권박물관 전시 쇼케이스 입면도 detail

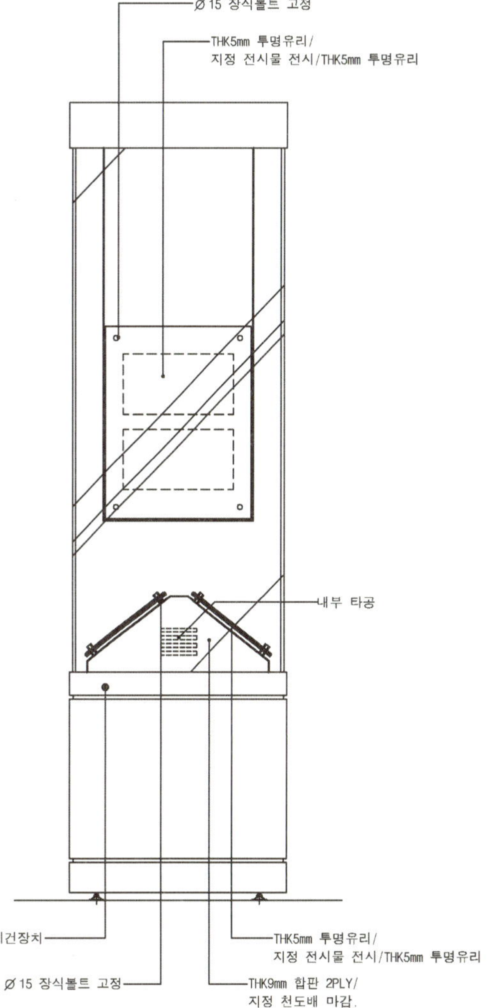

118

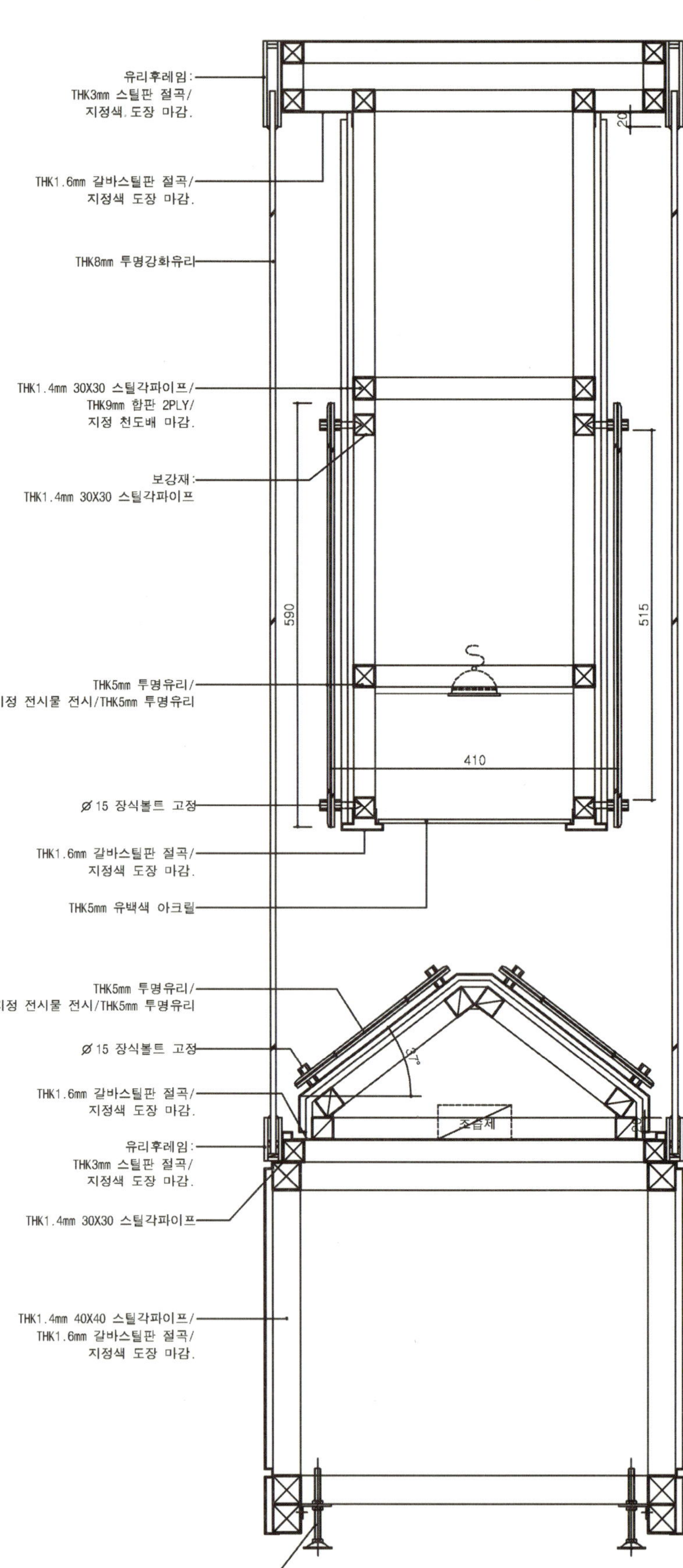

증권박물관 쇼케이스 단면도 detail

(2) 그래픽 패널 / 사진 / 라이팅 패널(와이드 컬러) /
　　서책 패널

GRAPHIC PANEL / PHOTO

그래픽 패널과 사진은 평면 전시매체이면서 가장 많이 사용되는 전시매체 중 하나다.

일반적으로 전시자료에 대한 다양한 정보를 전달하기 위한 그래픽과 픽토그램, 이미지 다이어그램 등으로 구성되며, 관람객이 전시자료에 대하여 이해를 쉽게 할 수 있도록 하기 위하여 실물이나 모형 등의 전시자료와 함께 배치하는 경우가 많다.

그래픽 패널은 관람자들이 전시자료에 대한 정보를 알기 쉽도록 설명하거나 전시정보를 시각적인 이미지로 구현하는 데 목적이 있으며 각종 전시매체들 중에서 가장 보편적인 전시매체라 할 수 있다. 또한 매우 다양한 형태와 이미지 처리부분에 대한 디자인적인 접근성이 좋기 때문에 전시 디자이너들에게는 가장 좋은 전시매체라 할 수 있다.

도쿄과학미래관의 그래픽 패널 사례
작동모형과 함께 배치하여 관람객들이 과학에 대한 원리를 쉽게 이해할 수 있도록 한다.

119

목포자연사박물관의 그래픽 패널 사례
화석모형과 함께 그래픽 패널을 배치하여 관람객에게 전시정보를 제공한다.

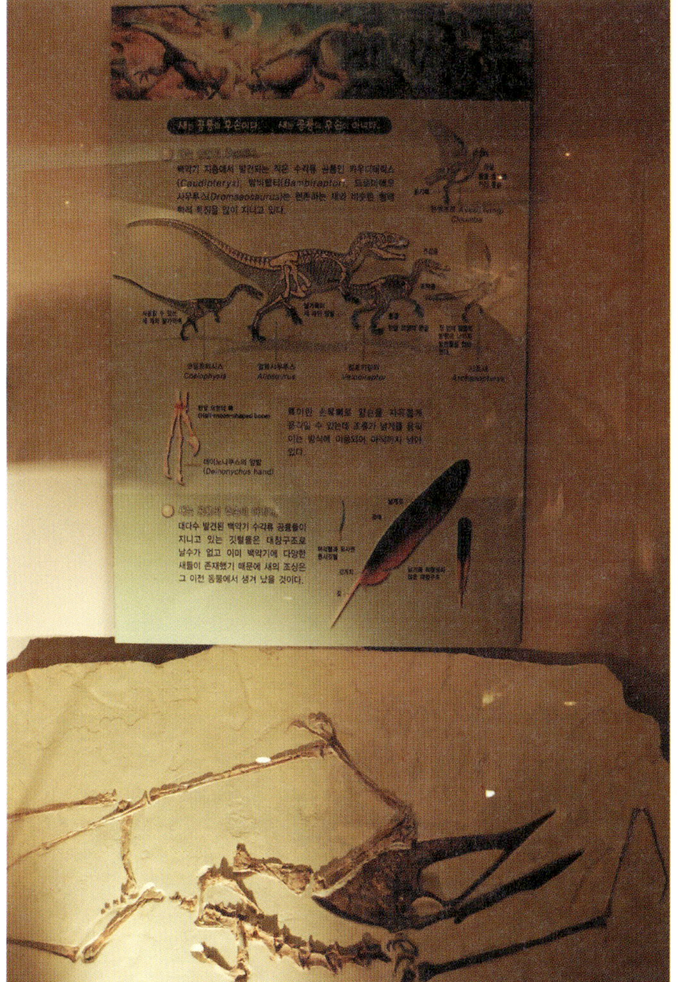

사진 또한 평면 전시매체로 사실에 대한 기록이나 과거의 모습을 보여주기 위한 전시매체로서 많이 사용된다. 사진 또한 실물자료나 모형 혹은 모니터 등과 함께 배치하여 전시정보에 대한 이해를 돕기 위해 사용된다.

사진자료는 과거의 역사나 인물, 사건 등에 대하여 보다 현실감 있고 생생한 감동을 관람객에게 전달할 수 있다는 장점이 있다.

에도도쿄박물관의 사례
벽면에 사진자료와 바닥부분에 다양한 전시 실물자료를 함께 벽면형 쇼케이스 내에 배치하여 전시효과를 더하고 있다. 사진자료만을 전시하는 것보다는 관련 실물자료나 모형 등을 함께 전시하는 것이 관람객의 이해를 돕는 데 유리하다.

120

베를린유대박물관의 사례
그래픽 패널과 역사기록 사진자료, 독립형 쇼케이스를 중심으로 전시 공간을 연출한 사례

부산근대역사관
사진자료를 패널 형식으로 제작
하여 벽면에 전시하고 이와 더불
어 쇼케이스를 활용한 기록물자료
를 함께 배치하여 전시공간을 연
출한 사례

창원과학체험관
벽면을 그래픽으로 처리하여 전시연출

THK9.5mm 집섬보드 2PLY/
THK9mm 합판 1PLY/
지정색 도장 마감.

WOOD 몰딩

WOOD 몰딩

THK1.4mm 30X30 스틸각파이프/
THK9mm 합판 2PLY/
THK3mm 포맥스판/
지정내용 실사 출력 부착.

30X30 라왕각재/
THK9mm 합판 2PLY/THK3mm 포맥스판/
지정내용 실사 출력 부착.

THK9mm 합판 1PLY/
지정색 도장 마감.

지정색 NEON

THK1.4mm 40X40 스틸각파이프/
THK9.5mm 집섬보드 2PLY/
THK9mm 합판 1PLY/
지정색 도장 마감.

걸레받이(H:100)
:THK9mm 합판/
지정색 오일페인트 마감.

걸레받이(H:100)
:THK9mm 합판/
지정색 오일페인트 마감.

그래픽 패널 detail

벽면을 돌출되도록 구성하여 그래픽 패널을 구성한 단면도 사례
네온 조명을 사용하여 패널의 가장자리 부분에 빛이 나도록 구성.
오른쪽 사진은 부산근대사박물관의 패널 구성사례다.

LIGHTING PANEL / WIDE COLOR(와이드 컬러)

라이팅 패널은 일반적으로 유백색 아크릴 위에 원하는 그래픽을 와이드 컬러로 출력하여 취부하여 대형의 이미지나 그래픽을 보여주는 방식이다. 패널의 뒷면에는 형광등이나 LED 조명 등을 설치하여 그래픽 면을 비추어 줌으로써 관람자들에게는 패널 면이 밝게 보이도록 한 전시매체다.

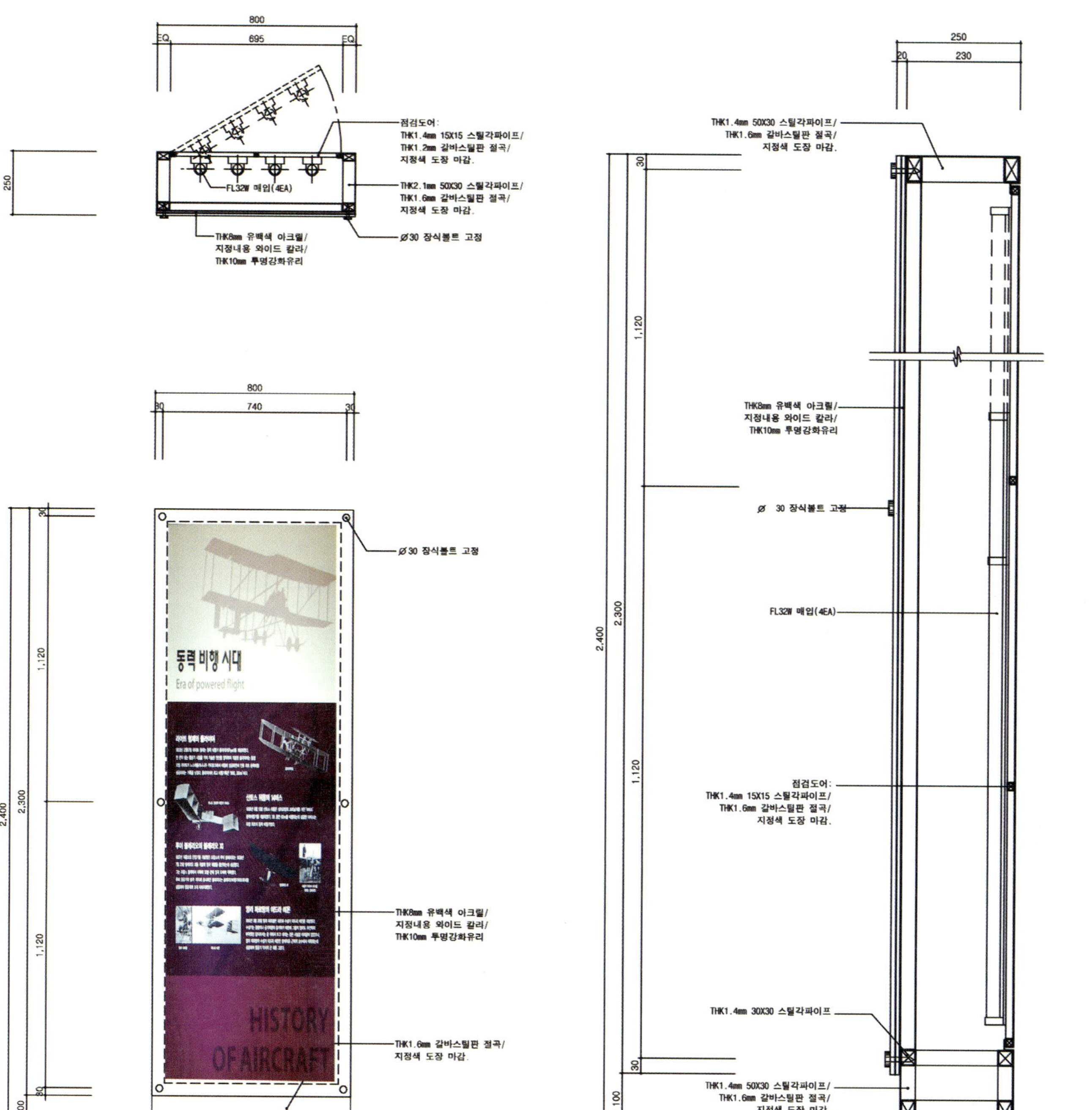

123

와이드 컬러 디테일 도면

와이드 컬러 디테일과 적용사례
국가기록원 역사기록관 조선왕조실록실에 사용된 와이드 컬러의 디테일 도면과 시공사례.
실록 속 그림이라는 전시 아이템으로 부분적으로 그래픽 패널과 와이드 컬러를 혼용하여 벽면을 구성
하였다.

도쿄미래관 라이팅 패널 사례

창원과학체험관 라이팅 패널 사례

부산근대사박물관 라이팅 패널 사례

국립과천과학관
한글을 주제로 하여 타이포그라피를 전시.
크고 작은 한글의 자음과 모음을 라이팅 패널 전면에 구성하고 키
오스크를 통하여 한글에 대한 정보검색이 가능하도록 전시를 연출
하였다.
키오스크의 높이가 어린아이들이 사용하기에는 다소 높아 보인다.

126

세종이야기
한글을 주제로 와이드 컬러로 처리하고 볼륨감을 주어 조명을 대신하는 효과까지 있다.

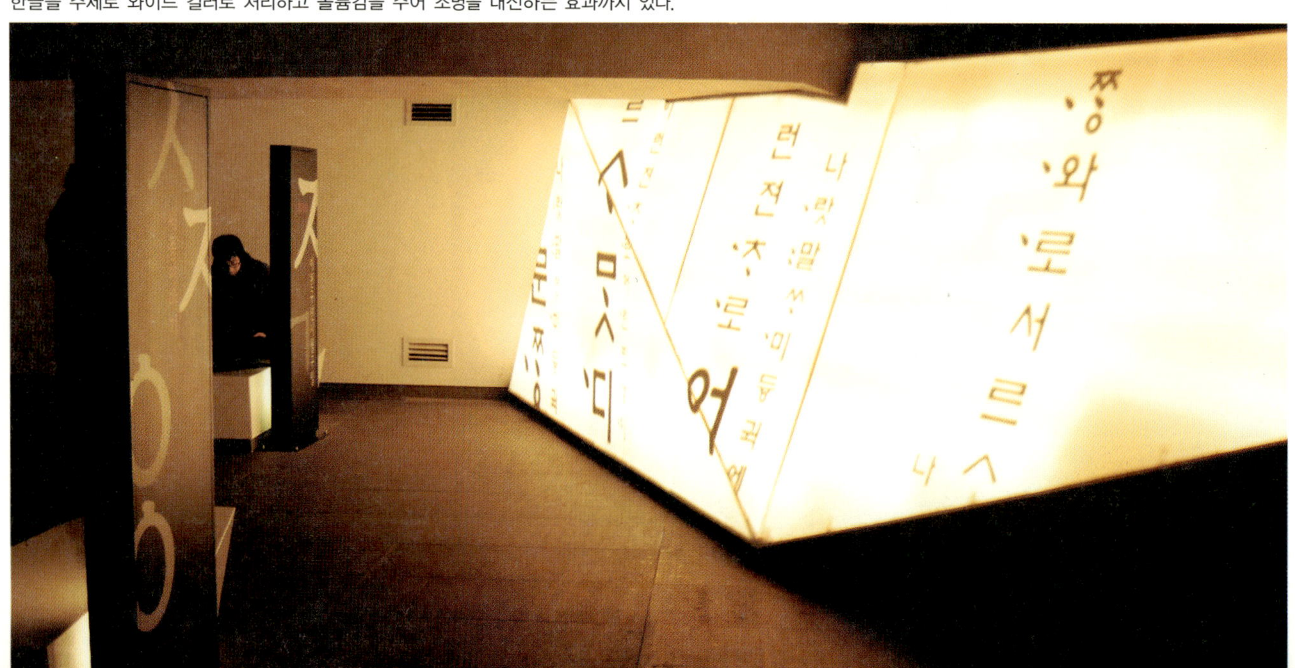

서책 패널

서책 패널은 일반적으로 다양한 정보를 관람자가 선택적으로 볼 수 있도록 구성한 패널 형식의 전시매체다.

동화 속 이야기나 역사의 흥미로운 이야기를 관람자가 책장에서 책을 뽑아 읽어보듯이 구성한 전시연출이 가능한 전시매체다.

특정한 유형이나 구분된 분류체계를 가지는 전시자료의 경우, 그 종류별로 전시정보를 체계적으로 전달하기 좋은 전시연출 매체다.

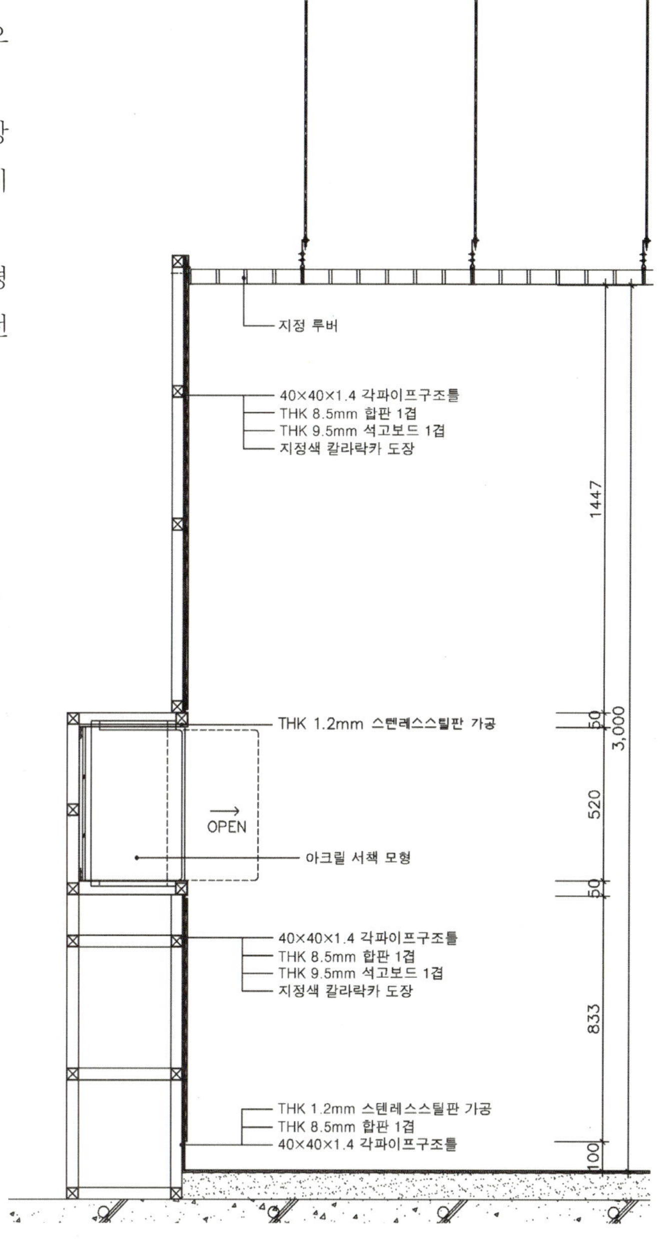

(3) 실물 / 모형

국보급의 중요한 전시자료라면 쇼케이스에 전시하여 안전과 보관상에 각별한 주의를 요구하지만 그렇지 않은 자료라면 실물을 관람객들이 매우 가까운 거리에서 상세하게 관찰하거나 직접 만져볼 수 있도록 실물이나 실물과 유사한 모형을 전시에 활용하는 경우가 있다. 특히 손상의 우려가 적은 자연물이나 복제품의 전시자료라면 관람객에게 만져볼 수 있는 기회를 주는 것은 가장 바람직한 전시방법이라 하겠다. 실물이나 모형전시 매체는 관람객에게 매우 흥미 있는 3차원적 전시매체가 될 수 있으며 또한 전시공간 디자인에서 매우 중요한 요소라 하겠다.

1. 프랑스 아를르고대사박물관

2. 도쿄국립과학박물관

3. 국립과천과학관

1. **프랑스 아를르고대사박물관**
유적지에서 출토된 전시자료를 실물 그대로 전시매체로 활용하고 있는 사례다. 관람객들이 전시자료를 매우 가까운 거리에서 감상할 수 있는 기회를 갖게 된다.
2. **도쿄국립과학박물관**
대형 암석 실물전시.
3. **국립과천과학관**
전시공간의 일부분에 건축물의 모형을 제작하여 설치함으로써 관람객들에게 현장감을 더해 준다. 또한 건축공간에 대한 입체적인 전시를 통하여 이해도를 높일 수 있어 관람객들이 흥미를 갖게 된다.
건축물의 실제크기 모형이나 축소, 혹은 확대 모형의 전시매체 사용을 통하여 관람자들에게 건축공간에 대한 간접체험의 좋은 기회를 제공할 수 있다.

실물이 아닌 경우는 특별한 전시 가이드라인이 불필요하겠
지만 실물전시인 경우에는 전시자료의 안전과 보관상의 문
제로 인하여 전시 관람객이 특정거리 이상 접근하지 못하도
록 가이드 레일을 설치하는 경우도 있다.

고성공룡박물관
공룡의 모형을 전시하여 관람객들에게 전시자료에 대한 생생함과 드라마틱한
전시연출을 기대할 수 있다. 국내외 자연사계열의 박물관에서는 종종 공룡 뼈 등을
실물로 전시하여 관람객에게 큰 흥미를 제공하기도 한다.

국립과천과학관
실물전시인 경우는 가이드라인을 설치하여 관람객들이 특정거리 이상 접근을
하지 못하도록 전시자료를 안전하게 보호해야 한다.

부산어촌민속관
어촌의 생활상을 축소모형을 통하여 전시하고 있는 사례다. 디오라마 전시기법
을 활용하여 실제어촌의 풍경과 어촌 사람들의 삶의 모습을 축소모형으로 재
현한 전시다.

(4) 다양한 첨단 전시매체

PDP / LCD 모니터

PDP나 LCD 모니터를 활용하여 전시벽면 등에 매입형태로 설치하는 전시매체다. 영상이나 음향을 통하여 관람객들에게 다양한 전시정보를 보다 효과적으로 전달할 수 있다. 전시공간에서 볼 수 있는 보편화된 영상매체이며, 그래픽 패널 등으로는 설명이 힘든 전시자료에 대한 동영상과 음향보완 매체의 역할을 수행한다.

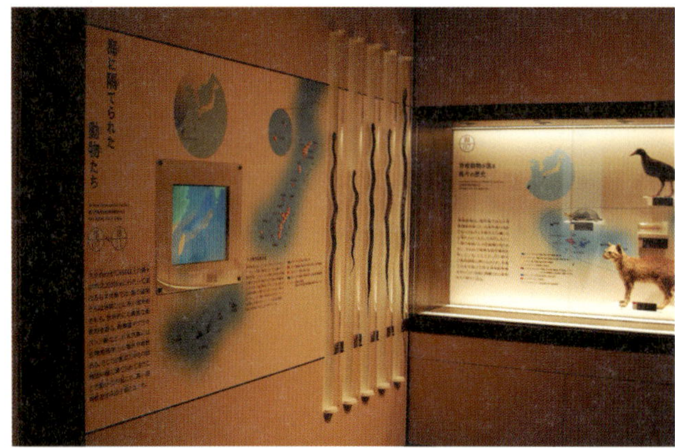

도쿄국립과학관 사례
영상 모니터와 그래픽 패널 등을 쌓아 올려 입체적으로 전시연출

도쿄국립과학관 사례
그래픽 패널과 실물박제 모형 등의 다양한 전시매체와 더불어 패널의 일부분에 PPD를 설치하여 전시연출

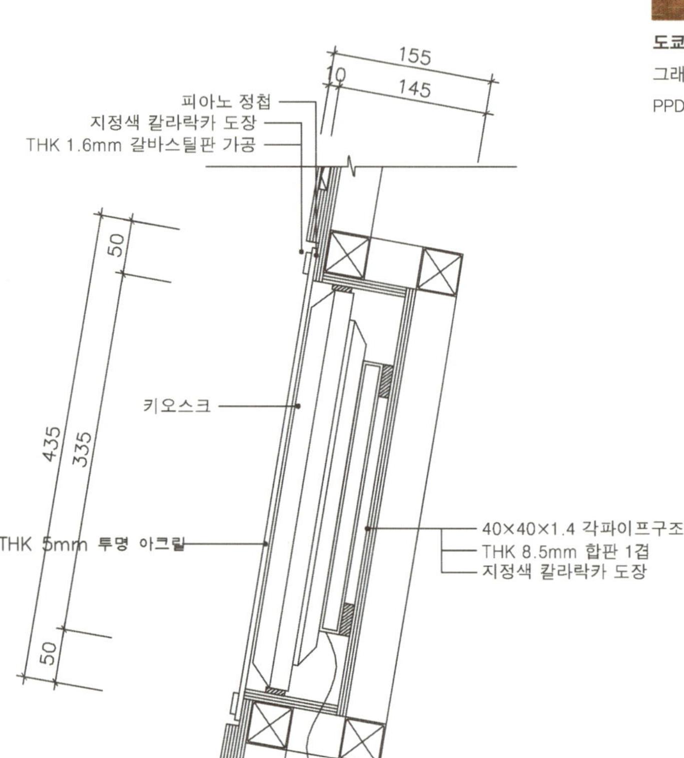

Sliding Vision

정지된 사진, 그래픽 패널, 모형 등의 전시자료 위의 수직과 수평으로 이동이 가능한 PDP 영상 스크린이 정지영상이나 그래픽 패널에서 표현하지 못한 구체적 설명과 부분적인 개념과 공간에 대한 설명, 투시도 등을 자유롭게 표현할 수 있는 전시매체다.

부산국제수산물도매시장 홍보관에 사용된 슬라이딩 비전

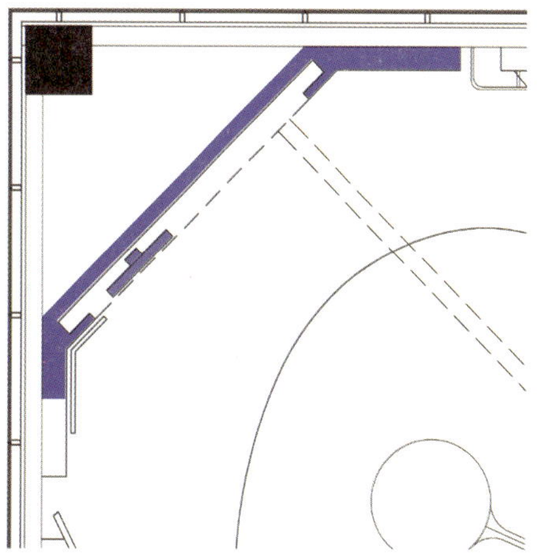

슬라이딩 비전의 평면도

창원과학체험관의 특별전시실에 설치된 슬라이딩 비전 : 자동차의 원리와 구조를 보여준다.

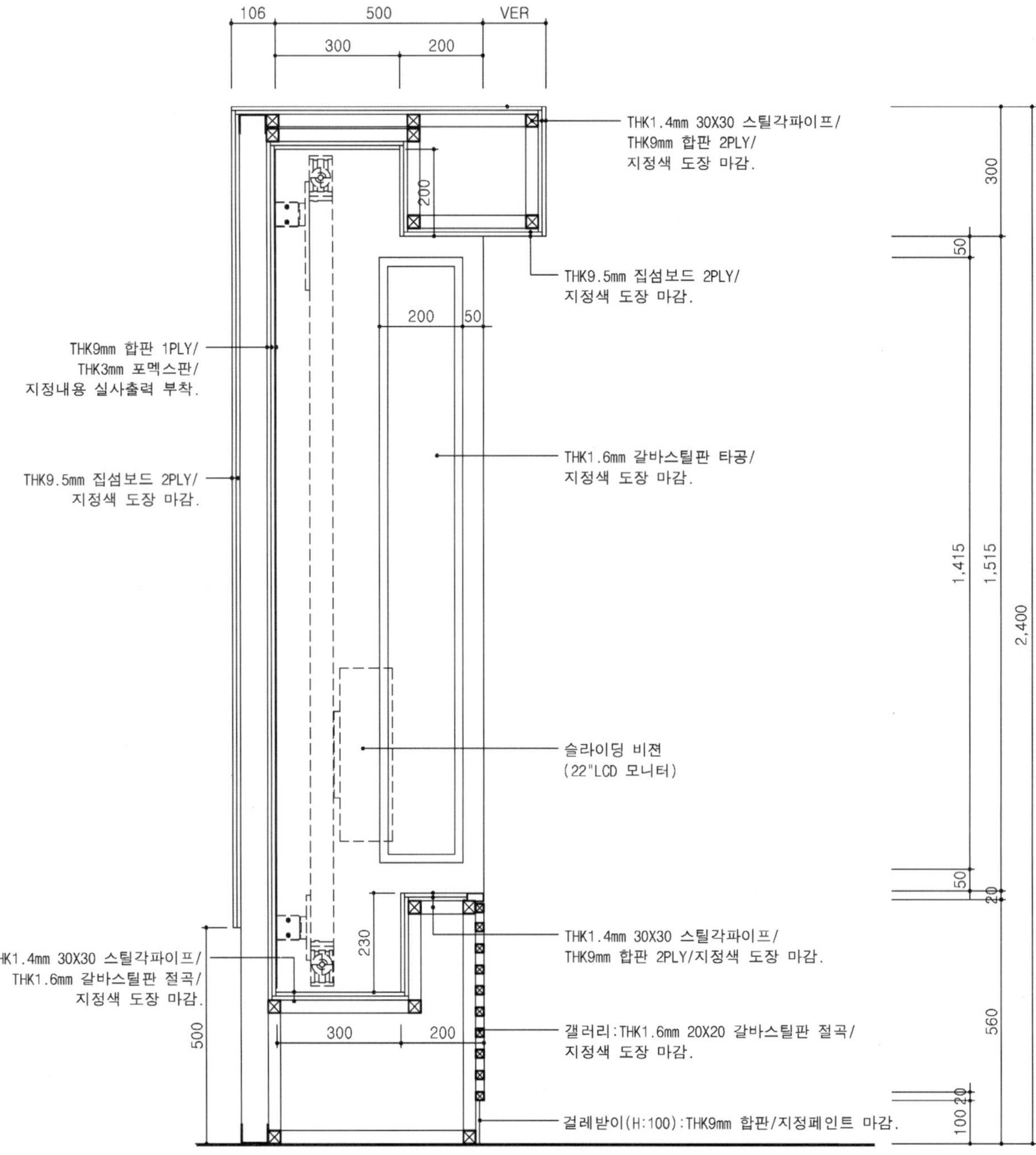

Sliding Vision 단면도

Touch Screen kiosk

전시자료에 대한 정보를 터치 모니터를 통하여 관람객에게
전달하는 전시매체다. 전시자료에 대한 보다 상세한 설명과
음향을 통하여 관람자에게 제공하며 일반적으로 전시자료
와 함께 배치하여 전시설명의 기능을 위해 주로 설치된다.
독립된 형태로 제작되는 경우가 일반적이나 부스 형태로 제
작되어 그래픽 패널 등의 다른 전시매체와 함께 사용하는 경
우도 있다.

터치 스크린 키오스크

나고야시 과학관에 설치된
터치 스크린 키오스크

Rear Screen

일반적인 스크린 장치와는 달리 영상을 투영하는 슬라이드
나 프로젝터 장치가 스크린의 뒤편에 설치되는 방식으로 스
크린 면의 반사도가 적고 프로젝터의 위치에 따라 관람자의
그림자가 스크린에 보여지는 시각적 불편함이 없다.
하지만 스크린 뒤쪽으로 스크린 높이의 2~3배 정도의 폭을
가진 공간을 마련해 주어야 하기 때문에 공간적인 제약이 따
르지만 규모에 여유가 있는 전시공간이라면 전시매체의 활용
도는 일반적인 프로젝터보다 높다.

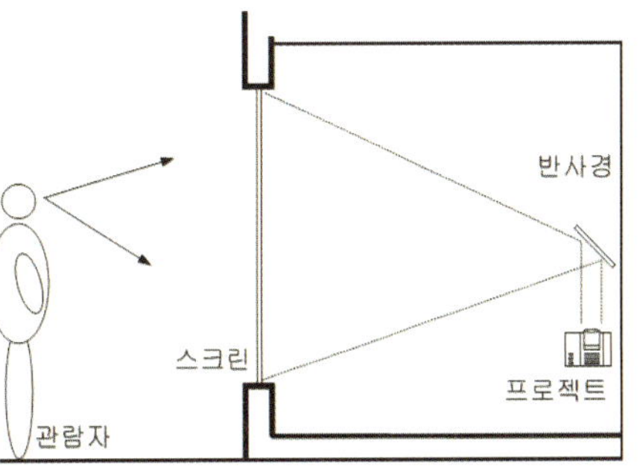

133

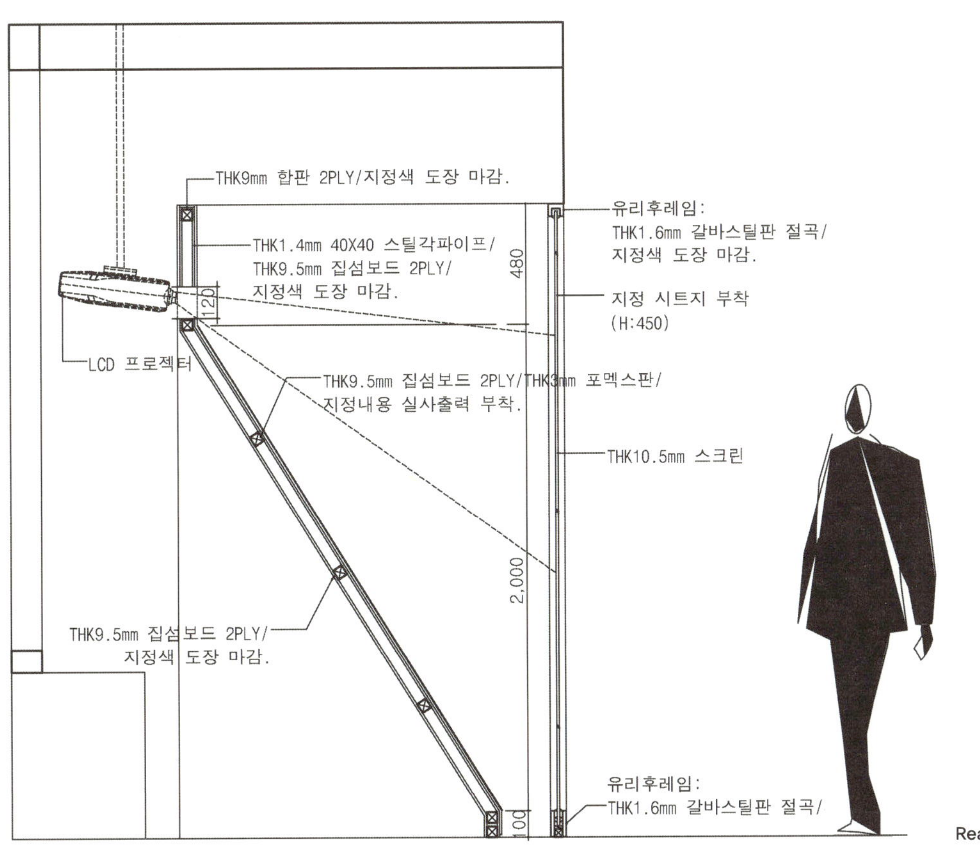

Rear Screen 단면도

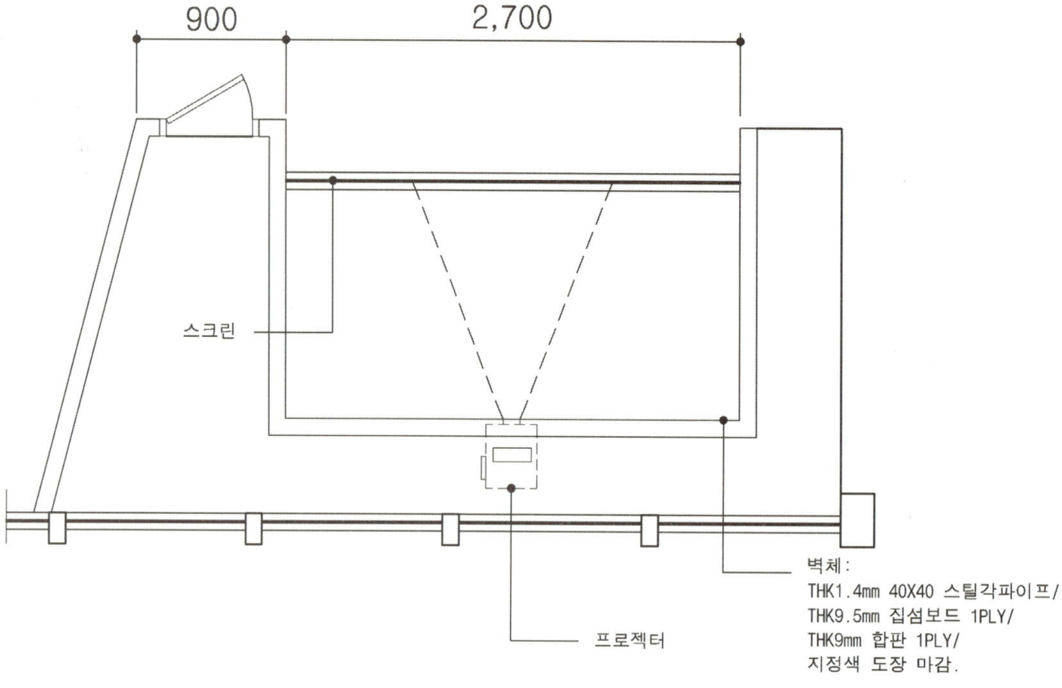

영덕어촌민속관의 Rear Screen 설치사례

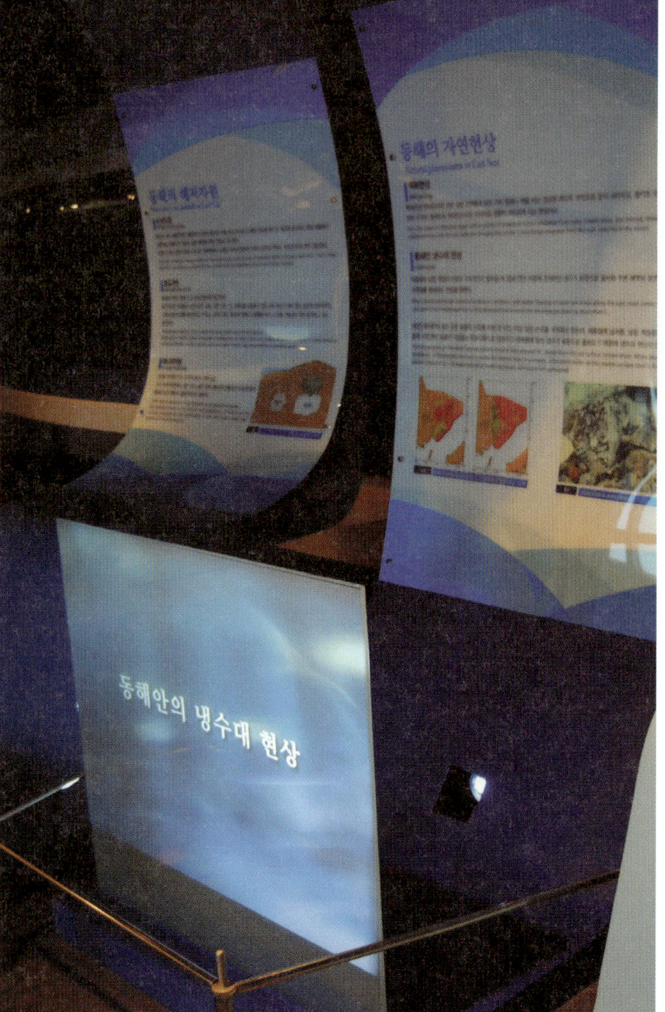

Multi Vision

정지 단일영상을 복합함으로써 다중 매체로 실물전시가 불가능한 전시물을 설명하고 전시물의 이해를 돕는 보조수단이다. 시각상의 변화로 관객의 흥미를 유발시킬 수 있으며, 1개의 스크린에서 얻을 수 없는 큰 화면을 연출할 수 있다.

다양한 영상을 연출할 수 있고 백남준의 설치작품처럼 여러 대의 영상 스크린을 통하여 스크린마다 각각 개별적인 영상을 보여주거나 하나의 큰 영상을 보여주는 방식을 모두 구현할 수 있다.

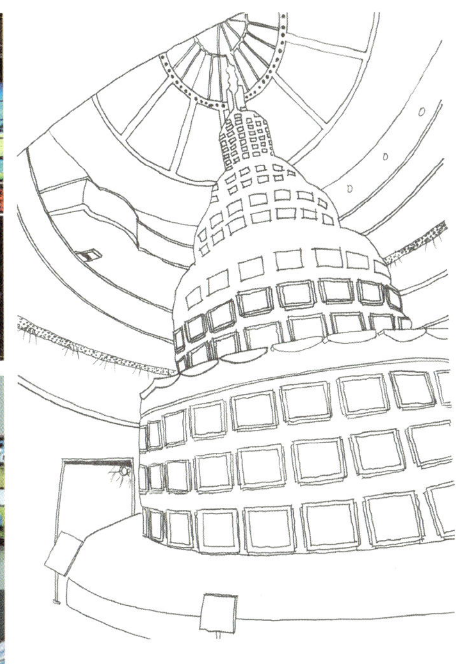

국립현대미술관에 설치된 백남준의 다다익선

135

하프미러

관람자가 작동 버튼을 누르면 유리에 정보가 나타나 패널과 오버랩되는 장치다. 평면적이고 정적일 수 있는 패널을 입체적, 동적으로 구성할 수 있다. 평상시에는 거울의 기능처럼 보이지만 관람자가 다가가거나 버튼을 누르면 다양한 전시 정보를 유리면에 보여주는 전시매체다.

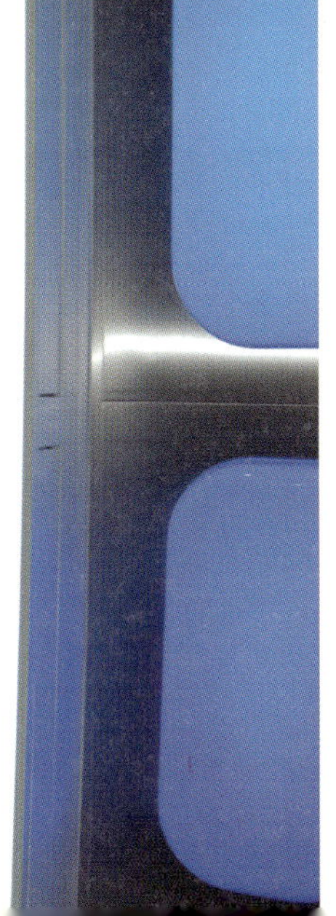

Beam Projector / Multi-Projector

빔 프로젝터 설치 디테일과 적용사례

빔 프로젝터는 전시공간에서 가장 많이 사용하는 영상매체라고 해도 과언이 아니다. 일반적인 영상매체로는 가장 비용적인 측면에서 활용도가 높고 또한 영상을 투사할 벽면만 있다면 위치에 관계없이 설치가 자유롭다.
종종 벽면 이외에도 바닥면을 활용하여 빔 프로젝터를 통해 영상을 투사하는 경우도 있다.

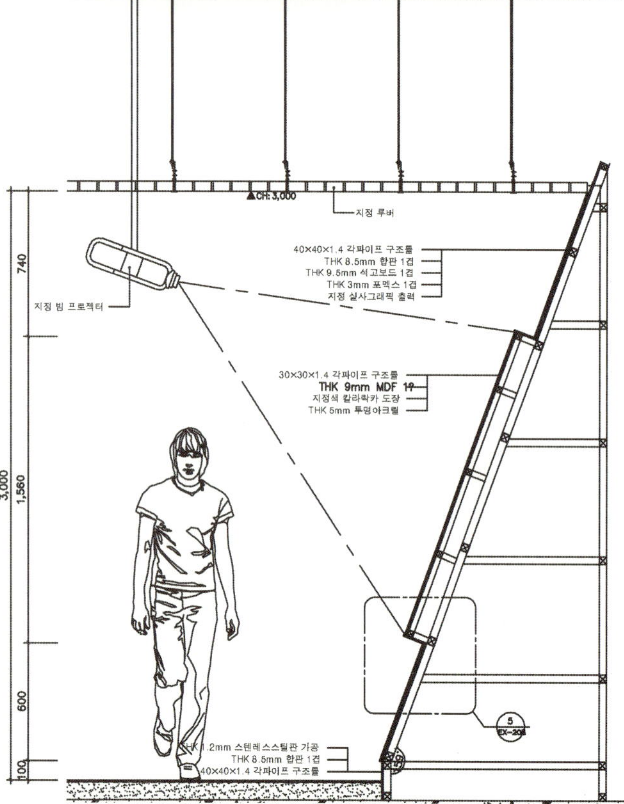

3D vision

15인치 TFT-LCD / 50인치 PDP 스크린과 특수 제작된 광학 필터를 사용하여, wide-angle, multi-viewer 3D 디스플레이를 제공하며 필요에 따라 일반화면과 3차원 입체화면을 선택적으로 표현한다.

Circle Vision

동적 단일영상 기본체계에 컴퓨터 제어 메커니즘을 복합시켜 다중매체를 얻어내어 영상에서의 특질을 최대한 활동할 수 있는 동적 다원영상 전시방법이다. 시각상의 변화로 관객의 흥미를 유발시킬 수 있지만 영상 스크린을 조합하여 360°로 화면을 보려고 하면 시각상의 장애를 받는다.

Omnimax

초대형 곡면(DOME) 영상 시스템으로 공간 자체가 스크린이 된 것 같은 분위기에서 관람객은 생생한 현장감과 박진감을 최대한 극대화시킬 수 있다.

Hologram

특수 영상장치를 활용하여 공간에 입체형으로 전시자료를 출력하여 관람자들이 3차원적으로 전시자료를 볼 수 있도록 고안된 전시매체로서 현실감이 있다.

나고야시과학관 홀로그램 전시

Laser Pointer

특수 전시장치를 사용하여 관람자가 특정 위치를 레이저 포인터로 가리키면 해당 부분에 대한 상세한 설명이 영상 모니터를 통하여 나타나도록 연출할 수 있는 첨단 전시매체다.

동대문역사관에 설치된 동대문운동장 토층체험
관람자가 사진에서와 같이 장치를 토층의 특정부분으로 가져가면 영상을 통하여 해당 토층을 상세하게 설명해 주는 방식으로 연출되었다.

낙동강변의 어로활동
부산어촌민속관의 전시연출로, 관람자가 모형전시대의 특정부분에 표기된 숫자를 레이저로 가리키면 해당부분에 대한 상세한 설명이 작은 영상 모니터를 통하여 출력되는 첨단 전시매체다. 어로활동에 사용된 어구나 배 등에 대한 내용을 흥미롭게 체험형 전시로 학습할 수 있다.

라이드 모션 시뮬레이터 – 4D 영상관

다이내믹한 운동체감 특성을 그대로 살린 극장식 라이드 시뮬레이터로 공간의 규모와 실내여건에 따라 설치, 운영이 가능하다. 독립된 영상실이나 부스 형식의 몰입된 공간에서 뛰어난 화질의 디지털 영상을 즐길 수 있으며, 박진감 넘치는 스테레오 사운드와 4D 체감효과를 내는 팬, 좌석 진동효과 등 현실감 증가효과 극대화할 수 있다.

입체안경을 사용하여 현실감 있는 영상을 관람객에게 선사한다. 또한 영상에 따라서 좌석부분이 움직이며 극적인 체험효과를 극대화할 수 있는 매체로 구성된다.

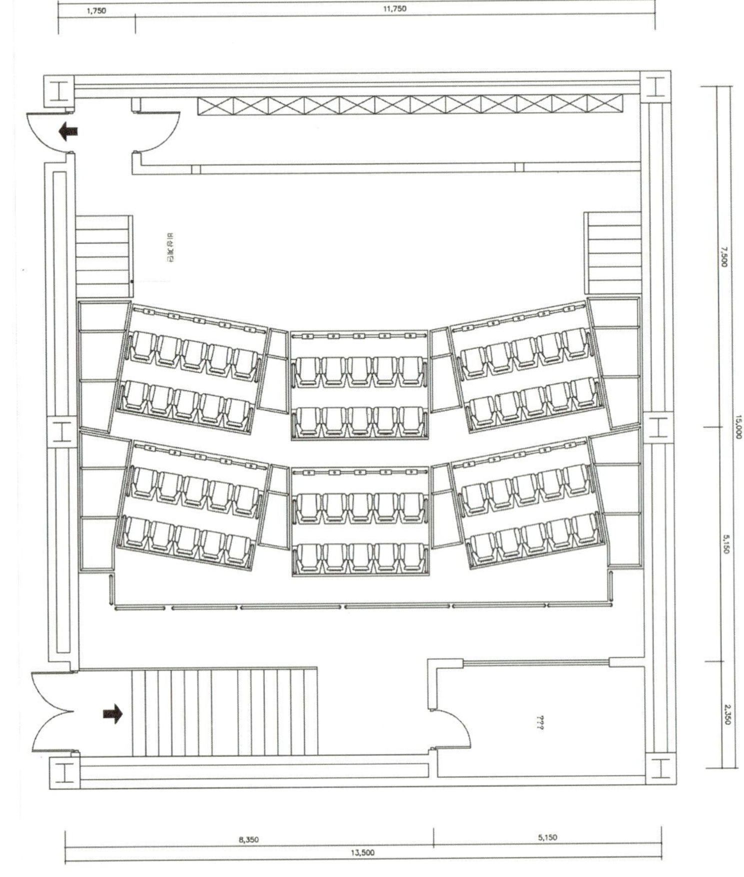

창원체험과학관 4D 영상관 평면도 사례

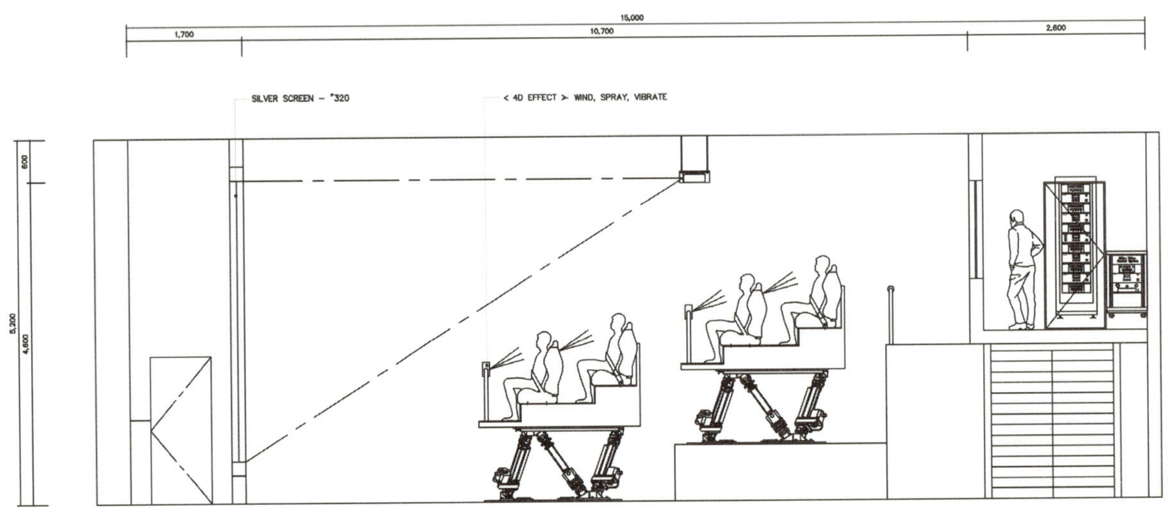

창원체험과학관 4D 영상관 입면도 사례((주)중앙디자인 설계)
창원체험과학관의 4D 영상관은 입체안경을 사용하여 시각적인 입체감을 더해주면서 동시에 영상에 따라 관람자의 앞좌석 상단부분에서 바람을 뿜어주어 보다 현장감 있고 실감나는 감상연출을 체험할 수 있다.

Smart Table

테이블에 설치된 디지털 매체를 통하여 다양한 컨텐츠의 구현이 가능하며, 관람객이 손을 사용한 간단한 터치를 통하여 전시자료에 대한 정보나 게임 등을 운용할 수 있도록 제작된 첨단 전시매체다.

광화문의 세종이야기 전시공간에 설치된 스마트 테이블

Touchless Point Screen

Touchless Point Screen Technology를 도입하여 Touch Pannel을 만지지 않고도 키오스크에서 떨어져서 시간과 공간의 제약 없이 전시설명 및 전시안내 시스템 등에 사용되는 첨단 전시매체다.(가상 터치 스크린이라고도 한다)

간접체험 형식으로 모니터에 나타나는 전시자료에 대한 각종 정보를 관람객이 간단한 손 동작으로 재미있게 경험해 볼 수 있다.

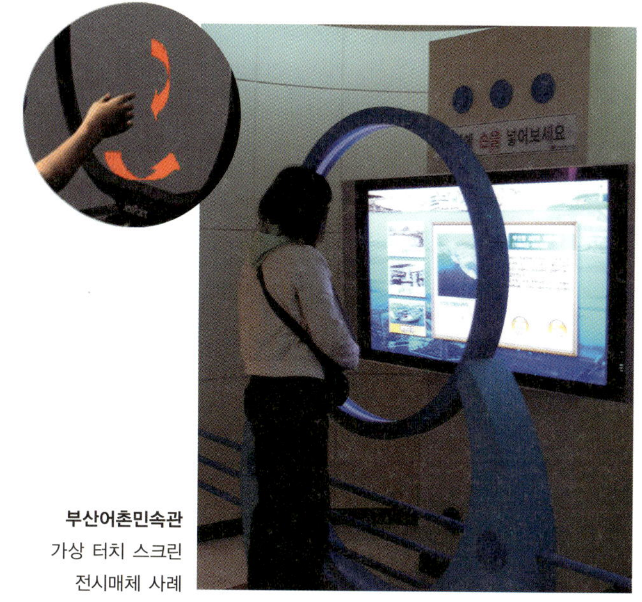

부산어촌민속관
가상 터치 스크린
전시매체 사례

Projector Screen

PDP나 LCD로 구현하기 힘든 크기의 대형화면 연출에 사용된다. 1개의 단일 프로젝터를 사용하는 경우가 많지만 종종 여러 대의 빔 프로젝터를 연속적으로 구성하여 대형화면을 연출하는 경우도 있다.

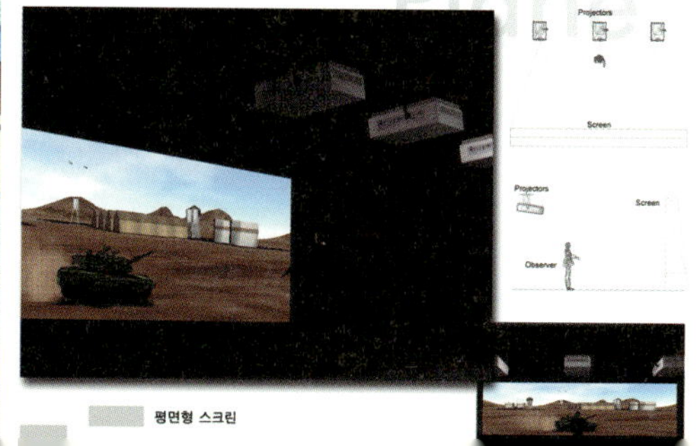

평면형 스크린

DIGITAL E-BOOK

전자책의 형식으로 터치 스크린 모니터를 통하여 관람자가
책을 넘겨가면서 다양한 정보를 볼 수 있도록 한 매체다.

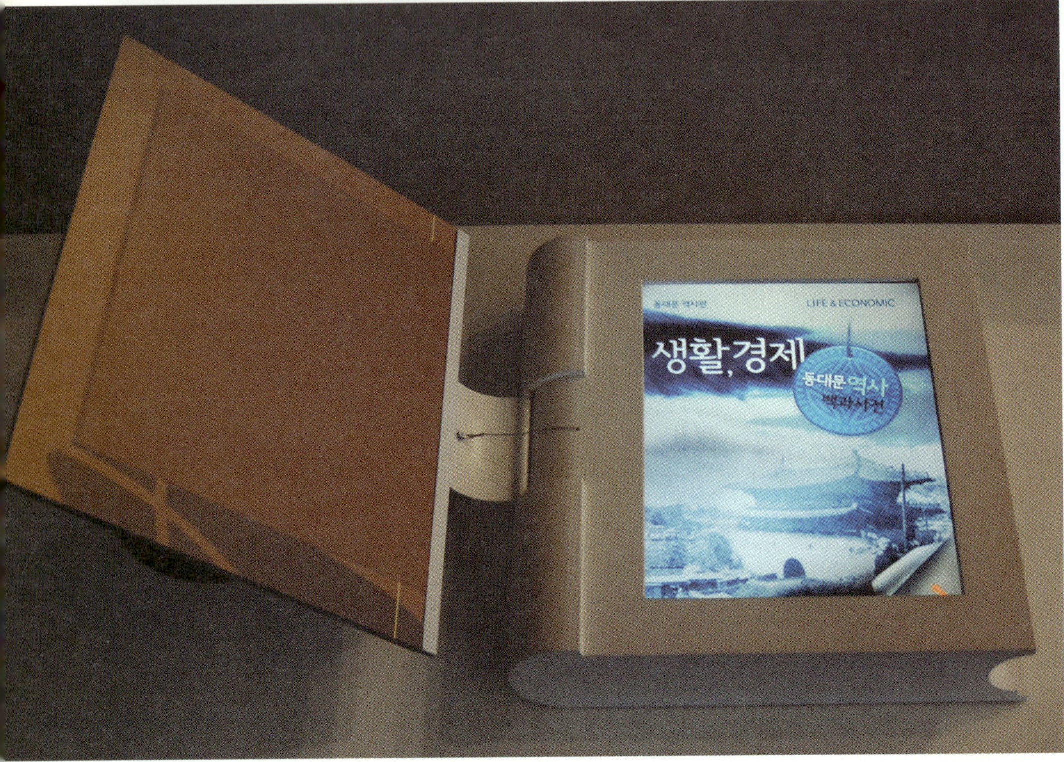

동대문역사관에 사용된
DIGITAL E-BOOK
책의 모양으로 디자인하여 보다 현실감
있고 재미있게 구성하였다. 관람자가 책
의 오른쪽 하단부분을 손으로 살짝 터치
하면 책이 자연스럽게 한 장씩 넘겨진다.

Hologram 3D Display System

3차원 홀로그램 시스템을 활용하여 관람자가 입체적으로 유
물을 검색하고 관찰할 수 있도록 한 전시매체다.

동대문역사관에 사용된
HOLOGRAM 3D DISPLAY SYSTEM
유구지별 유물탐색 체험공간으로 테이
블 위에 있는 유물의 조각(반원형의 둥
근 물체)을 테이블의 화면에 올려 놓
으면 해당유물의 복원된 모습과 유물발
굴 지역이 전면에 나타난다. 반원형의 유
물조각을 손으로 회전시키면 영상에서
도 3D로 360도 회전된 유물을 볼 수 있
도록 하였다.

2.7 자연채광의 활용과 전시조명의 유형

자연채광 활용유형

전시공간에서의 자연채광의 활용방법은 매우 다양하다. 하지만 무엇보다도 전시자료나 유물에 손상을 주지 않는 범위에서 자연채광을 수용해야 하며 특히 종이나 유화 등 자연채광에 그대로 노출되는 경우 큰 손상을 받게 되는 전시자료인 경우는 자연채광을 최소화해야 한다. 하지만 그렇지 않은 경우는 자연채광을 전시공간으로 적극 수용하여 활용하는 것이 보다 풍부하고 부드러운 공간의 분위기와 조도확보에 유리하다. 아래의 diagram은 일반적으로 전시공간에서 활용되는 자연채광 방식의 사례다.

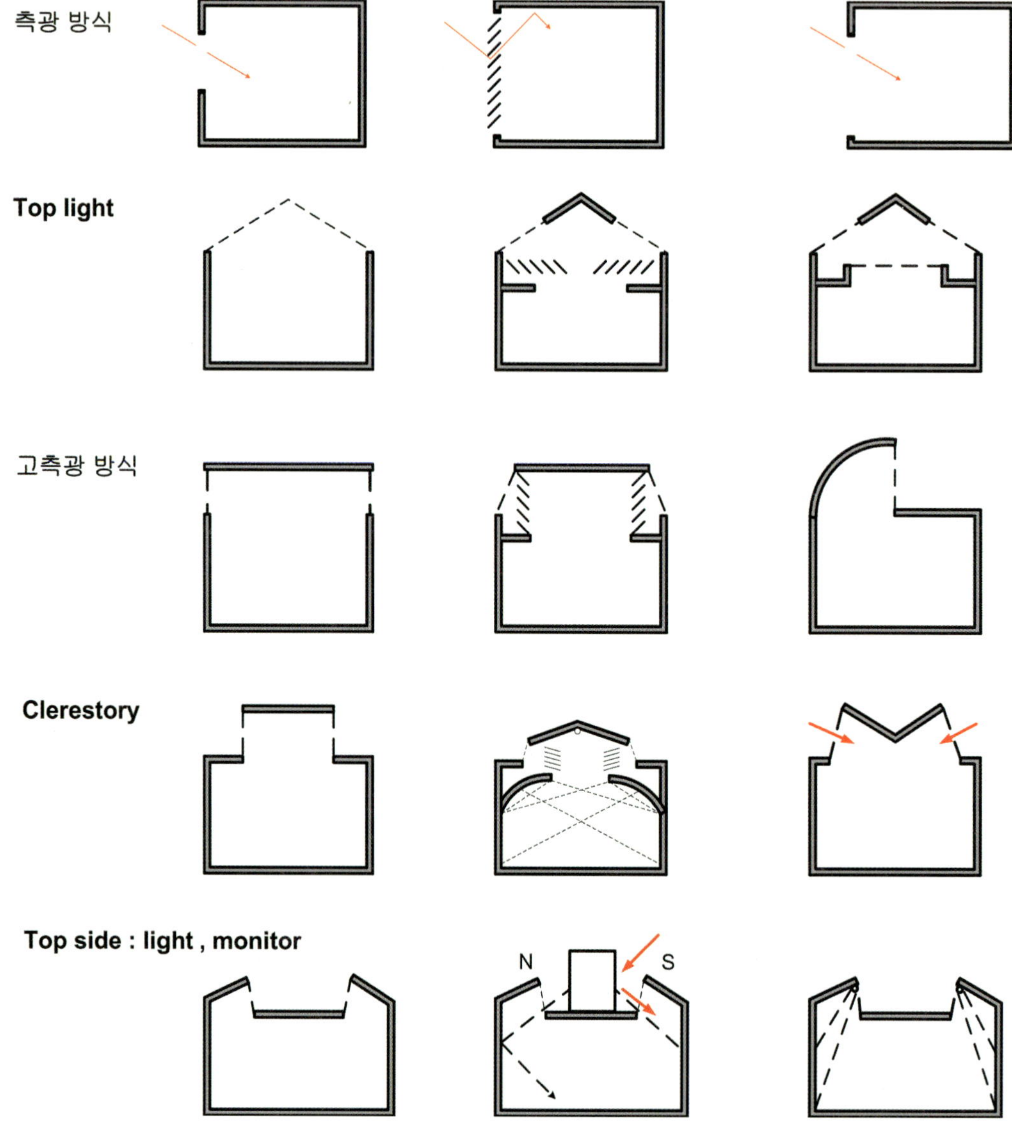

전시공간의 조명사례와 종류

spot light　　일반적으로 전시공간에 가장 많이 사용되는 조명의 유형. 조명부착을 위한 레일을 천장에 설치하여 조명의 위치를 자유롭게 조절할 수 있다.

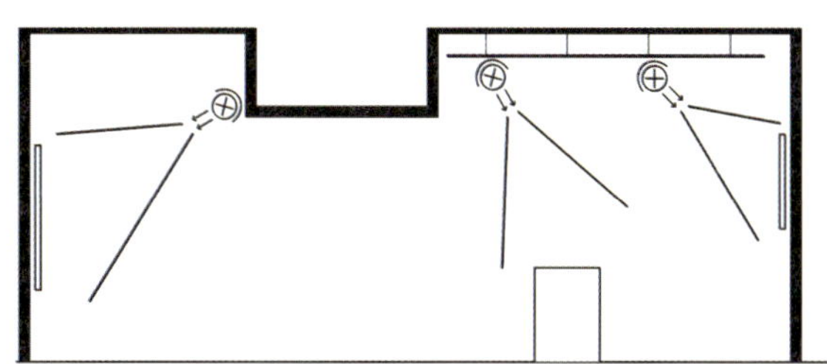

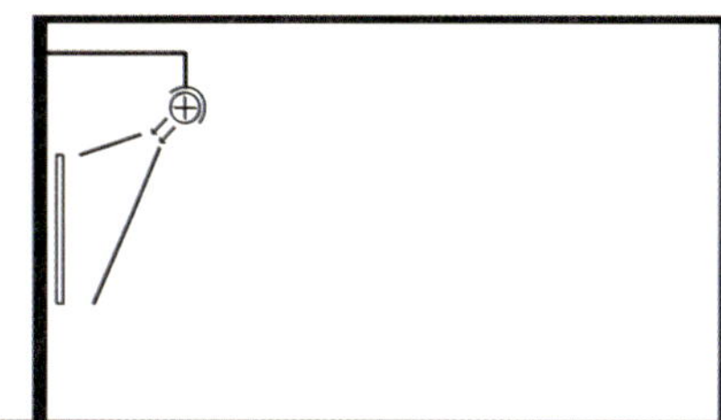

Foot light & Corner light　　쇼케이스 내부 조명방식으로서, 전시물을 위한 조명으로 쇼케이스 내부에 조명을 설치하는 방식이다.

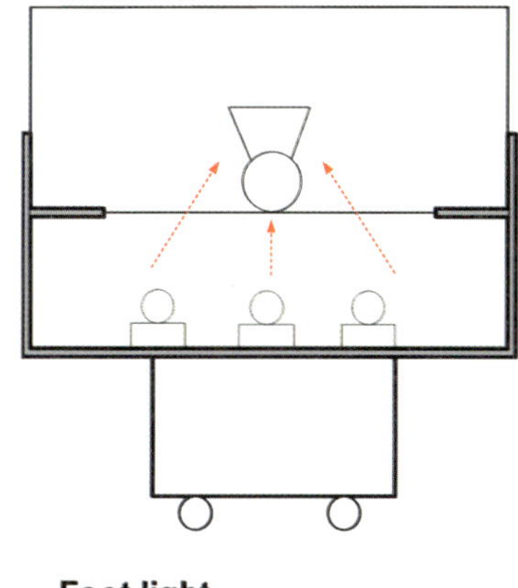

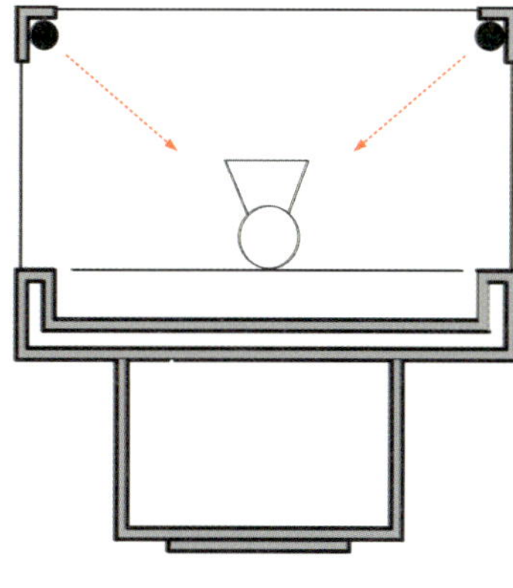

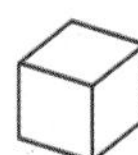 3. 다양한 전시매체를 활용한 전시공간 디자인

3.1 공간활용에 따른 디자인

(1) 벽면 전시 : WALL

가장 보편적인 전시방법의 하나로 수직으로 세워지고 좌우로 펼쳐지는 전시벽면을 형성하며, 공간을 구획, 한정하는 물리적 실체다. 전시공간에 있어서는 시선의 방향성, 배경적 효과, 전시물 지지구조로서의 역할을 한다.

벽면에 영상 모니터, 그래픽 패널, 쇼케이스 등의 전시매체를 통하여 전시정보를 전달한다.

그래픽 패널만으로 벽면을 구성하면 단조로워질 수 있기 때문에 벽면으로 돌출된 쇼케이스나 전시대를 사용하여 실물이나 모형을 그래픽 패널과 함께 전시하는 형태가 많다.

벽면전시의 유형은 쇼케이스나 영상 모니터 등 각종 전시매체를 어떠한 방식으로 연출하는가에 따라서 매우 다양하게 나타난다. 벽면에 그래픽 패널이나 사진, 포스터, 그림 등만으로 구성하는 사례, 벽면에 돌출된 쇼케이스를 설치하는 경우, 벽면에 그래픽 패널이나 실물모형과 독립형 전시 쇼케이스를 함께 구성하는 경우, 벽면의 양 측면에서 모두 전시물을 볼 수 있도록 구성한 양면 돌출형 쇼케이스를 사용하는 경우, 벽면에 쇼케이스를 매립하여 벽면을 활용하는 경우, 벽면에 선반대를 설치하여 전시물을 전시하는 경우 등이 대표적인 사례다.

아래의 그림은 벽면을 활용한 다양한 전시연출의 유형을 정리한 것이다.

144

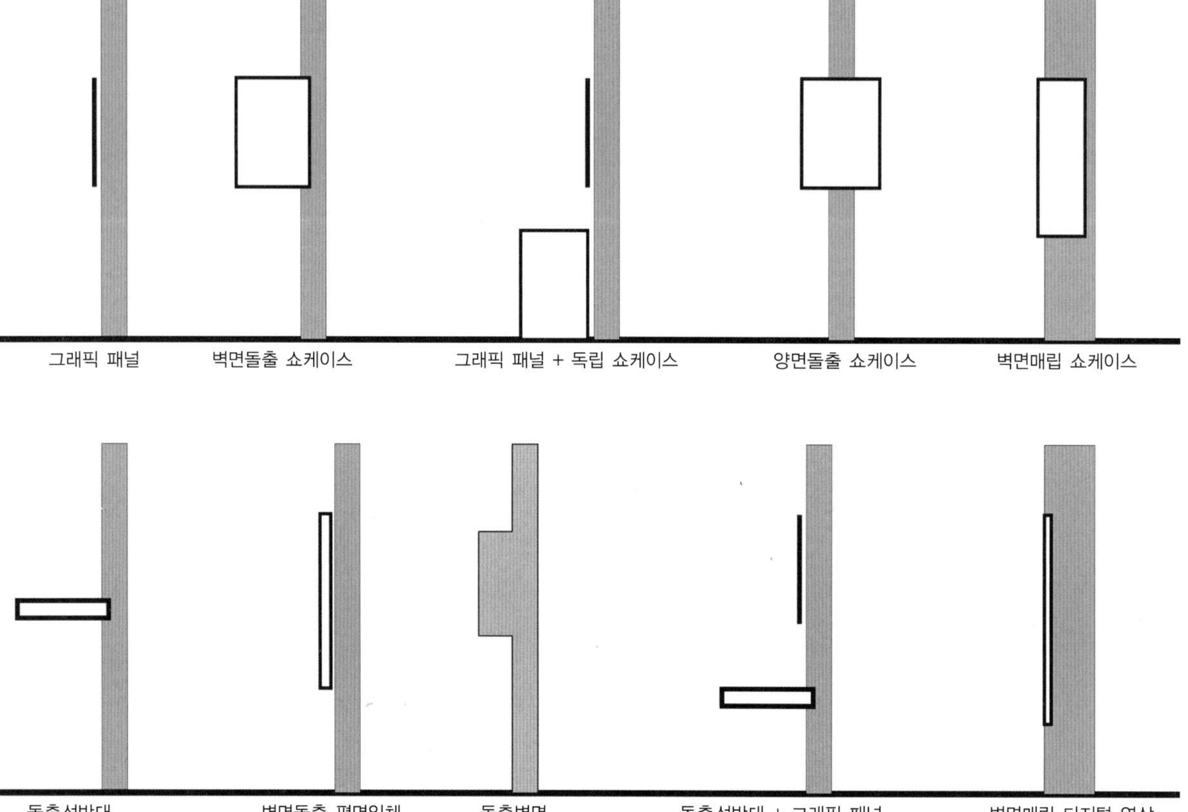

벽면을 활용한 전시형태의 다양한 유형

명화관, 일본
벽면을 그대로 활용하여 그래픽 패널이나 그림, 포스터 등을 설치하여 연출한 사례.
일반적으로 미술관과 같이 벽면에 그림을 그대로 걸어서 전시하는 경우도 이와 같
은 유형에 해당된다.

에도도쿄박물관, 일본
벽면에 그래픽 패널이나 실물모형을 전시하고 벽면 하부에 전시 쇼케이스를 설
치하여 전시를 연출한 사례다.
그래픽 패널 + 독립 쇼케이스 유형에 해당되는 사례.

도쿄국립박물관 평성관
벽면에 쇼케이스를 삽입하여 전체 벽면을 구
성하는 전시연출 사례.
벽면의 형태를 고려하여 쇼케이스를 구성해야
하며, 쇼케이스가 매립될 수 있을 충분한 벽
면의 폭이 확보되어야 한다.
벽면매립 쇼케이스 유형.

창원체험과학관, 한국
벽면돌출 유형으로 벽면에 돌출된 형태
의 또 다른 벽면을 구성하여 조형 입체물
이나 영상 모니터, 실물모형 등을 설치함
으로써 벽면 자체를 보다 입체적으로 구
성하는 연출사례.

창원과학체험관, 한국
돌출선반대 위에 실물모형이 담긴 쇼케이
스를 전시하고 상부에는 그래픽 패널을
통하여 전시를 연출한 사례.
돌출선반대 + 그래픽 패널 유형에 해
당된다.

146

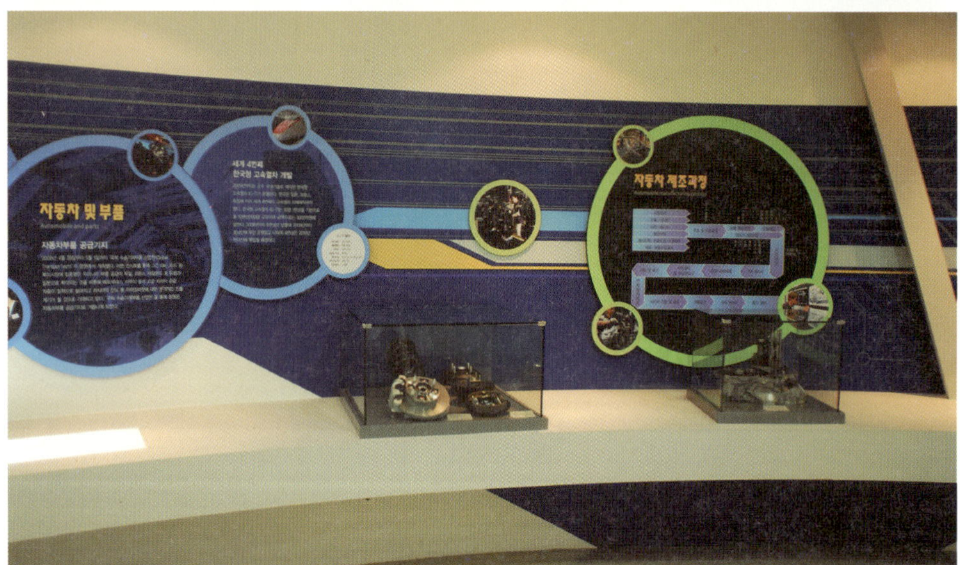

세종이야기, 한국
벽면에 디지털 영상연출이 가능한 매체
를 삽입하여 전체 벽면을 연출한 사례.
벽면매립 디지털 영상유형이다.

(2) 바닥전시 : FLOOR

바닥을 이용하여 전개되는 전시의 총칭으로서 균형이 잡히고, 통일된 구성으로 사방에서 보이는 관람대상이 될 수 있도록 한다. 개방감과 전시면 전체를 조망할 수 있어 주로 입체물과 모형전시에 활용되며, 실물이 중심이 되나 설명판, 사진 등과 같이 구성된다. 바닥부분에 영상이나 그래픽 등을 활용하여 전시하는 경우도 있다.

페론전쟁박물관 : 오목바닥 설치형
전시공간의 바닥을 활용하여 군인들의 다양한 유품을 실물 전시한 사례.
관람자가 4면에서 모두 감상이 가능하도록 동선을 고려한 공간적 여유가 있다.

경기도박물관 : 바닥 위 그래픽 패널
전시공간의 바닥부분 전체를 그래픽과 조명을 활용하여 고지도의 형상을
확대 전시한 사례.

동대문역사관 : 바닥 위 디지털 영상매체 매립형
전시공간 바닥의 일부분에 영상매체를 삽입하여 관람자들에게 흥미를 제공.(인터렉티브 디지털 영상매체 활용)

구 신바시의 철도역사에 대한 기억과 역사에 대한 보존을 위해 그대로 남겨둔 바닥전시로 활용.

부산박물관 전시실의 바닥전시 연출과 도면사례.

부산시립미술관 바닥전시(바닥 위 실물전시)
향을 전시하는 공간체험을 바닥전시를 통해 구현.
바닥에 향이 나는 재료를 설치한 설치미술.

old shimbashi 철도역사전시실, 일본
바닥 매립형 전시사례.
철도역사 부지의 바닥부분을 그대로 보존하여 이를 공간의 바닥전시로 활용
한 바닥 매립형 사례.
구 신바시의 철도역사에 대한 기억과 역사에 대한 보존을 위해 그대로 남겨둔
바닥을 전시자료로 활용.
역사적인 장소에 대한 보존의 좋은 사례다

합천댐물문화관
바닥부분에는 지도가 그래픽으로 처리되어 있고 벽면에는 PDP 영상 매체가 있다. 관람자가 바닥에 있는 지도의 특정부분을 발로 밟으면 붉은 색으로 빛이 나면서 영상에는 담수지역에 대한 설명영상이 재생된다.

아래 다이어그램은 바닥을 활용한 다양한 전시유형을 정리한 것이다.

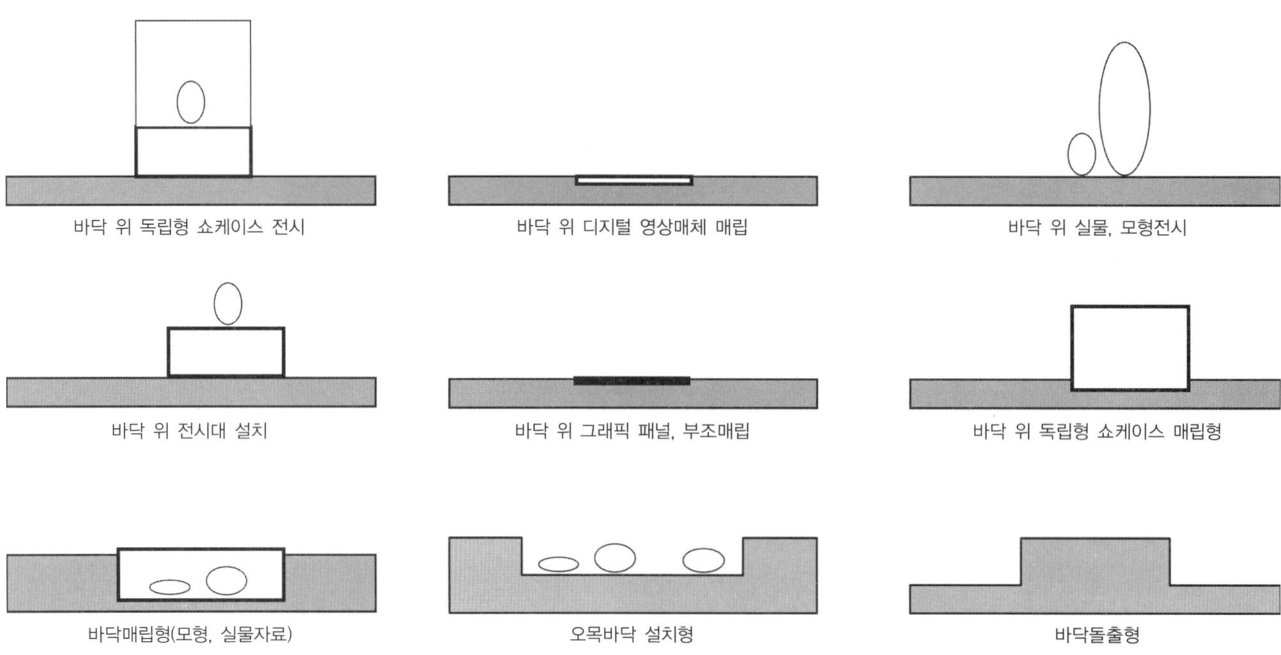

바닥 위 독립형 쇼케이스 전시는 일반적인 아일랜드형 전시의 전형적인 유형이다. 관람객들이 쇼케이스를 둘러 볼 수 있도록 동선과 공간상의 배려가 필요하다. 바닥 위 디지털 영상매체 매립유형은 전시실의 바닥 일부분을 활용하여 첨단 디지털 매체를 삽입하여 전시연출 효과를 기대하는 형태다.

바닥 위 실물, 모형전시 유형은 전시실의 바닥을 그대로 활용하여 실물이나 작품, 모형 등을 설치하는 형식의 전시유형이며, 바닥 위 전시대 설치는 운석이나 공룡모형 등 전시대를 바닥에 설치하고 그 위에 전시물을 올려 두어 관람자들이 전시실 바닥 높이보다는 조금 높은 위치에서 관람하도록 전시연출을 하는 유형이다.

바닥매립 유형은 바닥부분의 일부분을 파내어 실물자료나 모형 등을 바닥 하부에 설치하는 경우의 전시다.

일본 신바시에 자리 잡은 철도 역사박물관의 사례와 같이 역사적인 장소나 부분적으로 남아 있는 옛 터를 보존하기 위하여 전시공간의 바닥 일부분을 강화 아크릴이나 강화유리로 마감하고 전시실 바닥 하부에 옛 철도역사의 터 일부를 보존

하여 보여주는 사례도 이와 같은 유형에 해당된다.

오목바닥 설치유형은 페론전쟁박물관에서의 사례와 같이 전시실 바닥의 일부분을 깊이 10cm에서 20cm 정도 파내고, 파내어진 전시실 바닥부분에 쇼케이스 없이 그대로 실물자료나 모형 등을 설치하는 전시연출 방법이다.

관람자가 사방에서 둘러보면서 관람이 가능하도록 전시배치상의 고려가 필요하며 너무 깊이가 깊게 구성되면 관람자들이 시·지각적으로 관람하기에 불편함을 느끼게 되므로 이에 유의해야 한다.

바닥돌출 유형은 전시실의 바닥이 관람자가 걸어다니는 바닥 레벨과 다르게 구성되어, 돌출되거나 높이가 있는 다른 레벨을 구성하여 전시자료를 설치하는 경우다. 전시자료가 위치하게 되는 높이가 높아지기 때문에 관람자가 관람하기에 적절한 높이를 설정해야 하며 일반적인 관람시선의 높이 160cm를 넘는 높이로 구성하면 전시자료를 관람자가 편안하게 관람하기에는 불편함을 느끼게 된다. 미술관의 조각 등을 설치하는 경우 많이 사용되는 연출방법이다.

(3) 천장전시 : CEILING

천장을 배경으로 하여 전시물을 부착하는 방법과 천장화와
같이 천장면 자체가 전시면이 되는 경우가 있으며, 각의 시각
성이 좋은 조건에서는 매우 다이내믹한 전시효과가 생긴다.
천장에서 와이어 등을 활용하여 전시물을 공중에 매다는 방
식의 전시연출도 천장을 이용한 전시에 해당된다. 일반적으
로 우주를 유영하는 우주인이나, 하늘을 날아다니는 새, 바
다 속을 무리를 지어 헤엄치는 어류 등을 실제모습과 유사하
게 전시연출하기 위하여 높은 층고나 공간을 활용하여 공중
에 전시물을 연출하는 전시기법이다.

도쿄국립과학박물관
다양한 어종의 실물크기 물고기를 공중에 매달아 바다 속에서 유영하는 어류의
모습을 실제와 유사하게 연출한 사례.

국립과천과학관
비행기를 높은 천장을 활용하여 천장부분에 매달아 비행기가 실제 날고 있는 모습으로 연출.

ABOVE   국립과천과학관의 전시사례로, 우주비행사가 우주를 유영하는 모습을 재현하는 것과 같이 공중에 우주인 모형을 설치하고 우주선 또한 공중에 매달아 전시.

BELOW   도쿄국립과학박물관의 전시사례로, 천정면의 일부분을 활용하여 일본에서 가장 길이가 긴 미역을 전시하고 있다. 천장공간을 재미있게 활용한 아이디어가 있는 사례다.

도쿄국립과학박물관
공룡 뼈의 모습을 그대로 재현하여 천장
에 매달아 전시하고 있다.

천장을 활용한 전시연출 기법은 아래 diagram과 같은 다양한 유형이 있다.

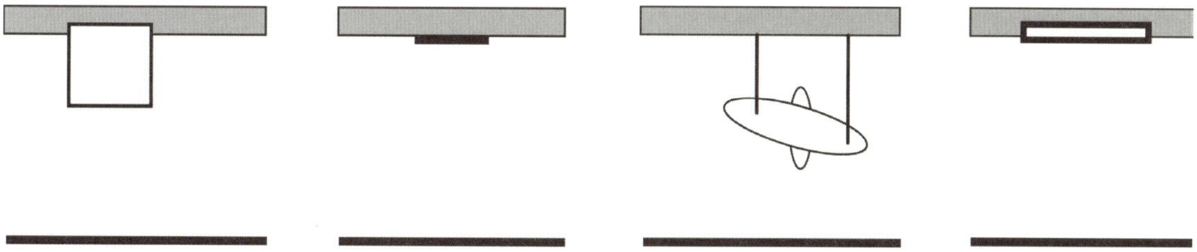

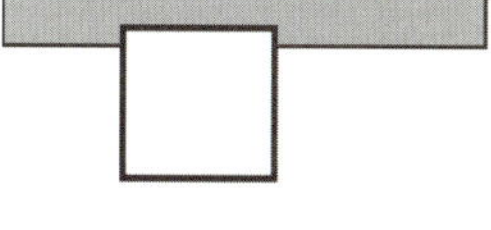

천장면 쇼케이스 부착

천장면 돌출 / 활용

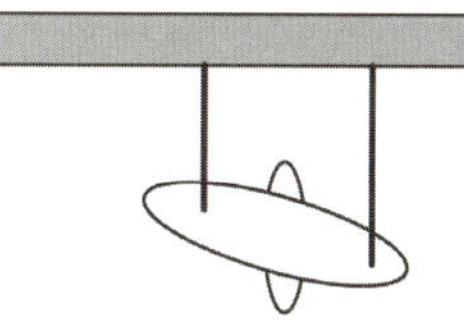

천장에 매달기

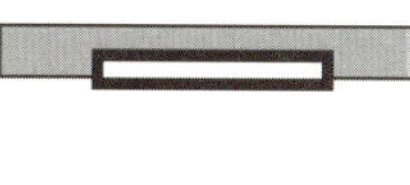

천장면 전시매체삽입

(4) 공간설치 : INSTALLATION

공간설치형 전시기법은 전시공간의 일부분을 활용하여 전시자료를 연출하는 방법이다.

일반적으로 축소모형이나 실물을 사용하며 미술관의 경우는 작가의 작품을 전시공간에 설치하여 관람자들에게 보다 흥미롭고 다양한 전시감상이 가능하도록 하는 연출방법이다.

공간설치형 전시연출 기법은 관람자들의 흥미를 유발하기 좋은 전시연출 방법이지만 평면계획상의 위치선정이나 층고, 공간규모 등에 대한 고려가 요구된다.

창원과학체험관
월면차 모형과 우주인 모형을 사용하여 전시연출하고 있다. 배경으로는 우주공간을 연상하게 하는 그래픽으로 처리하고 바닥은 달의 표면과 유사하게 연출하고 있다. 관람객들이 우주인 모형이나 월면차에서 사진을 찍을 수 있는 포토존을 겸한 연출기법이다.

부산시립미술관
미술관의 일부공간을 활용하여 작가의 의도대로 작품을 구성하여 연출한 사례다. 관람객들은 보다 다이내믹하고 흥미로운 감상을 할 수 있다. 작품의 보존을 위한 가이드 레일 설치도 고려해야 한다.

에도도쿄박물관
역사적인 의미가 있는 다리를 축소모형
으로 제작하여 전시공간 일부분에 설치
한 연출사례다.
관람자는 다리를 건너가면서 전시공간
상부의 영상을 볼 수 있으며, 또한 실제
공간감을 보다 현실감 있게 경험할 수 있
다. 다리를 통해 전시장 전체를 내려다
볼 수 있도록 연출하고 있다.

도쿄국립과학박물관
실제 자연의 생태계를 그대로 재현하여
전시연출하고 있는 사례다. 관람자는 숲
속에 있는 듯한 경험을 할 수 있으며 숲
속의 여러 동식물과 간접적으로 만나볼
수 있는 체험이 가능하다.

오사카역사박물관
일본 오사카의 역사를 담고 있는 박물관
으로 역사의 단편을 재현, 전시하고 있다.

156

Museum fur Moderne Kunst–frankfrut
전시공간의 일부분을 활용하여 작가의
의도에 따라 전시작품을 설치하여 연출
한 사례다.
종종 전시공간이 작품의 좋은 배경이 되
기도 한다. 너무 화려하고 과한 공간 디
자인이 오히려 전시작품 설치에 방해
가 되는 경우도 있기 때문에 특히 미술
공간의 설계에서는 이에 대한 고려도 필
요하다.

3.2 전시연출과 매체활용에 의한 디자인

(1) 전시연출 방법과 매체에 따른 디자인

아일랜드(Island) 전시

전시물이 벽면과 천장의 한계를 떠나 주로 입체물을 중심으로 하여 공간적으로 배치되는 방법이다.

입체적인 성격에 따라 모든 방향에서의 시각이 가능하다. 독립된 전시공간의 전체가 공간적으로 쓰일 수 있어야 하며 관람객의 동선이 전시물 사이를 지날 수 있어야 한다.

벽이나 천장을 직접 이용하지 않고 전시물 또는 전시장치를 배치함으로써 전시공간을 만들어내는 기법이다. 관람객의 동선이 전시물 사이를 통과할 수 있도록 하며, 입체적인 전시물의 성격에 따라 모든 방향에서 관람이 가능하게 한다.

국제탈공연장, 한국, 남해
아일랜드형 쇼케이스 사용

동명대학교 기념관, 한국, 부산
아일랜드형 쇼케이스 사용

일반적으로는 아일랜드형 쇼케이스를 사용하여 전시공간을 구성하지만 종종 전시 부스 자체를 아일랜드형으로 제작하여 전시공간에 설치하는 경우도 있다. 아일랜드형 전시는 관람객이 전시물의 4면을 감상하거나 조작하는 체험 전시물인 경우, 충분한 여유공간이 필요하다.

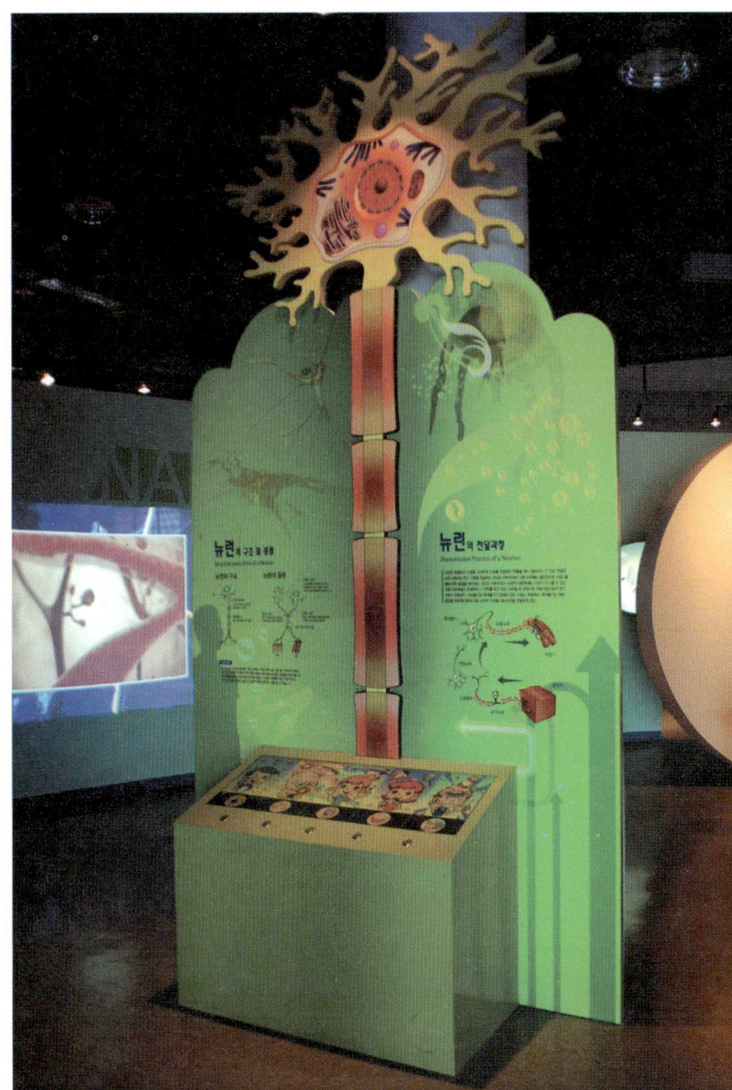

창원과학체험관, 한국, 창원
아일랜드형 전시 부스 사용

NEMO, 네덜란드, 암스테르담

과학체험 전시 부스를 아일랜드형으로 전시한 사례.
체험형 부스의 아일랜드형 전시는 4면에서 관람자가 전시물을 관람 할 수 있
는 장점이 있지만 공간에 충분한 여유가 없는 경우에는 오히려 혼잡함을 유발
할 수 있다.

The 'Food & Agriculture' Museum Tokyo University of Agriculture, 일본, 동경

유리 선반대로 구성된 아일랜드형 쇼케이스 전시구성.
유리로 구성된 쇼케이스의 경우는 관람자의 시선이 쇼케이스의 반대측까지 열
리게 되기 때문에 전시관람에 집중하기 어렵다. 따라서 좁은 전시공간에서의
사용은 관람자의 전시집중도를 떨어뜨리게 된다.

158

MOMA, Newyork

작품을 그대로 전시공간에 아일랜드형으로 설치하여 전시
한 사례.
아일랜드형의 전시배치는 관람자가 전시물의 4면을 모두 자
세히 관찰할 수 있다는 점에서 유리하나, 관람자들의 움직
이는 동선이 불명확해져 관람에 혼잡이 가중될 수 있다.

디오라마(diorama) 전시

전시물의 입체감과 환경감을 현장성에 충실하도록 표현하기 위한 기법으로 하나의 사실 또는 주제의 시간상황을 고정시켜 연출한다. 또한 주제가 되는 중심 오브제는 실물크기의 모형 또는 현물로서 독립시켜 전시한다. 하나의 사실 또는 주제의 시간상황을 고정시켜 연출하는 것으로 뒤에 그림이나 사진을 비추어 현장감 있는 느낌을 가지고 관찰할 수 있는 전시기법이다. 배경이 되는 벽면과 모형 등으로 구성하여 전시연출되는 경우가 많다.

부산어촌민속관, 한국, 부산
부산 어촌의 모습을 디오라마의 형태로 구현하여 실제감 있는 공간을 전시연출하고 있다.

거제도포로수용전시관
전쟁포로들의 생활상을 디오라마 형식으로 연출하고 있다.

160 **남해 마늘나라**
남해지역의 마늘농경에 대한 재현모습. 배경 이미지와 모형을 통하여 전시연출.

명성황후기념관
전통한옥 건축모형과 배경 이미지 등을 통하여 시대적 장면을 디오라마로 연출.

파노라마(panorama) 전시

연속적인 주제를 선적으로 연계성을 표현하기 위한 전시로 벽면전시와 입체물이 병행되는 것이 일반적이며 넓은 시야의 전경을 보는 듯한 느낌을 주는 전시기법이다.

모형, 모니터, 그래픽 패널 등 다양한 전시매체를 사용하여 하나의 주제를 다양한 전시형태로 보여주는 전시기법이다. 일관성 있는 하나의 전시 대주제를 가지고 다양성 있는 소주제들을 전시자료를 통해 보여주는 방식이다.

도쿄국립과학관의 파노라마 전시연출 사례

동명기념관의 전시연출 사례
동명대학교 설립자의 유지와 학원의 역사를 하나의 일관된 전시주제로 하여 사회에 헌신, 절제된 삶, 근검절약의 교훈, 균형의 철학 등을 연계성 있게 연출하고 있다. 실물자료와 그래픽 패널을 중심으로 연출하고 있다.

하모니카(harmonica) 전시

전시내용이 통일된 형식 속에서 규칙, 반복되어 나타나며, 전시항목 구분이 짧고 명확할 때 쓸 수 있는 방법으로 전시체계를 질서 있게 구성할 수 있다.

전시평면이 하모니카 흡입구처럼 동일한 공간으로 연속되어 배치되는 전시기법으로 동일한 종류의 전시물을 반복하여 전시할 때 유리하다.

공간의 연속성을 유지하면서 시대순으로 전시를 기획하거나 흐름을 가지는 전시자료를 연출하기 적당한 전시연출 방법이다.

지루한 전시공간 연출이 될 수도 있으나 전시자료의 구성과 연출상의 다양성을 가미한다면 관람자가 전시자료를 이해하기 쉽도록 구성하는 연출방법으로 적합하다.

도요타자동차박물관
시대별로 구분하여 자동차의 역사와 시대상을 대표하는 전시자료를 함께 전시연출하고 있다.
박스 형태의 동일한 전시공간을 하모니카 형식으로 연속적으로 구성하면서 시대순으로 년도별로 생산된 자동차와 생활용품, 자동차 부품 등을 함께 전시하여 연출하였다. 각 시대별 자동차와 그 시대의 생활상을 한눈에 볼 수 있도록 연출한 사례다.

(2) 체험유형에 따른 디자인

DEMONSTRATION TYPE (설명식 전시)

관람객의 흥미를 유발하기 위해 전시물 자체가 동작하거나 말을 하게 함으로써 관람객이 손쉽게 전시물을 이해할 수 있도록 한다. 현장감과 함께 간접적인 체험을 가능하게 하여 관람객의 집중도를 높일 수 있다.

영상이 전시물과 함께 구성되어 영상에서 나오는 해설을 관람자가 청취할 수 있도록 구성하는 사례나 센서에 의해 작동하는 음향시설을 통하여 관람자가 전시물에 대한 설명을 전시물을 보면서 그 자리에서 들을 수 있도록 구성하는 연출 사례가 많다. 종종 박물관에 종사하는 전시 해설자가 전시물을 직접 설명하는 경우도 있다.

나비 생태관, 한국, 남해
센서에 의해 작동하는 천장부분의 음향 스피커 장치를 통하여 관람자가 전시자료에 대한 설명을 들을 수 있도록 연출하고 있다. 그래픽 패널과 귀뚜라미의 확대모형을 함께 전시연출 매체로 활용하고 있어 관람자의 이해도를 높이고 있다.

부산어촌민속관, 한국, 부산
센서에 의해 작동하는 음향 스피커와 벽부형 쇼케이스에
디오라마 전시로 구성된 연출을 통하여 관람자들의 이해를 돕는다.

부산어촌민속관, 한국, 부산
그래픽 실사출력 이미지와 사진자료를 통하여 벽면의 전시연출을 구성하고
관람자들이 헤드셋을 통하여 낙동강 유역의 전설이나 민요 등의 설명과 소리를
들을 수 있도록 전시공간을 연출하였다.

BUTTON TYPE (버튼 조작식 전시)

전시공간에서 매우 유용하며 일반적으로 많이 사용하는 전시매체다.

간단하게 버튼을 누르는 조작만으로 관람자는 다양한 전시정보를 볼 수 있다. 버튼에 의한 전시매체도 그 연출방법에 따라서 다양하게 디자인이 가능하다.

버튼 조작을 통한 전시연출은 간단하고 쉽게 관람자들에게 흥미를 줄 수 있는 전시매체이며, 관람자들이 버튼을 누르면서 발생하게 되는 모형의 움직임이나 영상, 조명 램프 등에 대한 추측과 호기심을 유발할 수 있다.

도쿄국립과학박물관
일본의 해수 어종에 대한 정보를 버튼 조작으로 볼 수 있다. 하단에 있는 작은 버튼을 하나씩 관람자가 눌러보면 전면에 있는 그래픽 패널의 지도에 설치된 램프에 불이 켜지면서 그 서식위치와 물고기의 이미지를 볼 수 있도록 연출하였다.

도쿄국립과학박물관
전자현미경을 통하여 다양한 미세생물의 확대된 모습을 관찰할 수 있도록 하고 있다. 관람자가 오른쪽 하단에 있는 두 개의 버튼을 누르면 현미경 하단에 원형 테이블이 오른쪽과 왼쪽으로 돌아가면서 11종의 자료를 볼 수 있다.

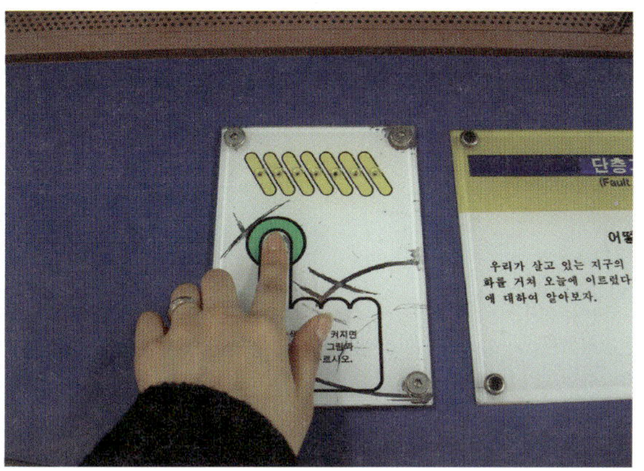

부산어린이회관 기초과학실
단층과 습곡의 모형을 전시연출하고 있다.
전시대에 설치된 패널에 녹색 불이 들어오면 사진에서와 같이 관람자가 손으로 버튼 부분을 누르도록 연출하였다.
단층이 갈라지는 모습과 지층이 힘을 받아 휘어지면서 습곡을 만드는 모습을 모형으로 연출하였다.

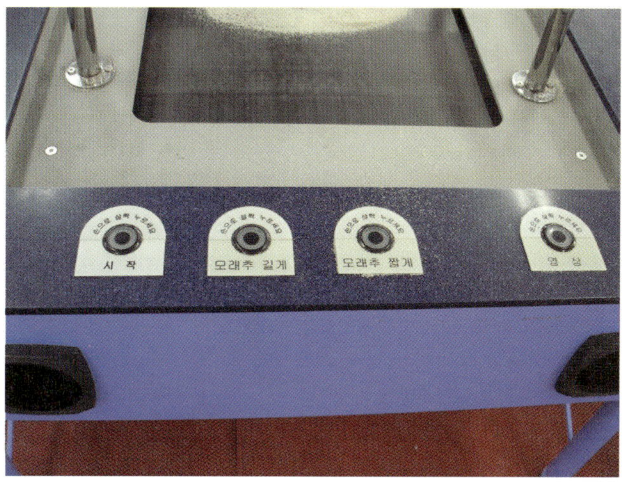

부산어린이회관 기초과학실
추의 원리를 재미있는 놀이를 통하여 어린이들이 학습할 수 있도록 전시를 구성하였다. 관람자가 4개의 버튼 중에 하나를 선택하여 누르면 모래추가 움직이면서 그림을 그리도록 연출되었다.

PARTICIPATION TYPE (참여형 전시)

관람객이 직접 참여하여 작동하는 전시형태로 직접 작동함으로써 복잡한 설명을 요구하는 전시물을 쉽고 간단하게 이해할 수 있도록 하여 전시효과를 극대화한다. 재미와 흥미가 있는 전시연출을 통하여 관람객들의 자발적인 참여를 유발할 수 있는 동적 체험전시 연출의 유형이다. 관람자가 단순하게 전시자료를 관찰하거나 감상하는 방식에서 벗어나 직접 관람객이 전시연출을 경험하고 스스로 전시내용을 이해해 가도록 의도하는 전시연출 기법이다. 방송에서의 아나운서 체험이나 과학원리 실험에 참여하는 것도 참여형 전시연출의 좋은 사례다.

나고야시과학관, 일본
관람자가 직접 아나운서가 되어 방송하는 장면을 체험할 수 있도록 전시연출이 구성되고 있다.
관람자는 자신이 방송에 출연하여 모니터를 통하여 직접 일기예보 등의 방송을 경험한다.
아나운서가 꿈인 관람자에게는 좋은 경험이 될 수 있다.

MENO, 네덜란드, 암스테르담
과학의 원리를 어린아이 관람객이 직접 참여하여 경험해 볼 수 있도록 전시를 구성하였다. 보조요원이 아이들과 함께 과학의 기초원리를 설명하고 아이들에게 직접 실험에 참여할 수 있는 기회를 제공한다.
매우 적극적인 유형의 참여형 전시라 하겠다.

HANDS ON & EXPERIENCE TYPE (오감체험형 전시)

관람객의 오감을 통한 직접 체험으로 효과를 극대화시킬 수 있다. 관람객의 흥미유발 및 전시물에 대한 이해를 촉진시킨다. 일반적인 HANDS-ON 전시도 이에 해당된다. 관람객이 직접 만져볼 수 있도록 하여 시각적인 감상과 함께 냄새나 촉감 등을 체험할 수 있도록 하는 전시연출 방법이다. 현대의 전시공간에서는 이러한 체험 위주의 전시기법이 매우 적극적으로 사용되고 있으며 관람자가 전시물과 직접적으로 소통할 수 있는 좋은 전시연출 방법이라 하겠다.

도쿄국립과학박물관
대표적인 hands on 전시유형으로 관람자가 곤충의 일부분을 직접 만져 볼 수 있도록 전시연출하고 있다.

도쿄국립과학박물관
어린아이가 화석을 끌어 앉고 즐거워하고 있다. 관람자는 화석을 직접 만져보며 체험할 수 있는 기회를 가진다.

도쿄미래관
조작 버튼과 조이스틱 등을 활용하여 관람자가 작동모형을 직접 운전해 보거나 움직임을 만들어 보는 체험전시.

창원과학체험관
운석 만져보기 체험으로 관람자는 쇼케이스 내부에 전시되어 있는 운석의 실제크기 모형을 직접 만져 볼 수 있다. 쇼케이스 전면에 부착된 그래픽 패널과 함께 운석의 촉감, 형태를 자세하게 학습할 수 있도록 연출되었다.

도쿄국립과학박물관
관람자가 나무의 무게감을 손으로 직접 들어 체험해 볼 수 있도록 전시를 연출하고 있다. 관람자는 나무의 질감과 무게를 서로 비교해 보고 느낄 수 있다.

도쿄국립과학박물관

과학의 원리를 관람객이 회전하는 기기를 이용하여 체험하고 있다. 관람자가 회전하는 손잡이를 돌리면 전시 부스 내부의 과학장치가 움직여 프로펠러가 돌아가는 과학의 기초원리를 설명하는 방식이다. 과학실험을 해 볼 수 있는 체험연출 방식이다. 일반적인 과학관에서 많이 사용하는 전시방식이다.

오사카역사박물관

토기복원 체험공간이다.

관람자는 자석형태로 구성된 토기의 원본 틀에 자기의 조각을 붙여서 완성된 토기의 모습으로 복원해 나가는 과정을 경험하게 된다. 이를 통하여 토기의 모습을 이해하고 복원의 과정까지 간접적으로 체험해 볼 수 있는 방식의 참여형 전시라 하겠다.

평화기념전시자료관, 일본, 동경
체험 코너로 관람자가 전쟁 중에 사용했던 수기, 모스 부호, 병사들이 사용했던
거울, 식기, 지급식량, 배낭, 의류 등을 직접 만져보거나 간단하게 작동해 볼 수
있도록 다양한 전시자료를 배치하고 있다.

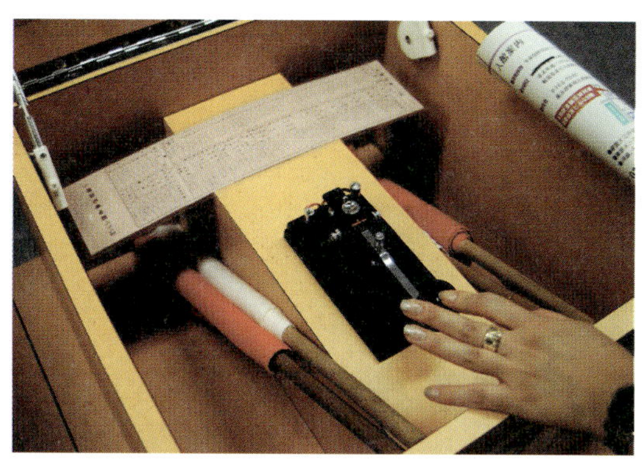

평화기념전시자료관, 일본, 동경
전쟁 중에 사용되었던 수기신호와 모스 부호를 사용한 통신수단
장비를 관람자가 체험해 볼 수 있도록 연출하였다.
관람자는 수기를 들고 올렸다 내리면서 신호를 보내거나 모스 부
호를 보면서 직접 통신해보는 경험을 할 수 있다.

창원과학체험관
관람자가 자전거에 올라가 페달을 돌리면
화면에는 숲의 장면이 연출되어 자신이
마치 숲속에서 자전거를 타는 간접체험
을 하는 전시연출을 하고 있다. 실물 자
전거 두 대와 하프 미러가 사용되었다.

172

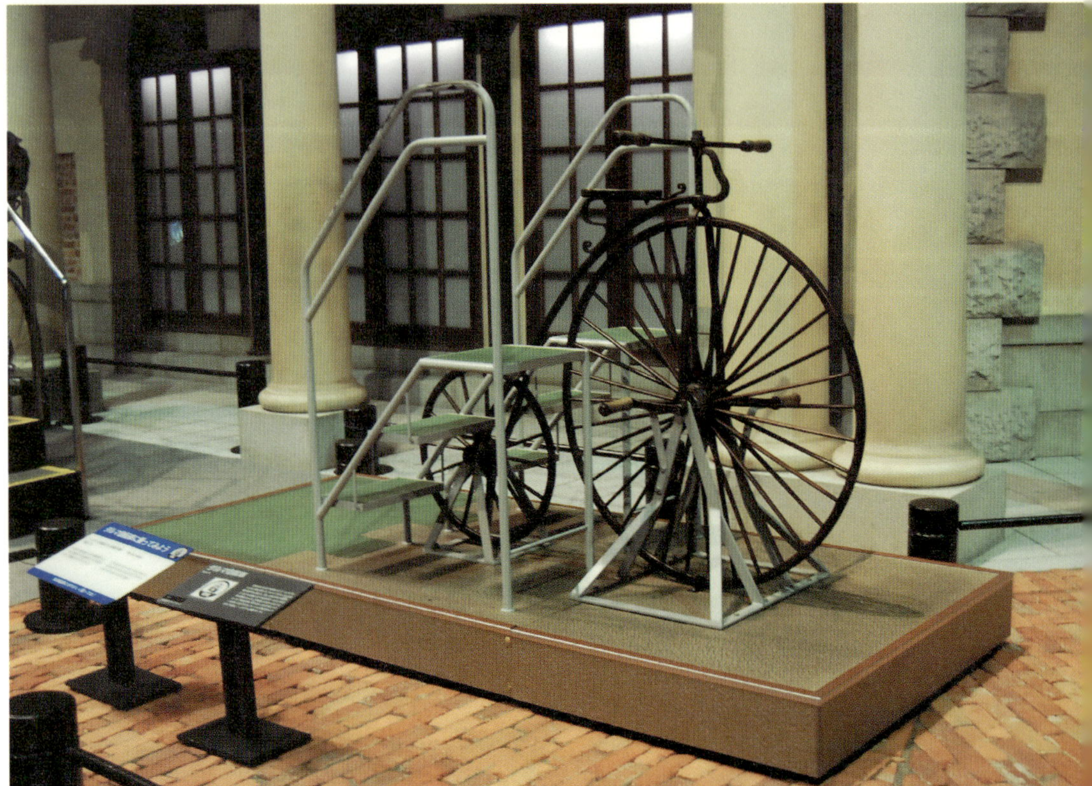

에도도쿄박물관
에도 시대의 자전거를 설치하여 관람객이
직접 만져보고 타 볼 수 있도록 연출.

EXHIBITION TYPE OF MUSEUM

1. ART GALLERY

MARUGAME GENICHIRO–INOKUMA MUSEUM OF CONTEMPORARY ART (MIMOCA)

丸市猪熊弦一現代美術館 / 763-0022 香川縣丸龜市浜町80-1(JR丸龜驛前) / http://www.mimoca.org/

부지면적 : 5,974.5㎡
건축면적 : 3,603.9㎡
연면적 : 8,000.0㎡
규모 : 지하 1층, 지상 3층
구조 : RC조, SRC조
건축가 : Yoshio Taniguchi

일본의 마루가메 시는 현대미술 화가인 이노쿠마 겐이치로가 그의 작품을 기증하여 그 작품들을 수용할 수 있는 미술관을 건립하기로 결정하였다. 부지는 마루가메 역의 바로 맞은편으로 시 당국은 미술관건축에 적극적으로 협력하였다. 계획안은 화가인 이노쿠마와 건축가인 다니구치가 공동으로 미술관 초기 디자인에서 전반적인 모든 사항을 서로 논의하여 진행하였다.

이노쿠마는 건축과 공간 디자인에 대해서 풍부한 공간을 만들어 달라는 요구 이외에는 다니구치에게 모든 권한을 일임하였으며, 미술관은 철도역 앞에 있는 광장의 정면에 직사각형의 메스로 계획되었다. 기획전시실은 전시작품 설치를 위해 스카이 라이트에 의한 자연채광을 받아들일 수 있도록 계획되었으며, 강당, 미술자료실, 스튜디오, 레스토랑, 그리고 미술관에 부속된 다양한 부속시설들은 외부광장을 향한 대형계단을 통해 직접 진입이 가능하도록 디자인하였다. 또한 미술관과 공용도서관 양쪽의 관리사무실은 건물의 북쪽으로 배치되었다.

다니구치는 미술관 정면에 돌 벽화(이노쿠마의 작품 12개 중 하나를 선택하여 흰색 대리석 벽에 새겼다.)를 설치하여 철도역사 앞의 공공환경 디자인에까지 그 역량을 발휘하였다. 다니구치의 계획은 미술관을 포함한 철도역사의 광장부분을 모두 포함하는 것이었고 도시의 context와 조형화된 건축물이 상호 교감하게 하고 이러한 요소들과 작품들 사이의 상호관계를 연결시킴으로써 완성된 미술관을 구축하였다.

각 층별 평면도 (자료 출처: 미술관 브로슈어 스캔)

1. 진입광장
2. 인포메이션
3. 뮤지엄 숍
4. 도서실
9. A Gallery(오른쪽)
   B Gallery(왼쪽)
13. 강당
14. 기획전시실

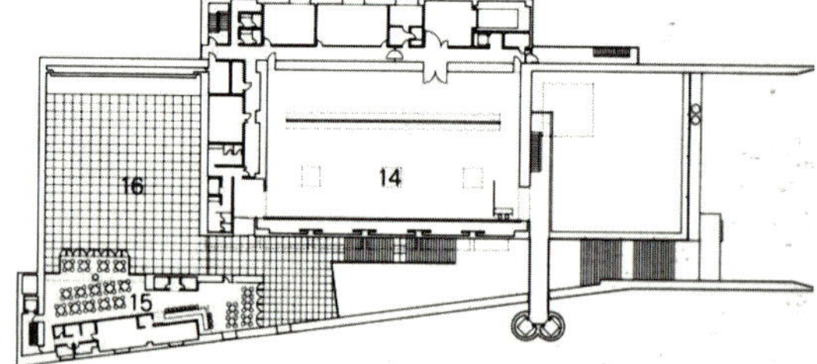

Fourth Floor Plan

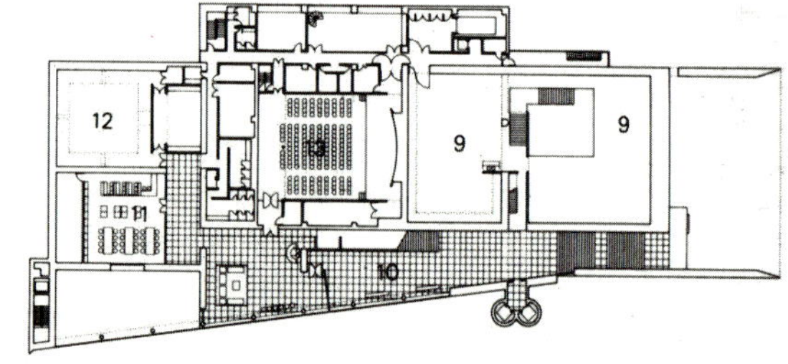

Second and Third Floor Plan

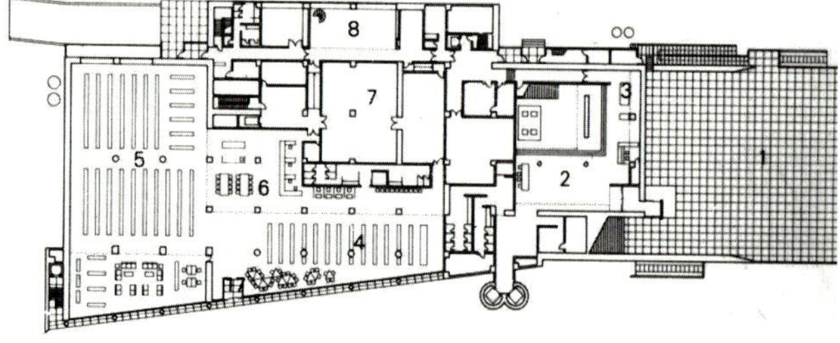

First Floor Plan

2층 A gallery 부분

노출 콘크리트 면과 전시벽면, 바닥의 우드 플로링이 화려하지 않은 공간을 연출하고 있다.
B gallery와 비교하여 천장고가 낮은 전시실이다. 화이트 벽면이 조용히(?) 작품의 배경이 되어 주고 있다.
미술작품을 전시하는 공간이라면 복잡하고 화려한 공간구성보다는 오히려 단순함이 그 빛을 더해 줄 수 있다.

A gallery의 전시실

높이는 3,700mm이며 트랙 라인의 조명간격은 2,664mm이다. 또한 아일랜드형으로 배치된 쇼케이스는 두께 12mm의 글라스를 사용하였고 높이는 하부 300mm, 상부 글라스의 크기는 300mm다.

2층 B gallery

상부의 자연채광이 인상적이며 6,670mm 높이의 벽면은 작품을 전시하기 좋은 배경이 된다. 공간이 상호 교감하고 관람자가 이곳저곳을 다니면서 다양한 시선높이에서 공간을 바라 볼 수 있도록 하였다. 계단상부 void 공간이 1층과 2층을 시각적으로 소통시키고 있고 9,370mm의 높은 ceiling은 공간감을 더욱 풍부하게 한다.

2층 B gallery
다양한 층고의 조형과 매스가 미술관의 공간을 더욱 풍부하게 만든다. 또
한 단조로우면서도 화려하지 않도록 디자인한 미술관의 공간적 배려가 미
술작품을 더욱 돋보이게 만들고 있다.
노출 콘크리트와 우드로 마감된 바닥이 차분한 공간감성을 불러일으키고
조용히 미술을 감상하기에는 제격인 미술관의 풍경이 조용하게 펼쳐진다.
또한 자연채광이 높은 벽면을 타고 흘러 빛의 질감을 부드럽게 희석시키
고, 조명과 적절하게 어울려 미술관 조도와 공간 이미지를 조절하고 있다.

주 출입구에서 바라본 인포메이션
홀 공간과 MUSEUM SHOP 부분

미술관의 정면
이노쿠마의 작품 중 하나를 벽면에
새겨 넣어 정면을 디자인하였다.
미술관 정면도 하나의 작품이 되어
도시 주변 공공환경을 위한 하나의
조형물처럼 느껴진다.

MUSEE D'ORSAY _ FRANCE, PARIS

오르세미술관 / Rue de Lille 75343 Paris, France / http://www.musee-orsay.fr

연면적 : 50,000㎡
전시면적 : 20,000㎡
　　　　　　　(상설전시 면적 16,000㎡ / 가변전시 면적 1,200㎡)
규모 : 지상 5층
구조 : 철근 콘크리트 + 철골구조
개관일 : 1986년 12월 3일
리모델링 디자이너 : Gae Aulenti

오르세미술관은 19세기 미술관으로 인상파 작품을 비롯해서 19세기 미술(1848~1914년 사이의 작품) 작품을 위해 옛 철도역사와 부속 호텔을 개조하여 리모델링한 것이다. 이 계획은 루브르미술관과 함께 도시와 공공건축에 적용된 파리의 「Grand Project」의 일환으로 진행되었다. 본래 이 건물은 1900년에 있었던 만국박람회를 위해 세워졌던 철도역이 1973년에 복원된 것이다. 그 후 철도역사로서 기능이 사라지고, 미술관으로 전용이 결정되어 역사의 옛 모습을 최대한 유지하는 조건에서 그 기능을 수용하도록 설계되었다.

이 프로젝트는 프랑스의 전통과 창조를 결합한 좋은 사례로 새로운 개념의 미술관이라고 할 수 있다. 이 프로젝트는 1979년 아이디어 현상공모전에서 ACT팀이 당선되었으나, 1980년부터는 이탈리아 여류건축가 가에 아울렌티가 진행하게 되었다. 아울렌티는 1954년 밀란 대학(Milan Polytechnic)을 졸업한 건축가로서, 이미 퐁피두센터 내 국립현대미술관 프로젝트에 참여한 경력이 있다.

기존의 역사와 호텔의 옛 모습을 살리면서 전시기능을 위한 내부공간을 구성하기 위해 중앙의 오픈된 중심공간, 유리로 된 지붕과 정면 파사드, 투명한 측면 창 등을 살리면서 진행되었다. 역사성이 보존된 정면이나 예술장식, 금속, 유리로 된 측창들은 엔지니어와 건축기술이 결합되어 공간전용의 모범적 사례를 보여준다.

철골과 유리를 실내공간 요소로 사용한 역사공간의 조형과 채광형식을 유지하면서 체계적으로 대공간과 개별공간을 마련하였다.

입구 홀, 갤러리, 벽화, 조각작품 등 공간영역이 매우 명확하게 구분되어진 연속된 갤러리로서 계획되었다. 이와 같은 구성은 기존 철도역사를 미술관으로 전용한 성공적인 좋은 사례라 하겠다.

주출입구 부분에서 바라본 중앙의 오픈 공간, 홀의 역할과 더불어 관람객의 휴식과 작품감상을 겸한 공간이다.
기존 역사의 높은 층고를 충분히 활용하여 중앙공간을 디자인하였고 양쪽 측면으로 각 미술실들이 배치되었다.

오르세미술관은 높고 낮은 다양한 전시공간을 갖추고 있기 때문에 전시작품의 크기에 따라 충분한 층고와 감상거리를 충족시킬 수 있다. 자연채광과 인공조명이 적절하게 조우하고 있는 것도 미술관의 장점이며, 기존역사를 활용한 문화시설로의 공간전용에 대한 좋은 사례를 보여준다. 영국의 TATE GALLERY와 같이 사용하지 않고 있는 오래된 발전소 건축물을 시민을 위한 문화의 공간으로 모습을 전환한 것도 오르세미술관과 같은 맥락에서 읽혀질 수 있다.

오르세미술관은 기존의 역사에 대한 건축 구조적인 부분을 상당부분 활용하고 있다. 철골이나 철제로 구성된 다양한 디테일들이 미술작품을 전시하는 공간에서 시각적인 방해요소로 작용할 수 있으나, 오히려 실내공간의 마감재와 쇼케이스의 디자인 등에서 이들과 화합하고 조화를 이룰 수 있도록 의도하였다.

MUSEUM FUR MODERNE KUNST _ GERMAN, FRANKFURT

프랑크푸르트현대미술관 / Domstraße 10, 60311 Frankfurt am Main / http://www.mmk-frankfurt.de/

전시면적 : 4,150㎡
건축가 : Hans Hollein
건립기간 : 1987년~1991년

미술관의 주출입구 부분과 측면의 카페-레스토랑 부분의 입면

미술관의 삼각형 모서리부분 전경

삼각형의 부지형상을 그대로 미술관의 조형으로 구성한 한스 홀라인은 내부적인 구조와 외부적으로 드러나는 표상적 인상에 중심을 두고 디자인하였다고 한다. VISUAL ART 작품을 전시하기 위한 공간으로 디자인해달라는 요구사항을 삼각형의 공간에 잘 구현하였다.

실제로 삼각형의 Mass를 실효성 있는 공간으로 디자인하는 것은 그리 쉬운 일이 아니다. 특히 삼각형의 꼭지점 부분의 조형적 처리와 공간 만들기는 대부분의 삼각형 Mass를 디자인해 본 경험이 있는 디자이너는 그 해법이 그리 많지 않다는 것을 알고 있을 것이다.

단조로워 보이는 복도의 벽면도 한 두 점의 작품이면 충분히 전시벽면으로의 역할을 하게 된다.

삼각형의 평면으로 인해서 공간구성은 다소 복잡해 보이지만 흰색의 벽면과 우드를 사용한 바닥이 매우 차분한 공간 이미지와 단조로움을 끌어내고 있다.

작품관람을 위해 공간을 이동하는 즐거움은 단지 유명한 작품이 있기 때문만은 아니다. 산책하듯 미술관의 곳곳을 둘러보면 공간의 다양한 형태에서 오는 신선한 충격과 즐거움도 결코 잊을 수 없다.

다양한 현대미술 작품을 수용하기 위해서 공간의 형태와 규모에서 다양성을 가지고 있는 미술관이다. 현대미술 작품이 흰색 벽면의 미술관을 가득 채운다. 이것이 LESS IS MORE의 진정한 의미가 아닐까?

너무나도 유명한 요셉 보이스(Joseph Beuys)의 lightening with stag in its glare.

1960년대 이후에서 현대에 이르기까지 미국과 유럽에서 활동하고 있는 리히텐슈타인, 저드, 앤디 워홀, 요셉 보이스, Karl Stroher 등의 작품을 소장하고 있다. 3개 층에 걸친 미술전시실이 모두 작품의 특성을 반영하여 설계되어진 것은 아닐까? 하는 의구심이 들 정도로 작품과 그 배경이 되는 전시실이 조화를 이루고 있다.

공용복도 부분에 설치미술 작품을 전시하였다.
높은 측면에서 흐르듯이 벽면을 타고 흐르는 자연채광이
자연스럽게 미술작품을 공간에 동화시키고 있는 듯하다.
육면체에 쓰여진 글자만으로도 멋진 공간이 되었다.

183

미술관 Top light 천장부분
종종 미술관에서의 자연채광은 단지 공간을 풍부하게 하는 선택적 요소가 아니라 필수적인 요
소라고 생각된다.
미술관은 자연채광과 인공조명을 적절하게 혼용하여 시간대와 공간의 분위기, 기후 등에 대응
할 수 있도록 하는 것이 바람직하다. 자연채광의 경우는 빛이 직접 적으로 미술관 공간으로 유
입되도록 하는 것보다는 벽면이나 차양들을 두어 간접적으로 내부 공간에 빛이 흘러 들어오도
록 하는 것이 좋다.

NAGOYA CITY ART MUSEUM _ JAPAN, NAGOYA

나고야시립미술관 / Naka-ku, Nagoya-City, NAGOYA   / http://www.art-museum.city.nagoya.jp/index.shtml

대지면적 : 10,509㎡
연면적 : 7,125.1㎡ (1층 1,798㎡, 2층 1,776㎡, 지하층 3,550㎡)
건축면적 : 2,168.7㎡ / 전시면적 : 2,083㎡
규모 : 지상 2층 / 지하 1층
구조 : 철근 콘크리트조, 철골조
마감재료 : 외장재 타일, 석재, 알루미늄 패널
건축가 : Kisho Kurokawa

1987년 개관한 나고야 시 중심부 시라카와 공원 내에 있는 현대미술관이다.

건물의 주요한 개념과 주제는 서구와 일본문화, 역사와 미래의 공생이다.

도심공원이라는 장소성이 배경이 되어 주변환경과의 관계가 중요한 배치요건이다. 건물 주위에 몇 개의 보행자 도로가 접근을 유도한다. 미술관 주변은 야외 조각공원을 두고, 포치와 파고라를 통하여 공원으로 연계되어 있다. 미술관은 주변 녹지체계와 어울리는 색상으로 마무리된 외벽이 주변에서 이 미술관을 돋보이게 한다.

시의 중심에 위치한 시라카와 공원 안에 세워져 있는 나고야시립미술관은 남북으로 긴 삼각형태를 mass 형상으로 하고 있다.

지하층에는 수장고와 3개의 상설전시실, sunken garden이 있고 1층에 기획전시실, 2층에 기획전시실과 강당, 도서관이 있다. 3층의 open void 공간이 인상적이다.

주 출입구 전면에는 2개 층의 입체격자가 형성되어 있어 조형적인 형상을 보여준다.

미술관 중앙의 메이저 스페이스는 3개 층을 개방시킨 공간인데, 독립된 전시장으로 이용되면서 전면유리를 통해 외부 테라스와 연장감을 주는 효과가 있다.

총 전시면적은 2,083㎡이며, 지하층에는 상설전시실과 수장고, 1·2층의 기획전시실은 국제규모의 특별전에서 소규모의 기획전까지 가능하도록 되었으며, 전시실의 층고는 기획전시실 6m, 상설전시실 4.5m로 비교적 대형 전시물 크기에 대응할 수 있도록 하였다.

상설전시실의 전시 이외에도 특별전, 회화작품전, 각종 강연, 음악회 등의 다양한 미술관 프로그램이 있다.

오른쪽 사진에서 보이는 sunken garden은 곡면형태의 glass면과 frame이 미술관 전면에 강한 인상을 주며 미술관 지하층으로 연계되어 있다. 작은 공간이지만 지하층 공간에 활력을 주며, 지상에서 지하로 산책하듯이 내려가 보면 도심에서 잠시 동안의 한가로움을 맛볼 수 있다.

<table>
<tr><td>1</td><td>2</td></tr>
<tr><td>3</td><td>4</td></tr>
</table>

1. 지하 1층의 상설전시실 입구

지하 전시실의 홀 부분은 외부 sunken garden과 연결되어 있다.

2. 전시실 전경

전시실의 중간마다 잠시 앉을 수 있는 휴식의자가 놓여 있다. 전체적으로 전시실의 조도가 높은 편이며 미술작품이 쇼케이스 벽면 내부에 전시되고 있다.

3. 전시실 전경

벽부형 쇼케이스를 통하여 미술작품의 안전을 유지하고 있다. 쇼케이스 내부의 배경벽면과 외부벽면의 컬러를 모두 통일하여 작품을 중심으로 쇼케이스가 배경이 될 수 있도록 배려하였다.

4. 전시실 전경

대형 미술작품을 설치하기에 충분한 층고를 갖추고 있다.

187

미술관 중정 open void

공중에 떠있는 소년이 있다. 설치
작품이겠지만 보는 이로 하여금 재
미와 호기심을 자극하기에는 충분
하다. open void를 통하여 미술관
의 확장된 공간감을 느낄 수 있으
며, void를 가로지르는 1층과 2층의
bridge를 건너서 전시실을 이동하
다 보면 지하층까지 수직으로 연속
된 시각적 개방감이 외부공간으로
까지 이어져 관람객들에게 다이내
믹한 공간적 체험까지 선사한다.

1층에서 지하층으로 내려가는 계단부분

계단참부분에도 작은 창을 설치하여 외부공간과 시각적 조우
가 가능하도록 배려하였다. 창의 형태도 미술관의 특징 있는
요소 중 하나다. 작은 조형적 요소가 돋보이는 공간이다.

188

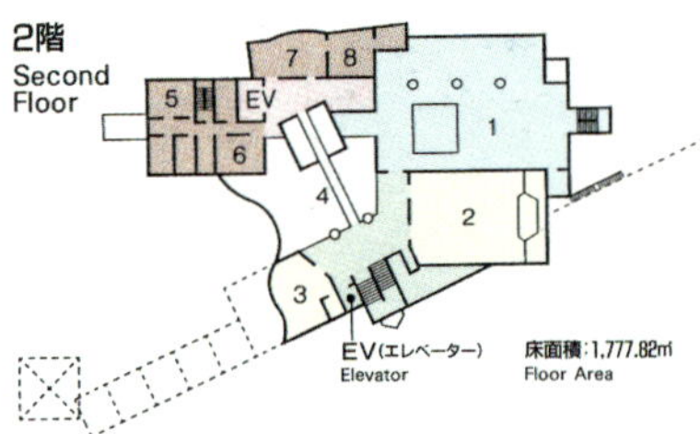

2階 Second Floor
EV(エレベーター) Elevator
床面積：1,777.82㎡ Floor Area

1. 企画展示室 2 (571㎡) Temporary Exhibition 2
2. 講 堂 (239㎡) Auditorium
3. 図書室 (95㎡) Library
4. ブリッジ Bridge
5. 館長室 Director's Office
6. 会議室 Meeting Room
7. 学芸員室 Curator's Room
8. 資料室 Reference Room

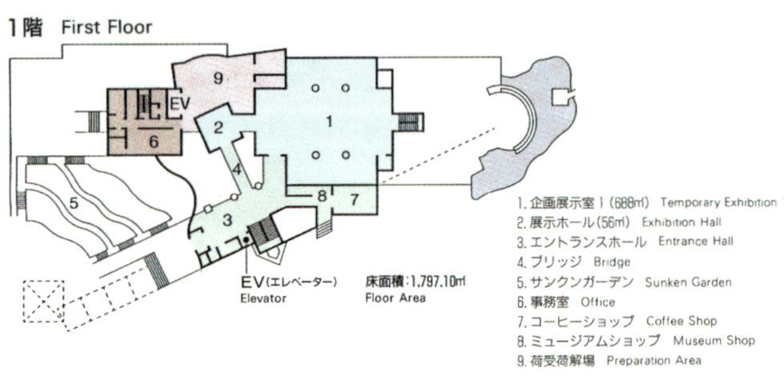

1階 First Floor
EV(エレベーター) Elevator
床面積：1,797.10㎡ Floor Area

1. 企画展示室 1 (688㎡) Temporary Exhibition 1
2. 展示ホール (56㎡) Exhibition Hall
3. エントランスホール Entrance Hall
4. ブリッジ Bridge
5. サンクンガーデン Sunken Garden
6. 事務室 Office
7. コーヒーショップ Coffee Shop
8. ミュージアムショップ Museum Shop
9. 荷受荷解場 Preparation Area

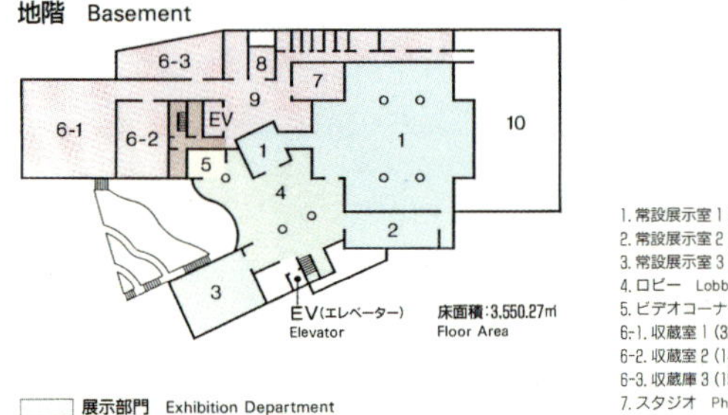

地階 Basement
EV(エレベーター) Elevator
床面積：3,550.27㎡ Floor Area

1. 常設展示室 1 (768㎡) Permanent Collection 1
2. 常設展示室 2 (102㎡) Permanent Collection 2
3. 常設展示室 3 (175㎡) Permanent Collection 3
4. ロビー Lobby
5. ビデオコーナー Audio Visual Corner
6-1. 収蔵室 1 (328㎡) Storage 1
6-2. 収蔵室 2 (140㎡) Storage 2
6-3. 収蔵庫 3 (158㎡) Storage 3
7. スタジオ Photo Studio
8. 修復室 Restoration Room
9. 荷解ホール Preparation Area
10. 機械室 Machinery Room

展示部門 Exhibition Department
教育普及部門 Educational Service Department
事務管理部門 Management Department
収蔵保管部門 Storage Department
ホール/ロビー等 Hall/Lobby etc.

나고야시립미술관의 안내 브로슈어에 있는 도면 스캔 자료

NAOSHIMA CONTEMPORARY ART MUSEUM

나오시마현대미술관 / Gotanji Naoshima-cho, Kagawa-gun, Kagawa-ken, 761-3100 Japan / http://www.naoshima-is.co.jp

부지면적 : 본관 / 44,700㎡, 별관 / 63,368.99㎡
건축면적 : 본관 / 1,775.5㎡, 별관 / 693.105㎡
연면적 : 본관 / 3,643.4㎡ 별관 / 597.79㎡
규모 : 지하 1층, 지상 2층
구조 : RC조, SRC조
건축가 : Tadao Ando

나오시마현대미술관은 세토나이카이의 나오시마 섬에 있는
자연과 건축, 예술작품이 어우러진 작은 전시공간이다.
대지는 섬의 남단에 자리 잡고 있으며 아래쪽 해변이 미술관
의 전망을 더욱 풍부하게 한다. 또한 전시공간과 더불어 호
텔 객실공간을 수용하고 있다.
건축가는 미술관을 에워싸고 있는 자연풍경의 장엄하고 아
름다운 주변전망을 가리지 않도록 건물의 대부분을 지하에
배치했다. 아래쪽에 위치한 미술관 건물보다 40m 높은 곳에
있는 호텔 건물은 작은 케이블카를 타고 올라가야 한다.

타원형 평면을 지닌 단층의 호텔은 자연의 풍요로움과 다채
롭게 펼쳐지는 풍경을 방문객들에게 선사한다. 미술관과 마
찬가지로 주변의 자연풍경을 간직하기 위해 별관 호텔 건물
도 언덕에 깊이 파묻혀 있으며 내부에는 정원이 있다. 트윈
베드룸 4개, 스위트 룸 2개, 카페로 구성된 호텔 건물의 평면
은 장축 40m, 단축 30m의 타원형으로 계획되었다.
호텔의 전면에는 인공폭포가 출입구를 장식하고 있으며 타
원형과 정사각형의 경계선 사이에는 정원이 조성돼 있다. 인
공폭포는 바다를 향해 있으며 주변 자연환경과 하나로 어울
린 호텔과 정원은 절묘한 조화를 통해 자연의 감성을 온몸
으로 느낄 수 있다.
자연과 건축이 조화를 이루며, 안도 다다오의 전형적인 공간
조형과 입체적이면서도 명료한 공간구성을 읽을 수 있다.

<table>
<tr><td>1</td><td>2</td></tr>
<tr><td>3</td><td>4</td></tr>
</table>

1. 호텔의 중앙에는 장축 20m, 단축 10m의 타원형 중정이 있는데 중정에는 작은 연못이 있다. 연못의 표면에 비치는 하늘은 바다의 풍경과 흡사하게 느껴지며 이 작은 연못 하나가 세상을 모두 담고 있는 듯하다. 산책하듯이 걸으면, 하늘과 맞닿은 물과 그 속의 나의 존재가 쉽게 하나로 동화된다.

2. 1층의 갤러리 복도를 지나다 보면 안도가 미술관과 호텔을 디자인할 당시의 스케치와 도면, 모형, 전경을 담은 사진 등이 전시되어 있다. 건축가에 대한 자부심을 느낄 수 있고, 스케치 한 장이 복도를 가득 매우고 있는 강한 인상을 받는다.

3. 주 출입구에서 계단을 통해 갤러리로 연결되어 있다. 작은 공간이지만 안도 다다오의 조형적인 감성을 볼 수 있고 노출 콘크리트가 주는 차분함이 미술작품을 돋보이게 한다. 중앙계단 아래에는 브루스 나우만의 100 Live and Die라는 1984년도 작품이 설치되어 있다.

4. 안도의 스케치가 걸려 있는 복도를 지나면 작은 또 하나의 갤러리가 펼쳐진다. 벽면과 바닥을 사용한 설치미술 작품이 자리잡고 있다. 조명과 측면의 자연채광이 갤러리에 적절한 조도를 만든다.

램프를 통해 1층에서 미술관의 지하 1층 갤러리로 이동하게 된다. 길고 좁은 램프를 지나면서

램프를 통해 1층에서 미술관의 지하 1층 갤러리로 이동하게 된다. 길고 좁은 램프를 지나면서
작품을 감상할 수 있고 sunken court를 통하여 들어오는 풍부한 자연채광이 작품과 어우러진다.
램프는 기둥에 의해 지지되고 램프의 중간지점에서 sunken court를 내려다 볼 수 있다.

sunken court를 통하여 풍부한 자연채광이 갤러리 내부로 빛을 쏟아내며, 작품들은 램프
와 계단, 2개 층 높이의 높은 벽면을 사이에 두고 생동감 있게 펼쳐진다. 작은 공간이지만
안도의 디자인적인 세심함을 그대로 볼 수 있다.
공간과 공간의 높낮이에 변화를 주어 관람자들의 시선을 다양하게 유도하고, 우드로 마감
된 바닥부분이 자연채광과 만나 아늑하고 따듯한 느낌을 갤러리에 만들어내고 있다.

갤러리에 설치된 원형 ramp
자연채광이 자연스럽게 내부공간과 만나고, 오브제 같이 놓여 있는 의자 한 쌍이 차
가운 콘크리트 건물이지만 그리 차가워 보이지 않게 한다.

항상 미술관에서 top light를 사진에 담는 습관이 있다. 습관처럼 담은 사진이
지만 하늘과 공간과 빛이 잘 표현되었다. 미술관에서의 top light 공간의 백미
라 하겠다.

TOYOTA MUNICIPAL MUSEUM OF ART _ TOYOTA

豊田市美術館 / 〒471-0034 愛知縣豊田市小坂本町8-5-1 / http://www.museum.toyota.aichi.jp/

부지면적 : 30,041㎡
건축면적 : 6,194㎡
연면적 : 11,238㎡
규모 : 지하 2층, 지상 3층
구조 : RC조, SRC조
건축가 : Taniguchi Yoshio

도요타 시는 자동차산업 도시로서, 이전에 고로모 시로 알려
진 성곽도시였으나, 도요타 자동차회사 설립 이후 도요타라
는 새로운 이름으로 불리게 되었다. 과거와 현재가 공존하는
도요타 시에 위치한 시립미술관은 오래된 성 부지에 자리 잡
으면서 시의 역사적 중요성과 새로운 도요타 시의 미래를 동
시에 담고 있다. 다니구치는 과거에서 현재까지 역사적 시간
의 흐름과 대지가 가지고 있는 자연을 그대로 표현할 수 있
는 미술관을 계획하였다.

다니구치는 미술관의 각 층마다 매우 다양한 기능을 수용하
였는데, 지하 2층에 수장공간, 기계실, 관리실, 물품 반출입
구 등을 배치했다. 관람객의 출입구는 중층으로 계획하고 최
상층에는 정원을 배치했다.

미술관 한편에 놓여 있는 모형
부지 전체의 조경과 미술관을 한눈에 볼 수 있는 유일한 장소다.

상설전시관, 기획전시관, 그리고 세
츠로 다카하시관 등의 3개 전시영
역으로 미술관 내부공간을 구성하
였는데, 건물의 중심부에 있는 유
리로 마감된 직사각형 mass 건물
이 상설전시관이다. 내부는 현대미
술을 전시하기에 적절한 대형공간
으로 구성되며, 밤에는 정원과 도
심을 밝히는 라이트 박스가 된다.

194

미술관으로 진입하다 보면 정원을 거치게 되는데, 정원설계는 유명한 미국의 조경 디자이너 피터 워커와 협동으로 디자인하였다. 작은 연못은 연못의 바닥에 설치된 기포생성 장치로 인해 햇빛을 받으면 둥근 원형 띠를 만들어 준다.(물의 표면반사도 때문에 흐린 날은 잘 보이지 않는다) 연못의 앞쪽에는 리처드 세라의 Double Cones라는 작품이 야외에 전시되어 있다.

미술관 진입로에 위치한 정원과 미술관 상층으로 직접 진입이 가능한 램프.

PRECIPITATE THE OVERT

2층 갤러리 진입부분을 지나면 바로 상설전시실(제1전시실)이 있다. 상설전시실은 사진에서 보이는 계단을 통하여 상부 3층의 상설전시실과 연결된다. 계단부분도 최대한 간결하게 디자인하여 공간의 구성과 화려함보다는 미술작품을 존중한 건축가의 의도가 돋보인다. 바닥은 대리석으로 마감하고 벽면은 목재를 사용하였다.

9.6m의 천장고를 가진 높은 벽면 사이로 보이는 작은 정사각형의 open된 개구부는 관람자의 시선을 사로잡는다. picturesque적인 효과가 한층 공간의 멋을 더한다. 관람자가 이동하면서 이미 자신이 지나왔던 전시실을 다시 한 번 내려다 볼 수 있도록 한 공간적인 배려는 진정한 미술관 공간의 묘미가 아닐까?

매우 조형적으로 처리되면서도 간결한 공간구성은 미술작품을 위한 배경으로 존재하는 진정한 미술관이 아닐까?

3층의 제3전시실
전면유리를 통하여 들어오는 자연채광을 배경으로 우드로 마무리된 전시실 바닥은 현대미술을 전시하기 위한 공간으로 손색이 없다.

5.4m의 층고, 목재를 흰색으로 마감한 벽면, red oak 우드 플로링으로 마감된 바닥. 미술작품을 제외하면 그곳에는 아무것도 존재하지 않는다.

◀ 미술관의 주 출입구를 지나면 홀과 안내 데스크가 보이고 안내 데스크의 바로 왼쪽으로 계단이 있다. 계단을 지나 2층으로 올라가면 사진에서 보이는 전시실 부분으로 직접 연결된다. 전시실에는 벽면과 천장에 작품이 설치되어 있으며 공간이 관람자를 조용히 맞이한다. 관람자는 이곳을 통하여 전시실로 진입하게 되며 미술관 관람을 마치고 나면, 사진의 뒤쪽으로 보이는 계단을 통하여 다시 이곳으로 되돌아오게 되어 관람을 마치는 이동동선을 가진다.

천장에서부터 설치된 작품이 백색공간에 다양한 컬러를 입히고 있다. 사진에서 보이는 2층의 갤러리 진입부는 상설전시실과 직접 연결되어 있고, 2층과 3층에 마련되어 있는 상설전시실을 모두 보고나서 다시 2층으로 내려오게 된다.

높은 층고를 통하여 공간의 깊이감이 더욱 커지고 계단으로 연결된 또 다른 층으로 인하여 공간은 단순하지만 매우 엄격한 공간의 켜를 가지게 된다.

미술관의 각 전시실은 각자의 표정을 가지고 있지만 그 표정을 드러내지 않는다는 공통점이 있다.

서구 현대미술실과 현대 일본식 회화실로 분류하여 전시되고 있으며 상설전시관의 각 양쪽 부분에 초록빛 돌로 된 표면의 두 건물들은 기획전시관과 세츠로 다카하시관으로 구성하였다.

세츠로 다카하시관의 주 출입구 부분
작품이 있는 작은 정원.

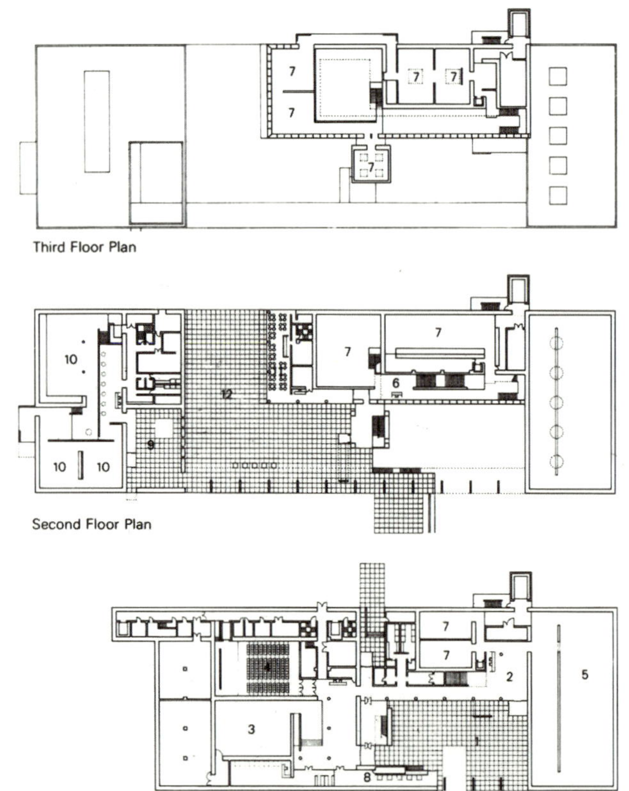

Third Floor Plan

Second Floor Plan

First Floor Plan

ale:1/1600

1　ENTRY COURT
2　ENTRANCE HALL
3　GALLERY LOUNGE
4　LECTURE HALL
5　TEMPORARY EXHIBITION GALLERY
6　GALLERY
7　PERMANENT EXHIBITION GALLERY
8　MUSEUM SHOP
9　SETSURO TAKAHASHI GALLERY ENTRANCE
10　SETSURO TAKAHASHI GALLERY
11　RESTAURANT
12　UPPER LEVEL TERRACE

세츠로 다카하시관
자신의 작품을 기증한 현대 칠기예술가 세츠로 다카하시의 작품을 수용하기 위해 설계되었다. 이곳 전시실은 칠기의 적합한 전시를 위해 요구되어진 기후와 조명조절 시스템을 갖추었고 그들의 최고 재산인 다카하시 씨의 작품 중 상설전시품을 전시하도록 기획되었다.

TOYOTA MUNICIPAL MUSEUM OF ART 평면도
(자료출처: 미술관도록 스캔)

THE NATIONAL MUSEUM OF WESTERN ART _ JAPAN, TOKYO

國立西洋美術館 / 7-7 Ueno-Koen, Taito-Ku, Tokyo 110-0007, Japan / http://www.nmwa.go.jp/jp/index.html

부지면적 : 9,288㎡
전시면적 : 3,053㎡
규모 : 본관- 지상 3층, 지하 1층 / 신관- 지상 2층, 지하 2층
본관설계 : Le Corbusier
신관 The new wing 설계 : Kunio Maekawa

국립서양미술관은 일본의 우에노 공원(Ueno park)에 자리 잡고 있다. 초기 미술관은 일본의 부호 고지로 마츠카타의 소장품을 중심으로 발전해왔으며, 이후 르네상스에서 20세기 초의 미술작품을 중심으로 작품을 소장해 왔다. 미술관의 주요한 방침 중에 하나도 서양미술에 대한 인식을 달리하고 그 진가를 사람들에게 선보이기 위한 전시를 여는 것이다. 미술관은 매년 작품구매를 위해 헌신하고 있으며, 현재는 미술관 수장고에 4,500여 점 이상의 14세기에서 20세기에 이르는 조각과 회화작품을 소장하고 있다.

르 코르뷔지에가 설계한 것으로 알려져 있는 본관 건물에서는 루벤스와 같은 18세기 이전의 작가들의 작품을 중심으로 전시를 하고 있고, 신관(The new wing)에서는 들라크루아, 쿠르베, 마네, 르누아르, 모네, 고흐, 고갱 등과 같은 19세기에서 20세기에 이르는 작가들의 작품을 중심으로 전시하고 있다.

르 코르뷔지에는 미술관과 미술관 주변을 모두 포함한 전체 마스터플랜을 디자인하였다. 본관 미술관은 정사각형의 형태(41.1m×41.1m)를 한 정방형 평면으로 구성되었으며, 중심이 되는 갤러리는 1층 바닥으로부터 필로티(piloti) 형식으로 지상 레벨에서 들어 올려져 있다. 공간의 배치는 거의 같은 시기에 르 코르뷔지에가 설계하였던 아메다바드(Ahmedabad)의 Sanskar Kendra Museum에서 영향을 받았다고 한다.

미술관은 르 코르뷔지에의 성장하는 미술관 개념을 수용하여 디자인하였다고 한다.

일본에서도 서양미술이라는 분야에 대한 좋은 컬렉션으로 특별한 가치를 인정받고 있는 미술관 중 하나다.

로댕의 활시위를 당기고 있는 헤라클레스 조각상

미술관의 입구에 놓여 있어 관람객들의 포토 존이 되어 준다. 미술관 주 출입구 부분의 외부공간에는 로댕의 몇몇 작품이 전시되어 있다. 르 코르뷔지에의 특징적 공간구성 기법인 모듈, 필로티, 순회식 동선 등이 사용되어, 전체는 정방형의 낮은 건물이 대지의 안쪽에 자리 잡고 그 앞쪽에 야외조각을 위한 정원, 그리고 본관의 프로포션을 이용한 매표소 겸 출입문(이것은 후에 신관 설계자인 마에가와 구니오에 의한 디자인)으로 구성되어 있다.

미술관으로 들어오는 자연채광은 조명과 함께 적정한 조도를 확보한다. 거대한 Mass를
통해 흐르듯이 내려오는 빛이 공간의 볼륨과 어우러져 시시각각 다른 실내풍경을 만들
어내고 조각 같은 공간의 구조는 자연스러운 음영의 조화를 이루어내고 있다.
높은 층고를 통하여 공간의 어둠과 밝음이 공존하고, 이 때문에 공간의 내부에서 관람
객은 조각작품과 차분한 감성공간에서 조우하게 된다. 공간의 mass감이 자연채광과 투
박하기까지 한 재료들에 의해 더욱 강하게 모습을 드러난다.

미술관 입구를 지난 방문객은 19th Century Hall을 거쳐 ground floor level에 다다르게 되며, 2개 층 규모의 높이를 가진 높은 전시실을 보게 된다. 천장부분은 pyramidal skylight로 구성되어 자연채광을 전시실 깊숙이 받아들이고 있으며, 관람자들에게 콘크리트를 그대로 노출하고 있는 기둥과 보와 함께 강한 인상을 준다.

1층 기둥의 직경은 60cm인데 자세히 보면 소나무 거푸집을 활용한 노출 콘크리트면에 소나무의 나뭇결이 살짝 나타나며 천장으로부터 내려오는 자연채광과 함께 공간의 조형성에 포인트를 주고 있다.

전시실에는 로댕(Rodin)의 조각작품들이 바닥에 전시되고 있으며 promenade 램프를 따라 올라가면 회화 갤러리로 다다르게 된다. 회화 갤러리 공간은 19th Century Hall을 감싸며 구성되어 있다. 2층 전시실은 오른쪽 사진에서와 같이 낮은 천장을 가진 부분과 높은 천장을 가진 두 부분으로 공간이 구분되어 있는데, 낮은 천장의 높이는 2m 26cm이며 높은 부분은 낮은 천장의 2배 높이로 구성되어 있다. 왼쪽 사진의 낮은 천장부분의 상부는 유리로 구성된 조명 갤러리로 옥상 층에서의 자연채광을 전시실로 유입하기 위해 만든 공간이다.

미술관은 내부벽면에 의해서 지지되는 U자형의 프레임과 기성품인 콘크리트 패널로 마무리되어 있다.

로댕의 조각들이 자리 잡고 있는 갤러리를 지나 promenade ramp를 천천히 걸어올라 가면서 관람객은 보다 여유 있고 즐겁게 다른 시선 높이에서 로댕의 작품을 감상할 수 있다. 관람자가 움직이며 감상하는 즐거움이 배가 된다. 램프나 계단 같은 관람자의 이동동선 상에 작품이 배치되면 관람객의 시선이 지루하지 않게 된다.

promenade ramp를 거쳐 상부 층으로 올라가면 회화 갤러리에 도달하게 된다.

BUSAN MUSEUM OF ART _ KOREA, BUSAN

부산시립미술관 / 부산광역시 해운대구 우2동 / http://www.busanmoma.org/main/

대지면적 : 21520㎡
규모 : 지상 3층, 지하 2층
공간구성 : 지하 – 레스토랑, 영상실, 미술실기실, 어린이 미술관
        1층 – A/V Room, 안내 데스크, 뮤지엄 숍 /
        2층 – 전시실, 옥외 전시실
개관 : 1998년 3월

현대미술에 맞는 다양한 장르의 미술작품을 수용하기 위해서 가변성 있는 미술관 공간으로 구성되어 있으며, 각종 프로그램에 의해 운영되는 사회교육 강좌와 문화행사를 유치하고 있는 부산을 대표하는 미술관이다.

2000년도에는 제1회 부산시 건축부문의 금상을 수상하였고 2001년에는 문화기반 시설관리 운영분야에서 미술관으로는 유일하게 우수기관으로 선정되었다. 현재에도 다양한 작품과 기획으로 부산 시민의 문화욕구를 충족시켜주는 미술관으로 자리잡고 있다.

미술관의 정면 주 출입구 진입로 부분 전경
건축물의 외관은 동일한 Mass가 반복적으로 사용되어 단정한 모습으로 디자인되었다.

부산시립미술관의 외관은 단순한듯해 보이지만 부분적으로 사용된 파동 벽면이나 sunken garden의 물결치는 듯한 조경에서 보이는 곡선적인 조형성이 직선적인 건축물의 mass에 활기를 불어 넣어 주고 있다.

외관 전체를 같은 컬러의 패널을 사용하여 도심 속 문화공간으로서의 회색빛 풍경을 연출하여 자연스럽게 도시와 동화된다. 또한 가벼워 보이지 않는 건축물의 외관을 통하여 시립미술관으로서의 위상을 유지하려고 하는 의도도 엿보인다.

회색빛의 미술관은 노을이 지는 저녁풍경을 머금고 해운대의 문화 심벌로서 그 역할을 충분히 하고 있다. 또한, 미술관 인근에는 자동차 극장과 Bexco 종합전시장이 함께 자리 하고 있어 해운대 지역의 문화권을 형성하고 있다.

주출입구 홀 부분

2층 전시공간의 중앙복도 부분

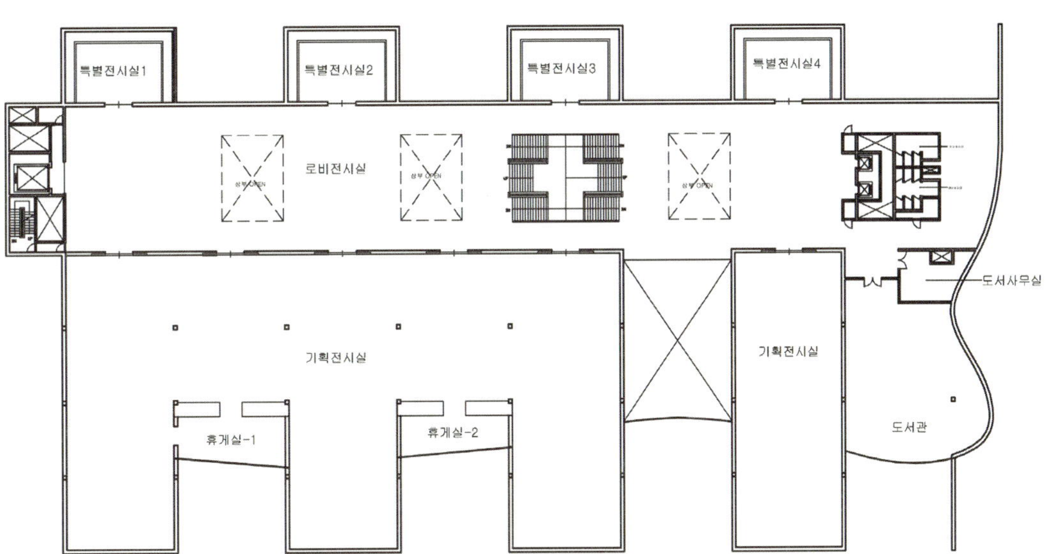

2층 평면도

미술관의 전시공간은 가변형 파티션을 사용할 수 있도록 구성되어 있어 다양한
장르의 미술작품을 작가의 의도나 작품의 기획의도에 따라 설치할 수 있다.
상설전시보다는 기획전시 위주로 미술관을 운영하기 때문에 고정형 벽면보다는
가변형 파티션의 사용이 미술관 공간의 전시기획에 장점으로 작용된다.

전시공간 내부에 설치된 의자는 관람자에게 휴식의 기회와 작품을
감상하기 위한 충분한 시간적 여유를 제공한다.

천장과 바닥, 벽면을 모두 활용한 설치작품은 관람객의 흥미와 시선을 끌기에
충분하다. 공간은 작품의 배경으로만 존재한다.

주로 벽면만을 활용한 전시연출의 실례

2. HISTORY MUSEUM

JEWISH MUSEUM _ GERMANY, BERLIN

http://www.juedisches-museum-berlin.de/main/EN/homepage-EN.php

건축가 : Daniel Libeskind (1946 -)
Materials : Reinforced concrete, zinc
규모 : 지하 1층, 지상 4층
개관 : 2001년 9월 9일

박물관의 외관은 zinc를 사용하였고 전체적으로 길고 매우 massive하게 구성된 mass를 가진다. 건물의 형태는 유대인의 상징문양 중에 하나인 육각형의 별 모양을 그 모티브로 하였으며, 실내와 실외에서 볼 수 있는 가늘고 긴 창들은 불규칙하게 외관의 특징을 결정짓는다. 마치 독일인에 의해 학살되었던 유대인들의 힘겨운 삶과 학대를 건축물의 외관에 표현해 놓은 듯하다.

박물관은 유대인들의 역사를 과거에서 현재에 이르기까지 담아내고 있다. 매우 상징적이면서도 은유적인 표현이 가득한 공간으로 가득 매워져 있다. 또한 역사의 흐름과 유대인들의 조각난 삶을 건축물에서 잘 표현하고 있다는 생각이 든다.

개관한 이후부터 매년 방문객들이 증가하여 현재는 독일의 가장 영향력 있고 흥미로운 박물관 중에 하나로 알려져 있다.

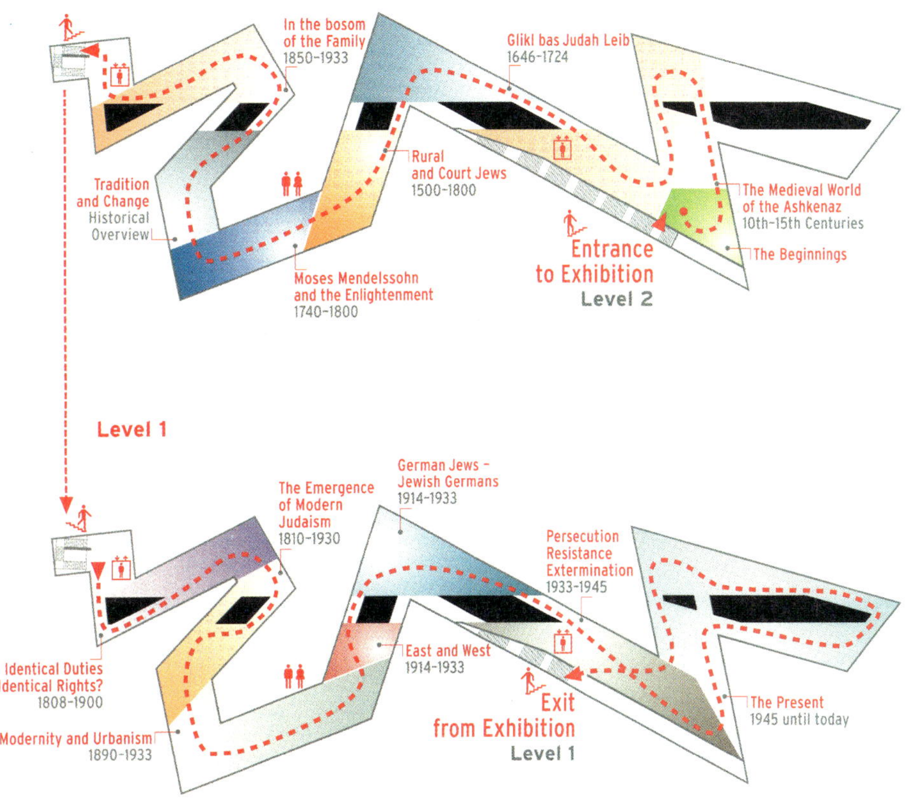

유대인박물관의 관람안내 브로슈어
스캔 자료

학살된 유대인의 얼굴이 전시실을 가득 메우고 있다. 익명으로 죽어간 수많은 영혼을 그대로 전시장에 옮겨 놓은 것이다.
유대인들의 절망과 슬픔과 죽음의 어둠이 그대로 관람객들에게 전달된다. 박물관의 높은 층고를 모두 활용하여 상부에서는 빛이 쏟아지고
그 빛이 벽면을 타고 내려와 바닥에 놓인 유대인들의 영혼을 달래는 듯하다.
약 300만 명의 유대인들 중에서 단 0.1%만이 살아남았다. 깊고 조용하게 자리 잡은 void 공간이 그 영혼을 기리고 있다.

계단상부에는 구조물과 긴 세로 창에 의해 자연채광으로 인해 시시각각 변화되는 공간의 유희가 펼쳐진다.
어두우면서도 밝은 공간의 분위기와 느낌은 정형화된 공간을 가로지르는 구조물에 의해 아픔을 은유적으로 표현한 듯하고 삶의 희망과 절망이 이 공간에 동시에 공존하고 있다.

모형을 보면 길고 사선으로 비정형적으로 처리된 건축물이 유대인박물관이고 ㄷ자 형태의 건축물이 기존에 있던 altbau(독일의 전형적인 주택을 말하는 단어) 건물이다. 이곳에서 관람이 시작된다.
모형의 오른쪽에 보이는 7열과 7행으로 구성된 49개의 기둥들은 1948년에 독립한 이스라엘(48)과 독일(1)을 합하여 49라는 숫자가 나왔다고 한다. 기둥 위에는 올리브 나무가 심어져 있다. 매우 상징적이고 의미 있는 숫자를 가진 조형이다.

Synagoge
Judengasse
Am Judenstein
Synagogengasse
2 - 5
...enstraße
Am Judenfeld
Raschitor
Judenhof
1 - 9
Judenplan

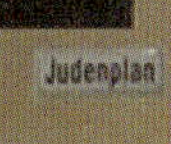

내부공간에서도 길고 가늘게 비정형적으로 벽면을 가로지르는 창들이 유대인의
조각난 삶과 아픔을 대변하는 듯한 모습으로 노출되어 있다. 교차되는 라인들은
제각기 다른 모습으로 무언의 메시지를 관람자들에게 전달하며 외부세계와 조용
히 소통하고 있다.

공간의 일부분을 활용하여 작은 정보공간을 만들었다.

자연채광은 전시공간의 분위기와 조도확보에 효과적이다.

이동이 가능한 조명과 높은 천장고는 자유로운 전시연출에 매우 유리한 공간조
건이 된다.

상설전시장에는 사진과 텍스트, 다양한 미디어와 인터렉티브 요소, 패널, 예술과 일상의 실물 전시자료 등을 통하여 유대인의 과거에서부터 현재에 이르기까지의 역사여행을 경험할 수 있으며, 독일에서 유대인의 문화와 삶을 볼 수 있다. 유대인들의 문화와 역사에 중점을 두어 시대수순으로 주제별 전시를 구성하고 있다.

211

MUSEE DE l'ARLES ANTIQUE

아를르고대사박물관 / avenue de la lere division 13200 arles, france / http://www.arles-antique.cg13.fr/mdaa_cg13/root/index.htm

건축가 : Henri Siriani

아를르고대사박물관은 도시의 역사에 새로운 랜드마크로 부각되었다. 론(Rhone) 강과 운하를 사이에 두고 물 위에 떠 있는 듯한 섬 같은 삼각형의 대지는 건축물의 형상이 삼각형 mass를 만들어내었다. 고대 서커스 극장과 인접하여 역사적인 모습과 현대적인 건축물이 공존하는 사이트 특성을 가진다.

삼각형의 공간은 하늘을 향해 열리고 그 입면은 수평의 세 방향으로 뻗어나가면서 개방된 형태를 만들어내고 있다. 또한 프로그램은 이러한 형태에 합리적으로 대응할 수 있도록 다음의 세 가지 영역으로 명확하게 구분되어 나뉘어져 있다.

보존분야 (south wing area)

전시물의 발굴수리, 상설전시, 창고, 발굴학교 등의 부분.

교육분야 (east wing area)

교육을 효과적으로 돕는 도서관, 회의실, 관리실, 가이드 학교.

전시분야 (north wing area)

전시효과를 극대화하는 열린 공간형태다. 평면에서 보면 마치 두 개의 건물이 전시관을 사이에 두고 있는 듯하다. open plan 형식으로 전시가 구성되어 있다.

삼각형 mass의 solid 면과 void 면이 볼륨을 창조해내고 이러한 벽면들이 삼각형의 역동성을 유지함으로써 박물관의

212

특성을 규정지으려고 하고 있다. 삼각형의 형태는 박물관과 원형 서커스 경기장을 서로 긴장된 상태로 마주하여 대치하도록 하고 있다.

강한 수평성을 가진 facade는 아를르의 짙푸른 프로방스 지역의 깊은 하늘로부터 온 것이라 할 수 있다. 하늘 빛깔인 에말리(emalit) 색으로 칠해져 있으며, 현재와 미래의 아를르인들의 정신 속에서 고대 아를르의 영원한 역사와 의미를 담고 있다.

푸른색 유리에 의해 마감된 벽과 그렇지 않은 벽면, 그리고 facade 등에 있어서 공간은 기능적으로 놓여졌다. 그러나 이 외부입면은 상징적인 면과 스케일감에 있어서 내부적인 특징들과는 다른 것처럼 보인다.

운하에 수직으로 놓여 있는 주 facade(south wing)는 건물이 인공적인 요소 위에 서 있게 했다. 옛 도시를 향하고 있는 east wing 벽면은 박물관의 상징적인 요소이며 서커스 경기장 터를 마주하고 있다.

반대 측면인 문화분야의 볼륨은 마치 도시를 필로티 위에 얹고 있는 듯하다. 운하 측의 facade는 도시를 향하여 열려있고 과학분야 영역의 볼륨과 형태를 유지한다. 동시에 론 강(rhone)을 향해 열린 전시관 면(north wing)으로 또 다시 연결되게 된다. 삼각형의 3면은 각기 다른 표정이 있으며 void한 면에서 종종 돌출된 발코니와 계단, lamp 등의 요소가 길고 단순한 facade 면에 다양한 변화를 주고 있다.

건축가인 앙리 시리아니는 아를르고대사박물관에서 다양한 공간적 수법을 구사하고 있다. 개방성과 폐쇄성, 부드러움과 날카로움, 현대와 미래, 정형과 기하학 등 병치되는 요소들을 적절하게 공간내부와 mass에서 표현하고 있다.

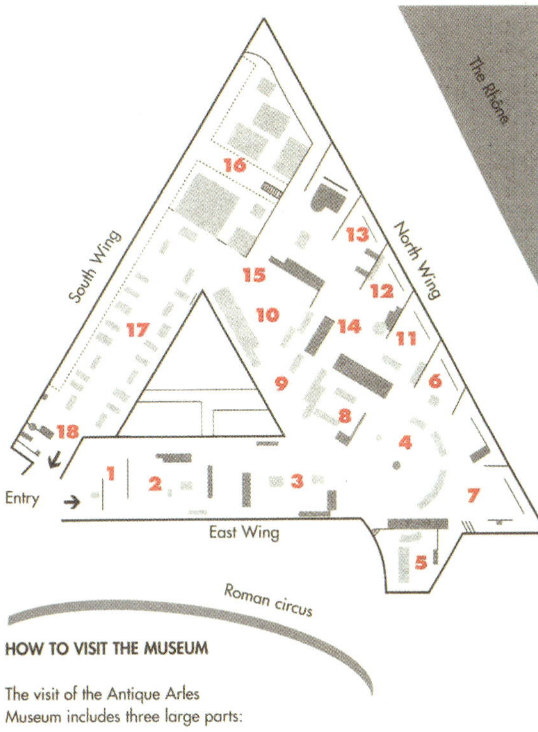

HOW TO VISIT THE MUSEUM

The visit of the Antique Arles Museum includes three large parts:

East Wing
From Arles protohistory to the foundation of the Roman Colony

North Wing
From the great monuments to the house decor

South Wing
From the gods and heroes to the cult of the dead.

To be seen

Entry
The visitor is symbolically welcomed by the "Arcoule lion", first preroman sculpture masterpiece, and by a quotation of Frederic Mistral to the glory of the Lion Town.
A monumental map of the Arles region will make it easy to understand its extent, the variety and complexity of its various lands (Alpilles, Crau, Camargue), and the privileged position of the city on the bank of the Rhône and at the crossing of important roads.

The Arles region and its surroundings in antiquity

The Lion of Arcoule

1 The prehistory of Arles and its surroundings (7000 - 700 B.C.)
Tools dating back from 7000 B.C. were found in Crau, and traces of the beginning of agriculture were excavated in les Baux de Provence (6000 B.C.). From 2300 B.C. onwards, the number of settlements is multiplied.
The hypogea in Fontvieille are collective tombs dated 2500-2000 B.C. Many objects presented here date from the Copper Age (2200-1800 B.C.).

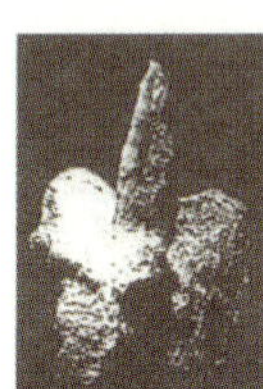

The bead from the Chalcolithic period

Vertebra pierced by an arrow

2 The Protohistory
This reconstruction shows the native-ligurians and the various influences they suffered, especially between the Hellenisation and the Roman colonisation. You will also see the "Oppidum des Caisses" sanctuary in Mouriès, its steles engraved with "psychopump" horses (whitch take the souls of the dead into the after-world), and the Arcoule sanctuary in Paradou.
A large model represents the district of the IVth century B.C.. The original of which was found at the Hauture hill's foot.

The model of the protohistoric settlement

Attic pottery Vth century B.C

3 Roman Arles
In order to thank Arles for its help in the fight against Marseilles (then an ally of Pompeius), Julius Caesar promoted the town to the rank of colony and based the VIth legion there. A large, general model of the town shows the urban space as it was in the IVth century A.D.. You can admire the urban plans of the Augustean period (forum, theatre, wall), the Flavian period (amphitheatre), the Antonine period (circus), and the Constantine period (thermae).

The model of the Forum

Corinthian capital

4 THE GREAT MONUMENTS
The Theatre
Emperor Augustus had it built at the end of the 1st century B.C., at the top of the hill in Arles.
It could receive 10 000 spectators, seated according to their social status. The backstage was decorated with about 100 columns. In the centre, a large recess framed the royal door, topped by a niche contaning a monumental statue of Augustus. The theatre was used as a quarry as soon as the beginning of the Middle Ages.

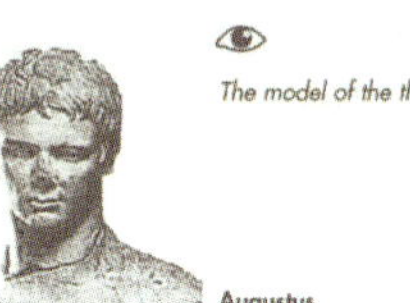

The model of the theatre

Augustus (end of 1st century B.C.)

5 The Circus
450 meters long and 101 meters wide, it could seat up to 20 000 spectators. The chariot races took place on a large track divided in two by a wall (the spina), decorated with sculptures and an obelisk which you can now see on the Place de la République in the city centre.
The circus lies on 28 000 posts made of oak and pine wood. Their analysis in a laboratory made it possible to specify when they were cut down: under the reign of emperor Antoninus, during the winter 148-149 A.D..

The model of the circus

Aurige's cupid

6 The Amphitheatre
It was erected on the north side of the hill, approximately in 90 A.D.. It consists of an external wall with two levels of arcades. The tiers could receive an audience of 20 000 spectators. In the VIIIth century, probably during the Arab invasions, it was turned into a fortress.
The building was reinforced in the Middle Ages with the construction of towers which give their truely characteristic appearance to the amphitheatre.

The model of the amphitheatre

Samnite gladiator

7 The Arch of Triumph
Usually located at the town entry, they were originally intended to celebrate the victories of the Roman generals. Later, they will be a stage in urban extension.
The best known arch in Arles is the "Rhône Arch" located in the Méjan district (end of 1st century B.C.). Two arches were located at both ends of the boat bridge, according to the model of the Flavian bridge in Saint-Chamas.

Bas-relief of the Victory

Drawing of the Rhône Arch

박물관의 관람안내 브로슈어 스캔 자료.

214

중정에 놓인 큰 계단은 전시방문의 마감을 의미하는 동시에 하늘로 향해
끝없이 열려 있다. 이 요소는 중앙의 void 공간을 메우며 돌아나가는 나선을
중지시키고 방향성을 부여한다.
이 지붕은 박물관의 중요한 아이콘적인 요소가 된다.
내부로 수직의 빛을 불어넣기 위한 구조를 갖고서 어떤 facade와도 비견될 만한
중요한 조형적 요소다. 하늘로 치솟은 삼각형의 수직 구조물은
박물관의 종착지와 같은 상징적 역할을 한다.

<table>
<tr><td>1</td><td>2</td></tr>
<tr><td>3</td><td>4</td></tr>
</table>

1. 옥상 층은 전망대와 카페테리아의 테라스와 임시 야외전시장으로 사용함으로써 지붕 위에 공공시설을 크게 부각시키고 있는 좋은 사례이다.

2. 곡선형의 전시대는 출토유물을 더욱 자연스럽고 흥미롭게 보이도록 유도한다.

3. 박물관 입구를 지나면 인포메이션과 휴게공간이 있고 홀에 전시된 석관 등이 제일 먼저 방문객을 맞이한다. 홀의 상부는 2층까지 open되어 있고 측면은 유리로 마감하여 충분한 자연채광을 받을 수 있도록 하였다.

4. 관람자는 전시장의 계단과 브리지를 통하여 다양한 시선 높이에서 전시자료를 관람할 수 있다. 또한 실내 전시공간 곳곳에는 측창을 통하여 자연채광을 내부 깊숙하게 받아들일 수 있도록 하였다.

전시실에는 두 가지 선택동선을 만들어 관람자가 관람시간을 조절할 수 있도록 하고 있다. 특히 왼쪽 사진과 같이 계단을 올라가 브리지를 통하여 바닥에 전시된 전시자료를 아래로 내려다 볼 수 있도록 계획한 것은 보다 상세하게 모든 방향에서 대형의 전시자료를 관람자가 볼 수 있도록 배려한 디자인적 이도라 하겠다. 또한 전시장을 걸으며 느낄 수 있는 산책로 개념의 공간은 전시를 보다 흥미롭게 관람자에게 다가갈 수 있도록 한다.

장례문화에 대한 전시공간으로 단조로워 보이는 marble과 limestone으로 제작된 석관들의 나열형 전시지만 완만하게 경사진 lamp와 붉은색 벽면을 차지하고 있는 장례식에 사용된 비문조각들이 측면의 자연채광과 어우러져 매우 색다른 전시풍경을 연출한다.
건축적 산책로(promenade)의 개념이 완벽하게 구현된 전시공간이다.
관람자는 조용히 램프를 걸으며 고대인들의 과거와 믿음, 죽음 등에 대해 살펴볼 수 있다.

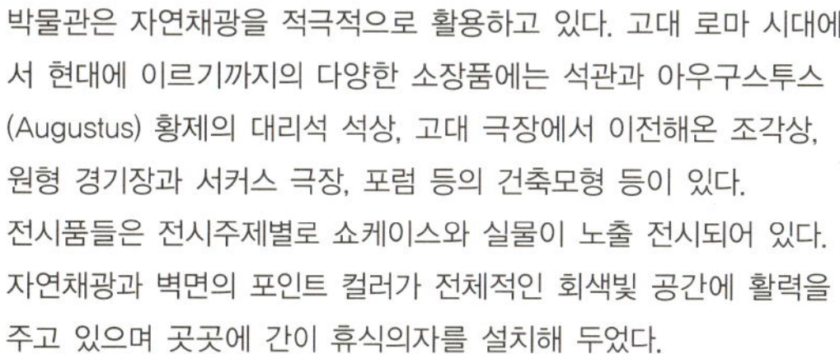

박물관은 자연채광을 적극적으로 활용하고 있다. 고대 로마 시대에서 현대에 이르기까지의 다양한 소장품에는 석관과 아우구스투스(Augustus) 황제의 대리석 석상, 고대 극장에서 이전해온 조각상, 원형 경기장과 서커스 극장, 포럼 등의 건축모형 등이 있다.
전시품들은 전시주제별로 쇼케이스와 실물이 노출 전시되어 있다.
자연채광과 벽면의 포인트 컬러가 전체적인 회색빛 공간에 활력을 주고 있으며 곳곳에 간이 휴식의자를 설치해 두었다.

PYRAMID DU LOUVRE _ PARIS, FRANCE

http://www.louvre.fr/llv/commun/home.jsp?bmLocale=en

건축면적 : 150,000 ㎡
전시면적 : 82,500 ㎡ (총 전시길이 : 20 Km)
수장규모 : 전체 유물 수는 40 만점 이상이며 이 중 10만여 자료가
　　　　　 전시되어 있다.
건축가 : Ieoh Ming Pei
　　　　　 (중앙 피라미드와 피라미드 하부 증축부분 설계)
　　　　　 Michel Macay, Georges Duval (협동 건축가)

루브르는 다른 박물관과는 달리 그 자체로 국제적으로 중요한 문화기관 중의 하나다. 또한 대중들에게 최상의 조건에서 국제적인 소장품들을 전시하는 것이 루브르박물관의 주된 목적이다.

거대 유리 피라미드의 새로운 시도로 인해 고전적 조형을 배경으로 한 강열하고 현대적인 이미지를 결합시킨 프랑스 도시의 새로운 상징이 되었다. 자연채광이 부족한 지하공간의 결점을 해결하고 루브르 궁을 중정의 중심에서 바라 볼 수 있도록 하였으며, 전시공간의 전체 동선을 집약시킨 아이디어가 공모전에서 피라미드가 우승할 수 있던 주요한 요소였다.

역사적인 궁과 현대적인 테크놀로지 건축물의 공존을 끌어낸 페이는 피라미드를 광장의 중심에 두고 그 주변에 삼각형 분수연못을 배치하여 유리와 물의 요소가 파리의 하늘을 비춰 밤이 되면 피라미드가 광장의 빛이 되고 기존의 역사적인 건물에 대해 현대건축의 조화를 이루게 하였다. 중정에 설치된 피라미드는 나폴레옹의 이집트 원정을 상징하기도 한다. 피라미드 내부에는 에스컬레이터와 계단, 장애인을 위한 리프트가 설치되었고 이를 통해 reception area로 내려와 전시관람을 시작하게 된다.

2nd floor _ sully wing
Charles Le Brun Room
루이 14세 때 활동한 황실미술가였던 Charles Le Brun의 미술작품을 전시하고 있는 전시실.
그는 왕의 영웅적 업적을 모델로 하여 그린 대규모의 작품을 감상할 수 있다. 작품의 규모를 고려해 천장고가 높으며 유화에 적합한 배경색 벽면을 가진다.

2nd floor _ sully wing
Georges de La Tour Room
17세기 프랑스 미술을 이끌었던 화가인 Georges de La Tour의 작품을 위한 전시실.
미술작품들은 중심선 맞추기 방법으로 전시하고 있으며 작품제목 라벨 또한 같은 높이에 줄을 맞추어 붙여두었다. 흰색 벽면에 걸려 있는 액자와 작품이 인상적이지만 그림을 걸기 위한 와이어가 더 눈에 띈다.

2nd floor _ sully wing
Galerie Médicis, Flanders
Luxembourg 궁에 소장되어 있던 24개의 기념비적인 작품이 전시되어 있다.
1622년부터 1625년까지 루벤스에 의해 그려진 작품들이며 여왕의 삶과 행적에 대한 일화를 고대의 신화적 관점에서의 과장된 화법으로 그리고 있다.

JEJU NATIONAL MUSEUM _KOREA, JEJU

國立濟州博物館 / 제주특별자치도 제주시 일주동로-17 / http://jeju.museum.go.kr/kr/contents/main.php

부지면적 : 50,572㎡
연면적 : 9,287㎡
전시면적 : 2,130㎡
규모 : 지하 1층, 지상 2층
개관 : 2001년 6월 15일

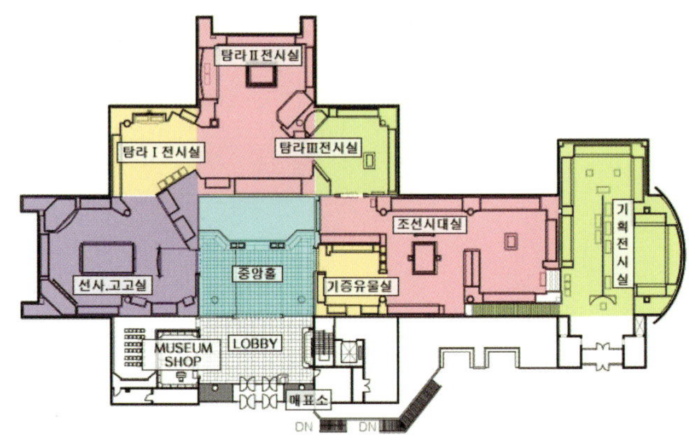

국립제주박물관 관람 안내도면 브로슈어 스캔 자료

국립제주박물관은 제주도의 전체적인 섬 모양, 오름, 돌담 등에서 느낄 수 있는 지형적인 특징을 건물의 둥근 지붕과 정원의 굽은 길로 표현하고, 바람이 많은 기후적 특징을 담장과 창으로 형상화함으로써 사라봉 공원과 연계한 박물관의 공원화를 유도하였다.

건물은 제주의 자연과 역사를 외부공간에 조화롭게 형상화시켜 상징적인 공간체계를 보여주고 있다.

박물관의 외관은 정감어린 제주의 초가지붕을 형상화하고 화강석과 송이벽돌로 외부를 마감하였으며, 지형의 높낮이를 이용한 넓은 정원에 야외전시물을 배치하여 야외전시장으로 활용하고 있다.

천혜의 자연을 가진 제주도의 환경과 어울리는 자연재료의 사용으로 박물관은 건축물이라기보다는 제주도 자연 속 또 다른 하나의 자연으로 느껴진다. 바람과 돌과 자연이 어우러진 풍경이다.

국립제주박물관의 외관은 그렇게 수려하지 않다. 긴 직사각형의 mass와 원형의 mass가 조합되고 하부의 정사각형 mass가 이들을 조심스럽게 떠받치고 있다. 국립제주박물관이라고 적혀 있는 전면 facade의 open된 공간을 지나면 중정으로 통하게 되고 낮은 계단을 올라 박물관 로비로 들어서게 된다. 박물관의 facade는 세로로 긴 창과 돌출되거나 open된 면을 통해 조형적인 입면 detail을 만들어내고 있다.

박물관 측면에서 바라본 전경
길게 뻗은 상층부의 mass가 원형의 mass와 만나 전체적인 조형을 형성한다. 적당하게 정돈된 조경은 도로와 박물관의 벽면, 그리고 흐린 날의 회색 빛 풍경과 조화되어 무채색 위에 그려진 초록빛을 더욱 선명하게 드러낸다. 풍경과 조화된 박물관은 마치 카멜레온이 자신의 색을 숨기고 주변 색에 맞추어 색을 바꾸듯이 색을 숨긴 느낌이다.

중앙 홀

박물관의 로비를 거쳐 중앙 홀로 들어서면 가장 먼저 홀의 천장상부에 설치된 제주역사의 시작과 삼성신화를 연출한 스테인드글라스, 제주의 읍성 모형 디오라마 전시를 보게 된다. 디오라마 전시의 전면에는 작은 모니터를 통하여 정보를 볼 수 있도록 구성되어 있다.

상부로 열린 void 공간으로 인해 풍부한 공간감과 높은 천장으로부터 떨어지는 자연채광이 홀 부분의 분위기를 만든다.

탐라 2실

탐라문화의 전개와 발전을 중심으로 한 자료와 고려시대의 탐라 관련 자료를 전시. 분청사기인화문병, 도자기, 기와 등의 자료를 통하여 당시 사찰문화의 수준을 가늠해 볼 수 있는 전시공간이다.

벽면 쇼케이스와 독립 쇼케이스 등으로 구성되며 전체적으로 체험형식이나 동적인 전시연출은 볼 수 없지만 제주지역의 특수한 역사와 문화를 일목요연하게 정리하였다.

선사 · 고고실

화산섬 제주의 자연환경과 구석기에서 기원전에 이르는 선사문화를 전시하고 있다.

전시실 중앙에는 선사시대 사람들의 생활모습을 재현한 모형이 아일랜드형으로 전시구성되어 있다.

기원전 10,000년경 신석기 시대의 고산리 유적에서 출토된 덧무늬토기와 누른무늬 토기 등의 주요자료는 벽면 쇼케이스 내부에 전시하고 있다.

EDO-TOKYO MUSEUM _ JAPAN, EDO-TOKYO

에도도쿄박물관 / 東京都 墨田區 橫網 1-4-1 / http://www.edo-tokyo-museum.or.jp/

대지면적 : 29,293㎡
연면적 : 48,000㎡
건축면적 : 17,562㎡
전시면적 : 약 10,000㎡ (상설전시장 + 기획전시장 1,000㎡)
수장규모 : 5,320㎡
건축가 : 菊竹淸訓 建築設計事務所

에도 및 도쿄 시대의 역사와 문화에 관한 자료를 수집, 보관하고 전시를 통하여 시민의 이용을 제공하며 시민의 교양, 학술 및 문화발전에 기여하기 위하여 강연회, 강습회 등을 주최하여 다양한 교육보급 활동을 전개하는 도립박물관이다.

상설전시 공간은 6, 5층의 천장이 높은 거대한 공간에, 에도 코너, 도쿄 코너, 통사 코너의 3코너로 구성되어 있다.

기획전시실에서는 해마다 수차례 특정 테마에 의해 구성되어진 기획전시가 행해진다. 이 기획전시는 박물관의 연구활동의 성과에 기초를 두고 에도 도쿄의 역사, 생활, 문화에 대해 정보를 학문적으로도 높은 수준으로 관람자가 알기 쉬운 전시를 하는 것을 목적으로 한다.

각 코너별로 전시구성은 다음과 같이 구성되어 있다.

에도 코너는 도시의 원형(에도 성과 거리의 행정구역), 에도의 생활(무사의 생활, 시민의 생활, 출판과 정보, 에도의 상업, 에도와 주변도시 및 인근도서 등의 자료), 에도의 문화(에도의 사계와 행사, 문화도시 에도, 에도의 연극문화)를 전시하고 있다.

도쿄 코너는 수도 도쿄의 탄생(문명개화 도쿄, 개화의 배경, 산업혁명과 도쿄), 근대도시의 생활(시민문화와 오락, 관동대지진, 모던 도쿄, 전쟁에의 길), 전쟁과 부흥(공습과 도민, 재건하는 도쿄)을 주제로 하고 있다.

통사 코너는 에도 도쿄 통사(에도와 도쿄, 세계 속의 도시 도쿄)를 대주제로 다루고 있다.

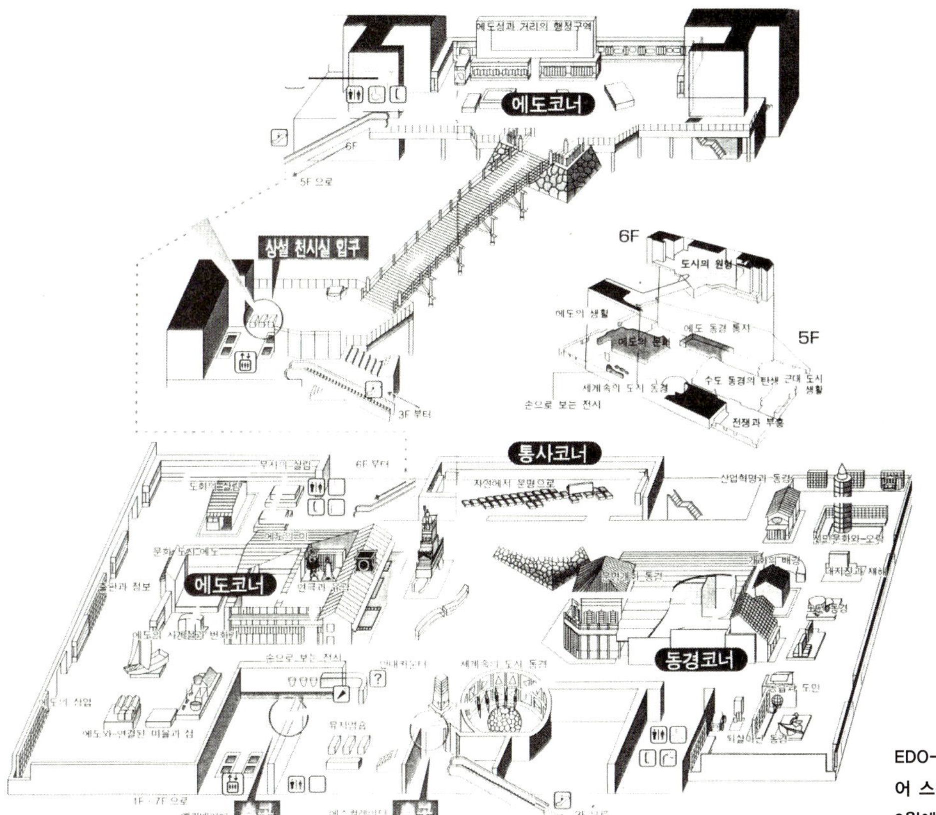

EDO-TOKYO MUSEUM 한국어 관람안내 브로슈어 스캔 자료. 1989년 6월 22일 착공하여 1993년 3월에 개관하였다.

223

6층의 상설전시실 입구에서 니혼바시(일본교_Nihonbashi Bridge)를 지나면 에도 코너 전시공간이 펼쳐진다. 니혼바시를 건너서 보이는 상부의 영상과 각종 모형 들은 에도 시대의 행정구역과 도시의 모습을 쇼케이스와 축소모형, 그래픽 패널 등으로 전시, 연출하고 있다.
니혼바시를 지나면서 5층 전시공간을 아래로 내려다 볼 수 있다. 관람자가 보게 될 전시공간을 미리보기할 수 있도록 하는 공간계획 기법은 전시 디자인에서는 매우 흥미로운 방법이다.

ABOVE LEFT / BELOW LEFT
박물관의 mass와 건축물의 형태는 일본풍의 상층부 형태(곳간의 이미지)를 강 조하는 동시에 미래지향적인 개념을 살려 다음과 같은 세 가지 특성을 표현하 고 있다.
① 높은 형태의 경사지붕을 상징화한 공간적 입체감 강조.
② 고층의 one-floor 구조에 의한 대형 전시공간 확보와 open floor, open partition을 이용한 선택적이며 자유로운 전시동선의 구축.
③ 보행용 진입광장을 필로티로 처리하여 이벤트 공간으로서의 기능과 미래지향 형의 symbol space로 활용.
가장 높은 곳의 높이는 62.2m에 이른다.

니혼바시(일본교)를 지나면서 상부의 영상과 전면 쇼케이스에 있는 행정구역 지도가 보인다.

긴자의 아사노 신문(朝野新聞) 사무실 건물을 실물크기 그대로 재현하여 옮겨 놓은 1:1 전시모형. 건물 전면부분에는 개화시대에 등장한 자전거(Ordinary-type Bicycle)를 타 볼 수 있는 hands on 체험전시와 당시 사용되었던 mail box, Rickshaw 등의 실물크기 전시물이 마련되어 있다.

도시문화 에도 전시영역. 쇼케이스를 사용하여 패널과 전시자료가 전시대에 놓여 있다.
충분한 전시실 폭의 확보로 여유 있는 전시관람이 가능하다.

6층에서 5층으로 내려오는 에스컬레이터가 뒤로 보이고 전시실의 복도를 따라 측면에는 에도 시대의 문화를 상징하는 다양한 자료가 실물로 전시되어 있다.

에도 코너의 출판과 정보를 주제로 하고 있는 전시영역. 책자와 인쇄물, 인쇄도구 등이 경사면을 가진 쇼케이스에 전시되어 있다.

에도 코너의 에도의 상업을 주제로 한 전시영역. 경사면을 가진 쇼케이스와 벽면을 통한 실물자료와 패널을 통하여 전시를 연출하고 있다.
긴 전시벽면을 통하여 연속성 있게 전시연출을 하고 있으나, 반복되는 쇼케이스와 나열형의 전시자료로 인해 다소 지루한 감이 있다.

에도와 연결된 마을과 섬이라는 주제로 전시가 구성되어 있다. 경사형 쇼케이스에는 주로 서책류와 소품이 전시되고 벽면에는 패널과 실물모형이 전시.

에도와 연결된 마을과 섬을 주제로 에도 시대의 배들이 전시실 바닥면을 활용하여 실물크기로 전시되어 있다. 직접적인 조작이나 만져볼 수는 없도록 하고 있다.

에도 코너의 가부키 연극과 유곽 전시공간 (Kabuki Theater)
사진의 왼쪽 부분을 보면 의자가 마련되어 있는데, 나카무라좌 재현 공연을 위
한 관람석이다.

에도 코너의 가부키 연극과 유곽 전시공간 (Kabuki Theater)
공간을 재현하여 현실감을 높이고 graphic banner를 사용하여 연극무대의 분위
기를 고조시키고 있다.

쇼와(昭和) 초기의 생활양식이 잔존하는 양식 절충주택의 일부를 전시장으로 이
축, 복원했다. 실제로 관람자는 신발을 벗고 내부공간에 들어가서 개화시대 생활
공간과 생활상을 체험해 볼 수 있도록 하는 체험공간으로 연출하고 있다.

에도도쿄박물관은 각 전시영역마다 다양한 전시기법과 연출을 통하여 역사를 다
루는 박물관임에도 불구하고 흥미롭고 풍성한 전시공간으로 구성되어 있다. 영
상, 홀로그램, 실물크기의 대형모형, 축소모형, 그래픽 패널, 터치 스크린, 실물자
료와 복원모형, 지형, 지도모형 등을 구사하고 있으며, 또한 부분적으로 체험 가
능한 건물모형과 입체 그래픽 패널 등 다양한 전시매체를 사용하고 있다. 전시
공간의 곳곳에 디오라마형식의 전시연출과 hands on 체험연출 등이 많아 관람
자들이 흥미롭게 관람할 수 있다. 또한 공간의 규모가 크지만 관람자들의 동선
을 매우 명쾌하게 one-way 방식으로 제한하여 관람 동선상의 혼란이 없도록
의도하고 있다. 바닥부분의 사인체계가 명확하고 전시 라벨 또한 블랙 배경의 화
이트 글자를 사용하여 명시도를 높였으며, 높은 층고를 충분히 활용하여 여유
있고 다이내믹한 다양성 있는 전시연출을 구성하였다.

SEOUL MUSEUM OF HISTORY _ KOREA, SEOUL

서울역사박물관 / 서울특별시 종로구 새문안길 50 / http://www.museum.seoul.kr/

부지 : 7,434㎡
연면적 : 20,130㎡ (상설전시장 면적은 약 4,410㎡)
규모 : 지상 3층

서울역사박물관은 2002년 5월 21일 개관하여 조선시대를 중
심으로 선사시대에서 현대에 이르는 서울의 문화와 역사를
총체적으로 담고 있는 박물관이다. 조선의 수도로서 정치와
경제, 사회와 문화의 중심지로서 그 역할을 해온 서울의 모
습을 4개의 주제 zone으로 구성하여 전시하고 있다.

229

전시안내 브로슈어

1번에서 2번까지의 영역이 조선
의 수도, 서울이라는 주제를 가진
1ZONE이다.
2번과 3번 영역은 서울사람의 생활
을 주제로 하는 2ZONE이다.
4번은 Touch Museum으로 실물모
형과 3D 시뮬레이션을 통해서 관람
객이 유물에 대한 정보를 볼 수 있
도록 전시연출하고 있다.
5번 공간은 조선시대의 과학기구,
놀이기구, 생활용품 등을 만져 볼
수 있는 HANDS ON 체험공간이다.
6번에서 8번까지 영역은 3zone으
로 서울의 문화를 주제로 하며, 9
번 영역은 4zone으로 도시 서울
의 발달을 주제로 한다. 10번은 휴
식공간으로 간단한 다과가 가능한
의자와 테이블 및 소규모 museum
shop이 있다.

3층 상설전시장의 주 출입구 부분. 상부에 돌출된 삼각형 공간의 안쪽 내부는 정보의 다리로 36대의 키오스크를 설치하여 퀴즈 게임 등을 할 수 있는 공간이다. 정보의 다리는 3층 전시실의 상부에 중층으로 구성되어 전시실을 내려다볼 수 있다.

주 출입구를 지나 전시실 입구에 들어서면 서울 정도 옛 지도를 그래픽과 모형도를 통해서 연출하고 있다. 상부에는 영상을 통하여 조선 후기 모습을 보여준다. 조선의 수도, 서울 전시영역.

서울사람의 일상생활을 전시하는 영역으로 생활용구, 신분별 복식의 차별성, 제례용구 등을 영상과 실물복제 등으로 전시. 검정색 배경의 벽면에는 돌출형 쇼케이스와 영상을 혼용하여 연출하였고 이와 더불어 독립형 쇼케이스를 통해 전시실 바닥에 아일랜드형으로 공간을 연출하고 있다.

서울사람의 경제생활을 전시하는 공간으로 정보의 다리에서 바라본 전경. 독립 쇼케이스를 아일랜드형으로 배치하고 시장에서 거래되던 물품과 엽전 등이 전시된다.
서울역사박물관은 대표적인 open plan type의 전시 layout을 한 전시공간이다. 전체적으로 전시자료의 배치와 쇼케이스 배치가 관람자들의 동선을 자연스럽게 유도하고 있다.

Touch museum. 맷돌 등의 전시유물 모형과 상부 모니터를 통하여 유물의 3D 입체영상과 설명을 들을 수 있도록 구성되었다. 관람객이 다가가서 유물을 만져보면 센서를 통해 영상이 나타난다.

궁중문화를 전시하는 공간으로 앞에는 경희궁 모형이 있고 뒤편에는 독립 쇼케이스를 통하여 왕권을 상징하였던 유물과 어보(왕의 도장), 어필(왕의 글씨), 어의(왕의 옷) 등이 전시되며, 좌측 벽면에는 왕이 남긴 문집(서책)이 전시되었다.

서울의 학술문화를 전시하는 공간으로 천문도와 지리지 등의 자료를 독립 쇼케이스에 전시하고 맞은편 기둥을 활용한 쇼케이스에서는 교육교재나 역법서를 실물을 활용하여 전시하고 있다.
기둥과 쇼케이스가 하나의 디자인적 포인트 요소가 되고 있다.

도시 서울의 발달을 주제로 한 전시공간. 한성모형을 바닥에 전시하고 독립형 쇼케이스를 설치하여 도자기 등의 유물을 전시연출하고 있다. 천장상부에는 영사기와 리얼 스크린을 설치하여 벽면에 도시의 확장과 변천모습을 보여준다.

DONGDAEMUN HISORY MUSEUM _ KOREA, SEOUL

동대문역사관 / http://www.seouldesign.or.kr

부지면적 : 65,232㎡
건축가 : Zaha Hadid

동대문역사관은 공원 문화재 발굴현장에서 출토된 조선백자, 분청사기 등 생활역사 문화재 1,000여 점을 중심으로 조선시대의 유적을 전시하고 있다. 조선시대 역사를 살펴볼 수 있고 다양한 체험전시를 통하여 동적이고 흥미로운 역사교육의 장으로 활용되고 있다.

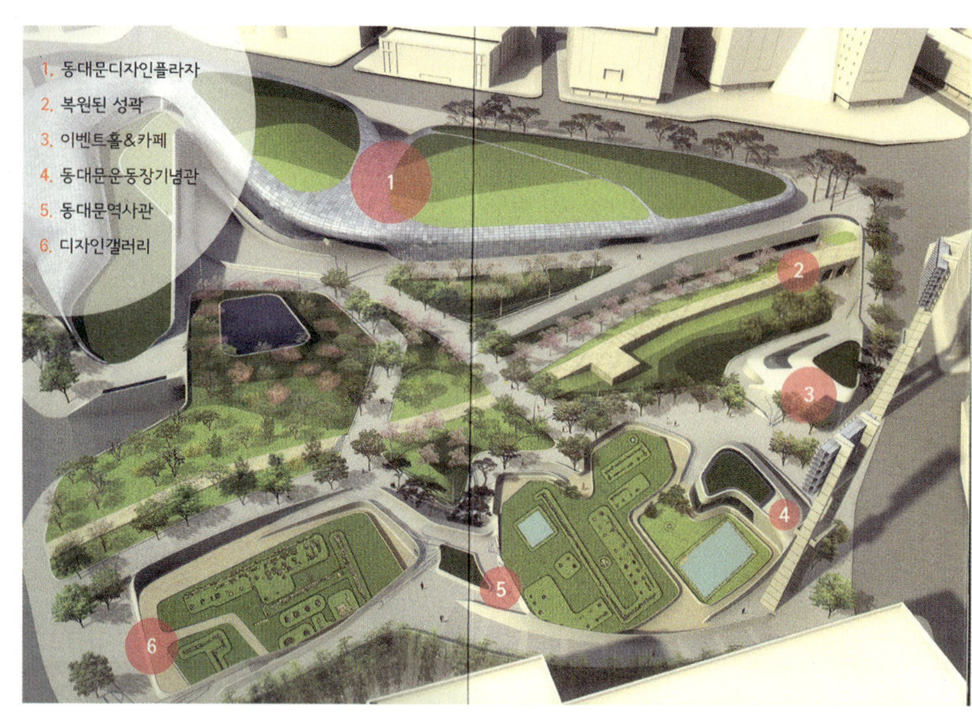

동대문역사문화공원의 관람안내 브로슈어 스캔 자료 (5번 지점이 동대문역사관이다)

기획전시실과 상설전시실, 홀로 구성되며 발굴유물 영상, 놀면서 배우자, 토층 비전 탐사, 묻혔던 역사를 찾다 등의 코너로 구성되어 있다. 첨단의 다양한 전시매체(인터렉티브 매체, led, 탐사 비전, e-book, 전자방명록, 유물탐색 체험을 위한 3d 영상매체 등)가 활용되어 체험 위주의 동적 전시연출이 주를 이루고 있다. 동대문역사관은 동대문역사문화공원 내에 있으며, 역사관 주변은 유물의 발굴터를 그대로 재현하여 살아 있는 역사의 흔적을 느낄 수 있다.

건축가의 매우 기하학적이고 유선형의 곡선 디자인이 지형이나 수목, 자연과 어우러지며 동대문운동장과 풍물시장, 동대문 주변의 풍경을 그대로 담아내고 있다.

동대문역사관의 주 출입구 부분

상설전시실
쇼케이스, 그래픽 패널, 복원 예상
도 모형 등을 통하여 입제적인 전
시를 연출.
바닥부분에는 인터렉티브 전시매체
가 사용되어 관람자가 밟으면 영상
이 변하며, 뒤로 보이는 청풍계도는
LED 연출로 흐르는 듯한 물길을
동적으로 연출하고 있다.

묻혔던 역사를 찾다.
쇼케이스 내부에 발굴유물의 재질별, 발굴 지역별, 시대별로 구분되어진 유물
을 전시.

발굴성곽 특별전시.
독립형 쇼케이스와 사진, 그래픽 패널 등을 활용하여 전시를 연출하고 있다.

놀면서 배우자 전시 코너.
바닥에 보이는 영상은 관람자가 직접 유물을 발굴하는 체험형 인터렉티브 장치
를 설치하여 관람자 스스로 고고학자가 되어 유물을 발굴하는 과정을 모니터를
통해 간접적으로 체험해 볼 수 있도록 연출하였다. 공간의 중심부에는 스크린
을 설치하여 영상을 상영하며, 동대문 지역의 정치와 경제생활, 문화를 내용으로
하는 e-book 전시매체가 데스크 형식의 전시대에 설치되어 있다.

놀면서 배우자 전시 코너.
계단의 일부분을 활용하여 키오스크를 설치하였다. 계단부분은 집성목을 사용하
여 유물발견 과정에 대한 영상을 감상하거나 잠시 휴식을 위한 벤치역할을 한다.
키오스크는 터치 스크린 모니터를 사용하여 도자기 만들어보기, 성곽 쌓기, 4대
문 맞추기 퍼즐 등의 아이템으로 구성되어 있다.
매우 다양한 digital media 전시매체가 사용된 전시구성 사례다.

중층유구, 상층유구로 구분하여 관
람자가 자세하게 보고자 하는 부분
으로 비전을 움직이면 설명영상과
상세한 토층의 모습을 볼 수 있다.
체험형 전시연출이다.

토층비전 탐사
동대문운동장의 토층을 하층 유규,

3. SCIENCE AND NATURE HISTORY MUSEUM

NATIONAL MUSEUM OF EMERGING SCIENCE AND INNOVATION _ JAPAN, TOKYO

도쿄과학미래관 / http://www.miraikan.jst.go.jp/en/

대지면적 : 약 19,636㎡
건축면적 : 약 8,881㎡

최첨단 과학기술에 관한 정보를 교류하기 위한 종합적 거점
으로 참가체험형의 전시나 여러 가지 이벤트, 과학자·기술자
와도 교류하며, 최첨단 과학기술을 경험하는 공간이다. 새로
운 지식을 얻는 것뿐 아니라 주체적으로 과학에 다가서서 현
대사회에서의 과학의 역할과 미래의 가능성을 생각한다.
각 층별구성과 주제는 다음과 같다.

기술혁신과 미래(3층) : EX2 ZONE

milli-micron-nano 단위기술로의 진보, 그런 가운데 극도
로 작은 micromachine의 개발, 로봇, 초반도체 기술과 함께
인간과 기술 간 새로운 관계모색에 대한 전시주제.

정보과학기술과 사회(3층) : EX3 ZONE

자연이나 인간과 같은 여러 가지 모습들을 수(numbers)와 디
지털로 변환할 수 있게 되었으며, 실제경험을 통하여 다양한
분야에 정보과학 기술에 의해 열려진 가능성을 탐구한다. 전
시를 통하여 사람과 사람, 사람과 과학기술을 연결하는 새로
운 방법을 모색한다.

생명과학과 인간(5층) : EX4 ZONE

게놈, 뇌, 건강기법(의약)의 3가지 분야의 전시공간.
인간의 출현에서 지능의 발달을 거쳐 오늘날의 문제에 이르
는 인간사를 다루면서 삶의 다양성을 전시한다. 방문객들에
게 인간존재에 대한 새로운 시각을 갖는 기회를 준다.

지구환경과 프론티어(5층) : EX5 ZONE

지구의 재료를 쓰기만 할 것이 아니라 재생하는 것, 또 우
주 탐구가 태양계에서 은하계, 거대우주로 확대되면서 우주
와 지구와의 관계를 미래에 어떻게 정립하는가에 관한 전시
주제를 다루고 있다.

236

상징전시 : 지구-우주 (Geo-cosmos)
미래관에서 수용하고 있는 4개 대주제를 상징하는 것으로 지름 6.5m의 구가 공
중에 떠있어 모든 과학기술의 원천이며, 미래의 장으로서 지구를 나타낸다.
발광 2극 진공관 Cutting Edge LED 판들이 지구의 표면에 부착되어, 실시간으
로 위성 이미지 자료를 전송하여 지구에서 일어나는 끊임없는 환경의 변화를 보
여준다.
구의 주변에는 오버 브리지가 설치되어 관람자들은 매우 가까운 곳에서 공중에
떠있는 지구의 모습을 관찰할 수 있다.

ABOVE : 오늘의 지구 (EARTH TODAY)
BELOW : 바다의 표면온도 분포

238

미래관 입구 홀 상부의 조형물. 마치 자연을 상징하는 듯한 모습이다.

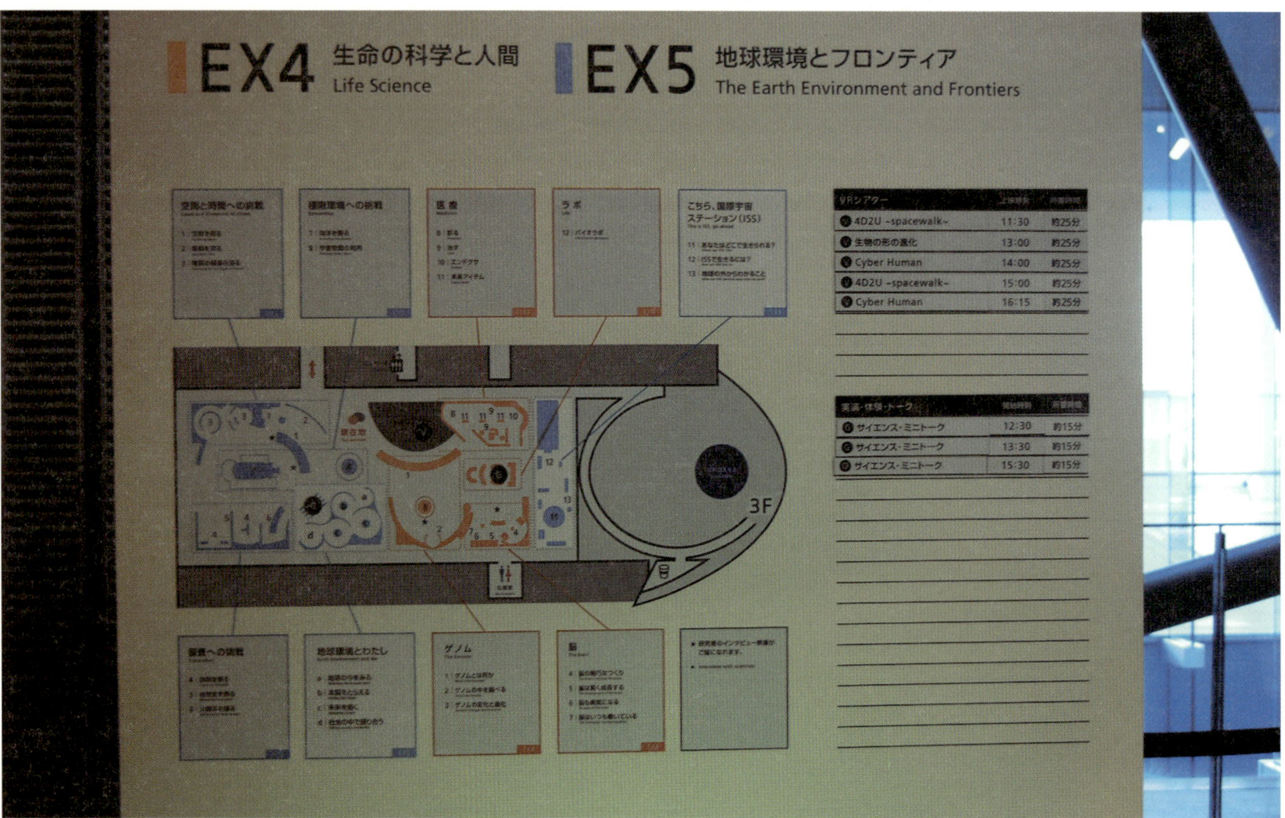

안내 표지 사인. 5층은 생명과학과 인간, 지구환경과 frontiers를 주제로 전시하고 있다. Identity Sign의 좋은 사례다.

EX4 생명과학과 인간전시 영역

단백질의 기능과 세포구조 등을 라이팅 패널과 검색 터치 스크린 키오스크, 모형으로 설명하고 있다.

EX4 ZONE으로 관람자는 현미경을 통하여 세포 등을 직접 관찰할 수 있는 체험형 전시.

EX4 ZONE으로 검색 키오스크, 전자현미경, 패널 등 다양한 매체를 사용하고 있다.

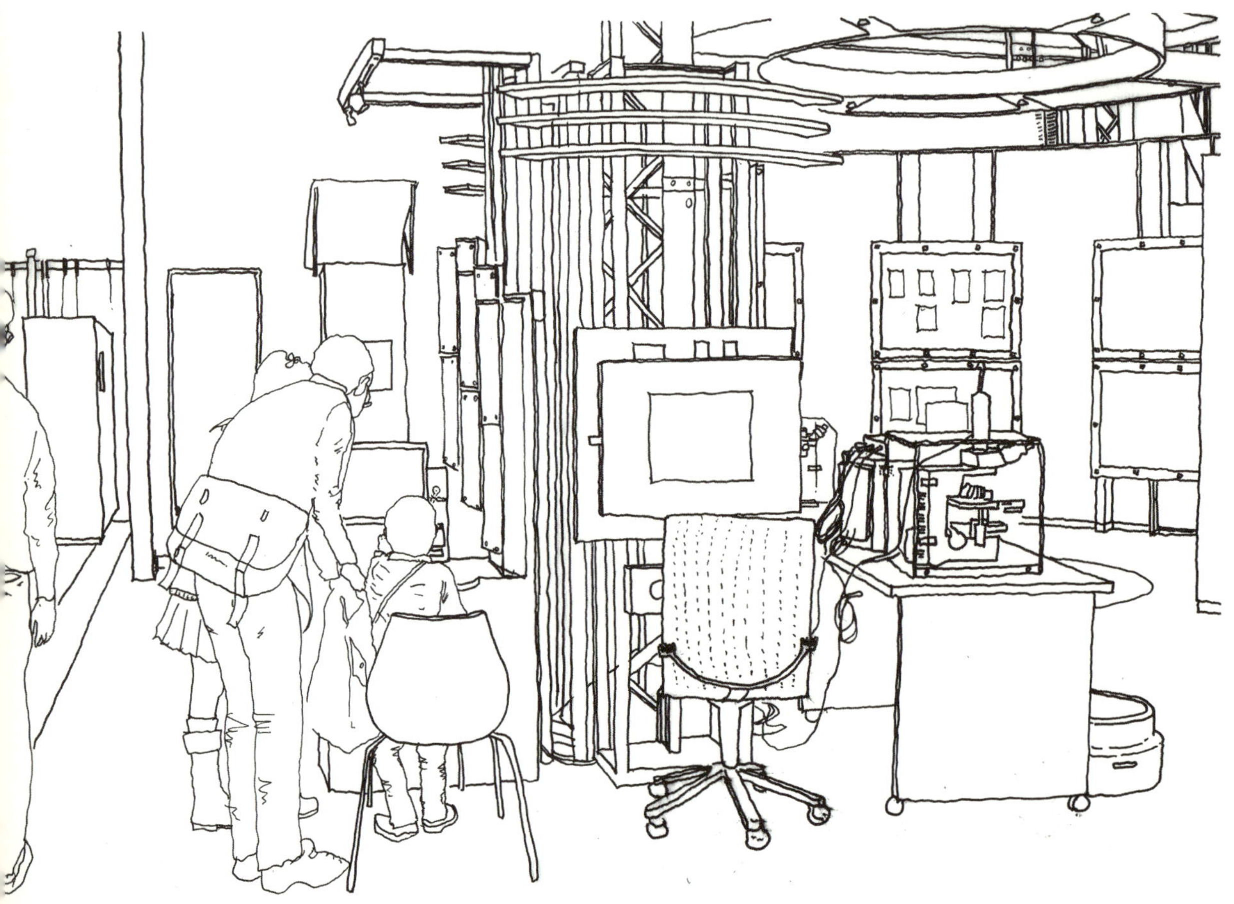

EX4 ZONE으로 뇌를 주제로 전시하고 있다. 관람자는 영상 키오스크를 통하여 뇌의 활동전달 과정과 뇌의 구조 등을 살펴볼 수 있다.

EX4 ZONE으로 ENDOXA를 주제로 하는 공간이 라이팅 패널 벽면과 검색 키오스크로 구성되어 있다.

EX2 ZONE으로 화학의 이노베이션을 주제로 전시하고 있다. 화학의 역사에서 주요한 인물들이 남긴 이론 등을 패널, 쇼케이스, 영상 LCD 등을 통하여 복합적으로 구성하고 있다.

EX2 ZONE으로 마이크로 머신의 3가지 특성, 제작기술 등
을 실물과 함께 모니터와 패널로 구성하여 연출.

EX3 ZONE 정보과학 기술과 사회주제 전시공간.

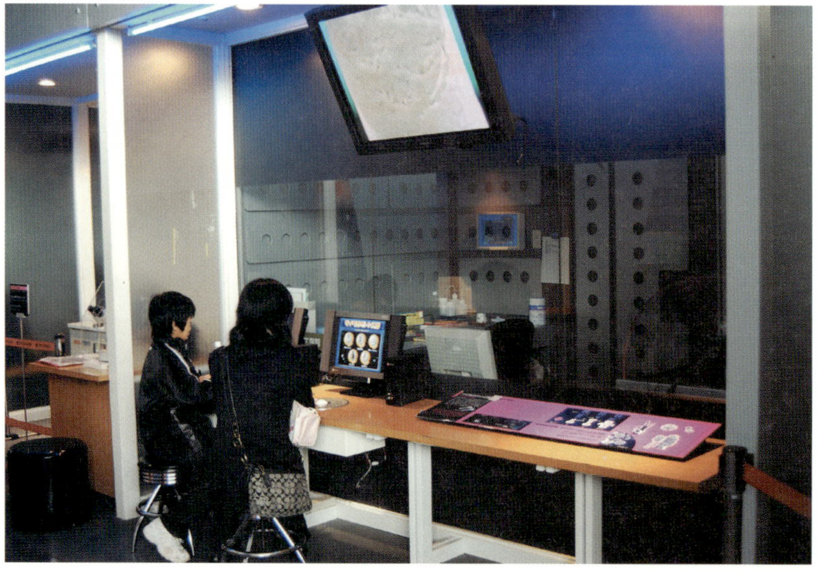

실험공방 전시공간으로 실험기기와 실험장면을 볼 수 있도
록 한 실험실이 있다. 첨단의 과학기술을 관람객에게 보다
가깝고 친근하게 체험할 수 있는 전시 존이다.

OSAKA MARITIME MUSEUM _ JAPAN, OSAKA

http://www.jikukan-ogbc.jp/english/index.html

연면적 규모 : 20,000㎡
      (돔 부분- 14,000㎡, 출입 건물동- 5,000㎡,
      해저 터널- 1,000㎡)

16세기의 과거 오사카 바다의 모습이 재현되어 있는 전시공간으로 실물크기의 상선 나니와 마루가 전시공간의 중앙부에 위치하고 있다. 실제로 건축물의 시공과정에서 상선의 크기로 인하여 기초공사 이후에 상선을 먼저 전시공간에 위치시키고 이후에 상부 돔의 글라스를 덮어 전체공사를 마무리하였다고 한다.

폴 앙드류라는 프랑스 건축가가 설계하였으며, 지난 2000년 7월 14일 개관하여 오사카 항의 변천사와 세계의 해양교류사 등을 전시주제로 하고 있다. 돔은 4,200여 장의 유리로 구성되며 지름 70m, 높이 35m의 공간으로 건설되었다. 전체 전시관람은 4층에서부터 시작하여 바다가 이어주는 세계의 문화, 오사카 항의 번영, 배라는 크게 3가지 주제로 구성된 전시를 볼 수 있다.

박물관의 외부 진입부

반원형의 돔이 바다 위에 떠있는 형상을 하고 있다. 실제로 박물관의 주 출입구와 입구 홀은 지상에 건설되었지만 전시공간은 바다 위에 돔으로 설계되어 있어 관람객은 지하 터널을 통하여 돔으로 진입하게 되는 공간구조를 하고 있다.
돔의 글라스 부분은 투명하지만 밀도가 다른 두 가지 유형의 펀칭 매탈을 활용하여 돔의 유리면에 대한 투명도와 반사도를 다르게 보이도록 하고 있다.

지상층에 자리 잡고 있는 박물관의 주 출입구 홀
바다를 향하여 휴식의자가 배치되어 있고 돔 형태의 전시공간과 연결된 지하 터널로의 이동을 위한 엘리베이터, 티케팅을
위한 공간과 뮤지엄 숍, 화장실 등이 있다.

4층에 위치한 상징조형
바다로 출정하는 어부들의 안위와 무사함을 기원하기 위한 상징적인 의미를 가지고 있는 뱃머리의 선수상 조형물이 설치되
어 있다.

최상층부로 연결된 계단부분
각 층별로 계단으로의 진입과 이동이 가능하다. 구조 프레임을 통해 바다풍경이 펼쳐지며 높은 층고로 인하여 풍부한 공간감을 느낄 수 있는 복도로 구성된다. 바닥은 부드러운 카펫으로 마감되고 전체적인 인테리어 마감은 회색 톤의 스틸과 패널을 사용하여 다소 차가운 느낌이다.

요트 타기 체험공간

관람자가 바다를 항해하는 요트를 간접
적으로 체험해 보는 공간으로 전면에는
시뮬레이터가 있어 바다의 풍경을 연출하
고 관람자는 모형 요트를 조정하여 운행
해보는 체험공간이다.

**4층 전시공간. 바다가 이어주는 세계
의 문화**

15세기 후반에서 19세기에 이르는 세계
사 속에서의 일본의 해양교류사와 바다
의 길, 항해기술, 지도 등이 전시구성되
고 있다.

과거에 항해사들이 사용하였던 astro-
labe(위도측정기)와 같은 기구의 사용법
과 모형 등도 볼 수 있다.

3층 오사카 항의 번영

당시 무역상인들인 짐을 운반하던 모습과 함께 관람자가 배로 이동하였던 짐을
들어볼 수 있도록 하는 체험공간, 배의 노를 저어보는 체험공간 등이 함께 구성
된 전시연출 구성이다.
그래픽 패널과 모형, 체험공간 등을 통하여 작지만 매우 짜임새 있고 흥미롭게 전
시를 연출하였다.

3층 오사카 항의 번영

오사카 항의 상업과 경제의 중심이
었던 항구의 모습과 당시의 해운 시
스템 등을 전시하고 있다.
전시실 중앙에 잠시 앉아 전시를
관람할 수 있도록 휴식의자가 놓
여 있다.

2층은 배를 전시주제로 구성하고 있다.

당시의 상선인 나니와 마루를 실물크기로 전시하고 있다. 관람자는 간단하게
이름과 주소, 연락처 등을 방명록에 작성하고 당시 선원의 복장을 하고 있는
안내원을 따라 배의 내부를 모두 관람할 수 있다.
박물관 중앙의 대형 void 공간을 브리지를 통해 배로 이동하도록 하였고 배의
돛대와 갑판 등을 실제모습 그대로 볼 수 있는 공간이다.

한국어로 인쇄된 관람안내 브로슈어

(출처: 박물관 브로슈어 스캔)

NATIONAL MUSEUM OF NATURE AND SCIENCE _ JAPAN, TOKYO

國立科學博物館 / 7-20 Ueno Park, Taito-ku, tokyo 110-8718 / http://www.kahaku.go.jp/english/index.php

일본의 우에노 공원에 자리 잡은 국립과학박물관은 1931년 개관하였다. 현재는 본관인 일본관과 새로이 개관한 지구관으로 크게 구분되어 전시를 하고 있다. 일본관 3층에는 일본열도의 자연, 일본열도의 형성과정을 주제로 전시되고 있고, 2층에는 일본열도의 다양한 생물과 자연을 주제로 전시가 구성되어 있다. 지구관의 3층에는 대지를 달리는 생명이라는 주제로 동물들의 박제와 자연을 그대로 재연한 전시 등이 이루어지고 있으며, 2층에는 과학과 기술의 발걸음이라는 주제로 일본 미래 과학기술의 방향성을 제시하고 있다 1층에는 지구의 다양한 생물을 주제로 전시가 구성되어 있다.

국립과학박물관의 특별전시실에서는 사진에서와 같이 기획전시가 특정기간 동안 전시된다. 사진은 2008년 9월 13일에서 11월 9일까지 전시하였던 표본의 세계라는 특별기획 전시모습이다.
다양한 어종과 식물들의 표본을 중심으로 전시자료가 배치되고 버튼 형식의 전시매체, 쇼케이스, 그래픽 패널, hands - on 형태의 만져보기 전시연출 등 첨단의 전시기법은 없지만 매우 다양한 전시매체로 구성되고 있었다.

250

ABOVE : 일본관의 2층 전시공간으로 일본인과 자연을 주제로 전시되고 있다. 전시공간의 중앙부에는 구석기 이후 일본인의 역사를 모형을 통해 보여주는 쇼 케이스가 자리하고 있으며 일부공간은 사진에서 보는 것과 같이 관람객들의 포 토 존으로 활용하고 있다.

BELOW : 위의 사진과 같은 전시공간으로, 뼈를 통하여 본 일본 조몬 시대 사람 들의 특성과 두개골의 형태 등에 대하여 패널과 골격모형을 함께 전시하고 있다.

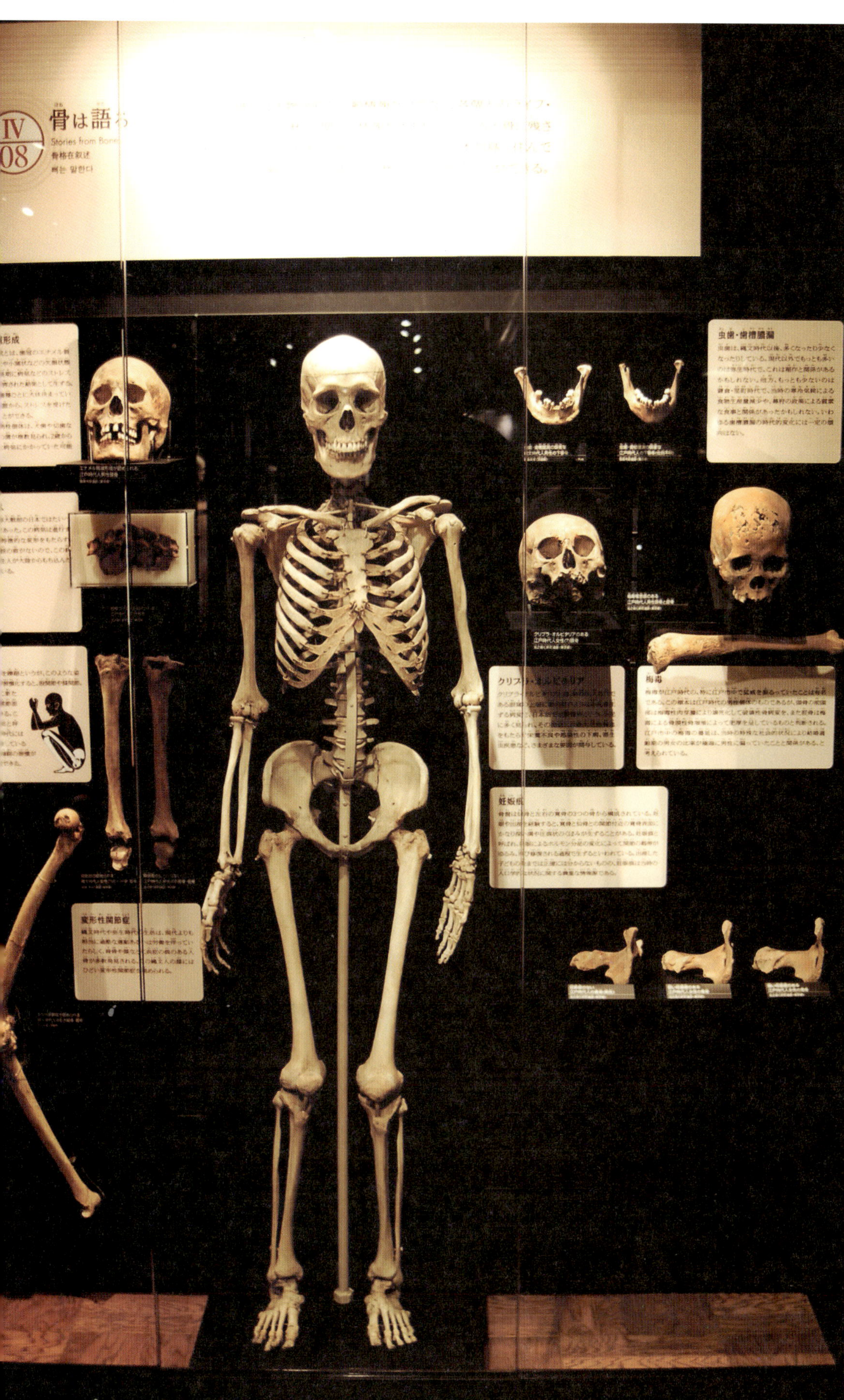

일본관의 2층 전시공간 : 뼈는 말한다.
뼈에는 다양한 생물학적인 정보와 개인의 역사에 관한 정보가 담겨 있다는 것을 근거로 일본열도에 살았던 사람의 생활모습을 추정할 수 있다는 전시내용을 담고 있다.
인체골격 모형과 설명 label을 중심으로 전시하고 있다.

<table>
<tr><td>1</td><td>2</td></tr>
<tr><td>3</td><td>4</td></tr>
</table>

1. 일본관 2층 전시공간 중에서 일본의 다양한 생물들을 다루는 영역이다. 사진은 척추동물이 알려주는 섬들의 역사를 벽면 쇼케이스 내부에 그래픽 패널과 동물박제를 통하여 보여주고 있다.
2. 일본관의 3층 전시공간은 일본열도의 형성과정을 주제로 하고 있다. 암모나이트 화석의 실물크기 모형을 전시 패널과 함께 전시대에 전시하여 관람자가 만져볼 수 있도록 전시하고 있다.
3. 일본관 3층 전시공간. 일본열도를 둘러싸고 있는 풍부한 바다를 주제로 전시하고 있다. 식물들의 표본과 그래픽 패널을 통하여 다양성을 전시하고 있다.
4. 일본관의 3층 전시공간. 중생대의 숲이라는 전시영역으로 여러 지역에서 발굴된 다양한 식물의 화석을 전시하고 있다.

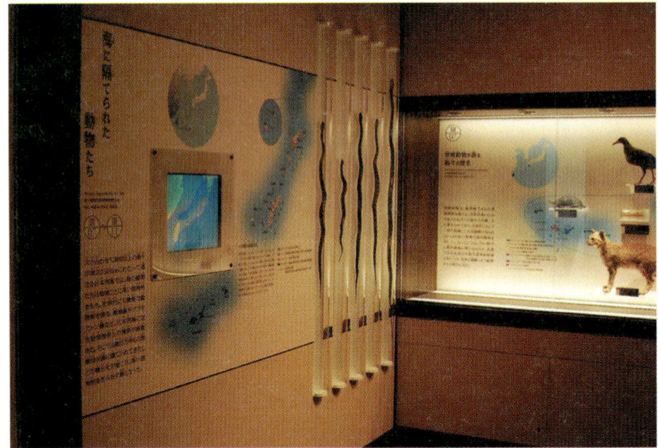

1. 3층에 전시된 후타바스즈키류의 복원 골격 모형. 1968년 일본의 고등학생이 수장룡의 화석을 발견하여 국립과학박물관에서 이를 조사발굴 및 복원하였다고 한다.
2. 일본관 3층 전시공간으로 일본 열도의 자연을 주제로 하고 있다. 일본 주변의 대륙판 배치에 관한 전시. 벽면을 활용하여 입체적으로 지도를 보여주고 있다.
3. 일본관 3층 전시공간으로 일본열도의 자연을 주제로 하여 다양한 지질광물 표본 등이 전시되어 있으며 낮은 전시대를 통하여 관람자가 만져볼 수 있다.

<table>
<tr><td></td><td>1</td></tr>
<tr><td>3</td><td>2</td></tr>
</table>

1. 일본관 3층 전시공간.
오야시오 아한대 해역, 구로시오 아열대 해역에서 주로 볼 수
있는 다양한 어종들을 박제모형, 식물표본 등을 중심으로 전
시하고 있다. 터치 스크린 모니터를 통해서는 이들 어류나 바
다식물들의 상세한 정보를 검색해 볼 수 있다.

2. 지구관 1층 전시공간.
지구의 다양한 생물들을 전시주제로 하고 있다. 전시공간의
입구에서 천장을 바라보면 사진에서와 같이 각종 바다생물이
유영하는 모습을 재현하고 있다. 천장과 부분적인 벽면을 활
용하여 마치 관람자는 바다 속에 들어와 있는 듯한 경험을 하
게 된다. 현장감 있는 전시연출을 통하여 관람자는 보다 흥미
롭고 즐거운 관람을 하게 된다.

3. 바다고래의 두개골 형상을 통하여 그 크기와 다른 고래와
의 비교를 해 볼 수 있는 전시다.

표본수집 과정과 표본채취를 위한 도구를 실물전시하여 전시의 reality를 살리고 있다.

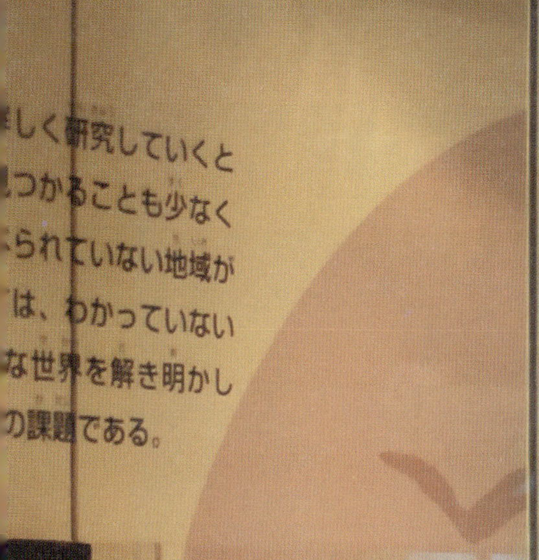

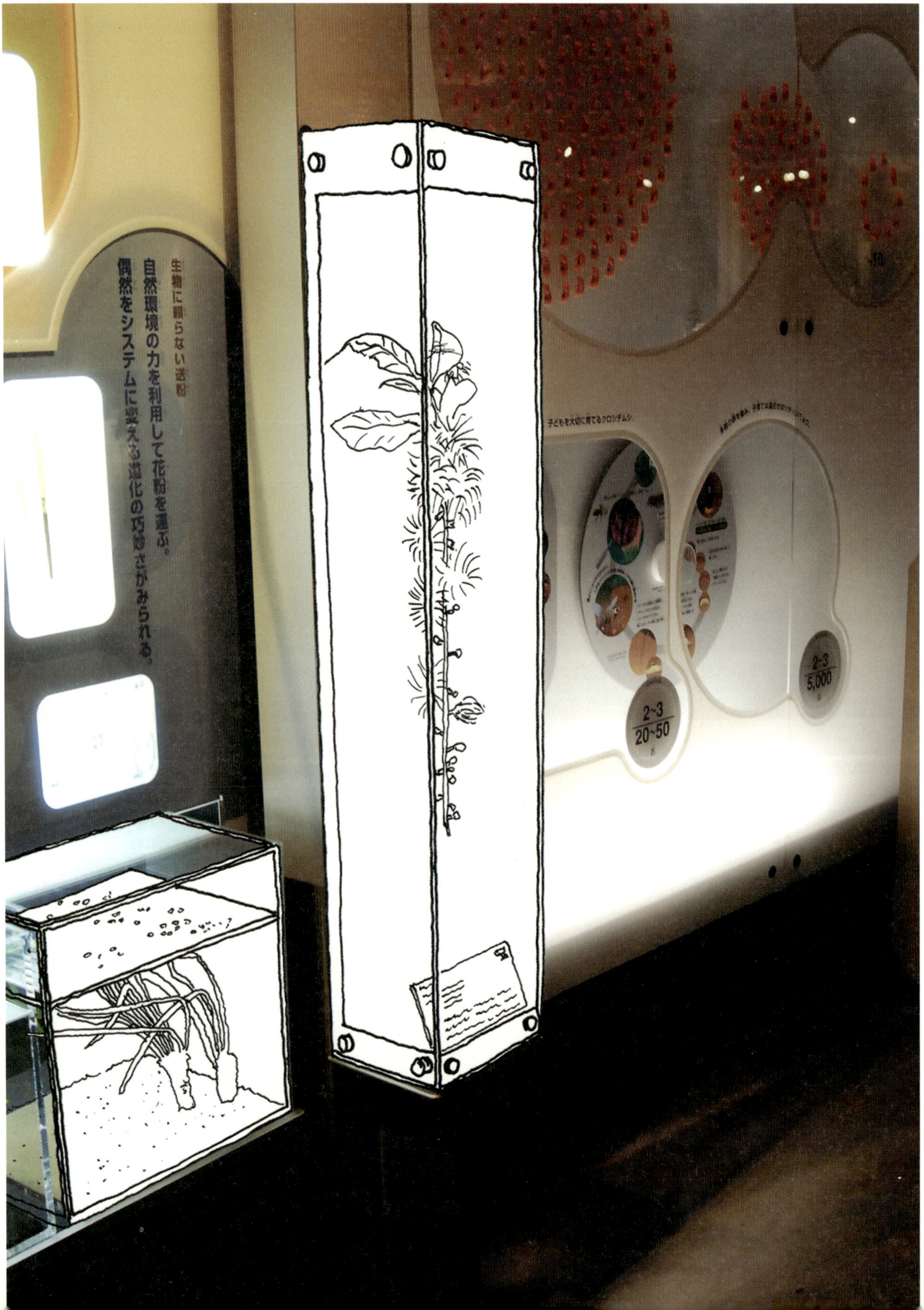
生物に頼らない送粉
自然環境の力を利用して花粉を運ぶ。
偶然をシステムに変える進化の巧妙さがみられる。
2~3
20~50
2~3
5,000

지구관 1층의 계통광장 전시영역이다. 지구상에 알려진 다양한 생물의 원시생명체와 현존하는 생명체의 계통도를 전시하고 있다. 벽면에는 동식물의 표본과 박제 등이 실물크기로 전시되어 있고 이들의 각 계통과 연결관계를 바닥에서 그래픽으로 보여준다.

지구관의 2층 전시공간. 과학과 기술의 발걸음을 전시주제로 하여 다양한 체험 위주의 과학실험 기기 중심으로 전시가 연출되고 있다.

GWACHEON NATIONAL SCIENCE MUSEUM _ KOREA, GWACHEON

국립과천과학관 (國立果川科學館) / 경기도 과천시 과천동 / http://www.scientorium.go.kr/index.do

부지면적 : 243,970㎡
건축면적 : 49,050㎡
관람시간 : 오전 9시 30분~오후 5시 30분

미래의 한국을 이끌어갈 청소년들에게 과학기술에 대한 흥미와 관심을 유발시켜 과학자의 꿈을 키워나갈 수 있게 하고, 일반인들에게는 생활 속에 숨겨진 과학원리를 이해할 수 있도록 돕는 과학문화의 전당으로서 국가경쟁력을 향상시키는 데 기여하기 위하여 설립되었다.

주요 시설은 상설전시장과 특별전시장, 옥외전시장, 생태체험학습장, 천문시설 등이다. 상설전시장은 기초과학관·첨단기술관·연구성과전시관·어린이탐구체험관·명예의 전당·전통과학관 등으로 이루어져 있다. 옥외전시장은 우주항공·에너지·교통수송·역사의 광장·지질동산·공룡동산 등 6가지 테마공원으로 조성되어 있으며, 생태체험학습장은 곤충생태관과 생태공원으로 이루어져 있다. 천문시설은 지름 25m의 돔 스크린에 밤하늘을 재현하여 우주를 체험할 수 있도록 한 천체관과 대형 천체망원경으로 우주를 관찰할 수 있는 천체관측소로 이루어져 있다.

전시품의 절반 이상을 첨단 연출매체를 이용한 체험형·참여형으로 마련하여 즐기고 느끼며 감동하는 과학문화 공간으로 구성한 것이 특징이라고 할 수 있다. 이 밖에 과학광장과 과학문화광장, 과학조각공원, 과학캠프장, 노천극장 등이 조성되어 있으며, 관람객들의 편의를 위하여 유아보호실과 비상응급실, 기념품점, 물품보관소, 휴게시설, 식당 등도 마련되어 있다.

국립과천과학관 안내 sign.

과학관 주 출입구 홀의 상부에는 상징조형물이 자리잡고 있다. 일반적으로 전시 홀우
무엇을 전시하는 전시공간인지를 관람자에게 암시할 수 있는 조형물이나 상진전시물
의 배치가 필요하다.

2층의 전통과학관. 사진은 생활과학 전시영역으로 한옥, 염색, 식생활 도구 등을 전시한다. 한옥의 실물모형을 전시하여 관람자들이 한옥공간을 간접적으로 체험할 수 있도록 하였고 지붕에는 기와를 시공하는 사람들의 이미지를 보여주어 더욱 흥미롭게 연출하고 있다.

260

2층의 전통과학관 내에 위치한 실물모형 기중기. 파손 등을 우려하여 관람객이 직접 만져 볼 수 없도록 가이드라인이 설치되어 있다.

버튼 조작 형식의 쇼케이스를 통하여 간단한 버튼 조작으로 관람자는 과학원리에 대한 실험을 해 볼 수 있도록 연출하였다.

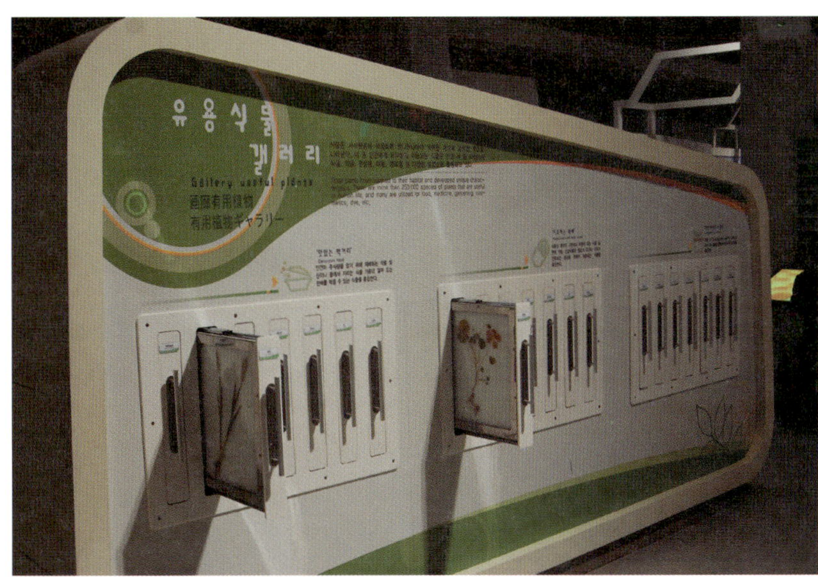

서책식 패널로 구성된 전시대. 식물의 표본을 서랍형식으로 구성하여 관람자가 표본을 꺼내어 볼 수 있도록 제작하였다. 독립된 show booth type으로 제작되어 아일랜드 형식으로 배치되었다.

1층 어린이 탐구체험관의 물놀이 전시공간. 체험위주의 전시 구성으로 조작 가능한 기구들이 관람객들의 흥미를 유발한다. 어린이들의 전시공간은 아이들의 눈높이와 신체치수를 고려하여 조금 낮은 전시대와 쇼케이스 등의 배치가 필요하며 안전사고에 대비한 계획이 요구된다.

1층에 위치한 첨단과학관의 전시실 입구. 생명과학과 정보통신, 에너지 환경을 중심으로 전시가 구성되어 있으며, 일부에는 사진에서와 같이 첨단의 이미지가 가미된 패널을 통하여 관람자들에게 전시정보를 전달하고 있다.

1층 첨단기술관에 설치된 유비쿼터스 전시영역. 모니터 영상과 LED 전광판을 사용하여 관람자에게 정보를 전달하고 더불어 미래지향적인 이미지의 조형물을 통하여 글로벌한 미래 정보통신에 대한 상징적 전시를 연출하고 있다.

ABOVE : 2층 자연사관의 생명의 장 전시영역. 수족관의 형태로 다양한 어류와 생태계를 전시.

BELOW : 국립과천과학관의 천체 투영관과 야외전시 중의 하나인 로켓 모형, 풍력발전기.

FISHING VILLAGE FOLK MUSEUM _ BUSAN

釜山漁村民俗館(부산어촌민속관) / 부산광역시 북구 화명동 학사대길 152 / http://fvfmuseum.busan.go.kr/

부산어촌민속관은 부산해양자연사박물관의 제1분관으로 건립되었다. 부산의 어촌에 관한 전시자료를 중심으로 어촌 전통문화와 역사성을 주요한 전시주제로 다루고 있다. 2007년 2월 개관하여 낙동강어촌민속실, 부산어촌민속실로 크게 구성되어 있으며, 부산의 교육문화 공간으로 자리 잡고 있다.

부산어촌민속관은 회색의 전시관 mass와 검정색의 사무동 mass가 조화를 이루고 있으며, 야외공간에는 주출입구 부분에 친환경적인 수생식물 체험공간이 마련되어 있다.

1층 주 출입구에 들어서면 홀에는 낙동강 하구에 서식하는 철새들의 박제품이 쇼케이스에 전시되어 있으며, 60여 석 규모의 영상관이 위치하고 있다. 또한 민물고기 전시실이 있어 실제 살아있는 물고기들을 볼 수 있다.

2층 낙동강어촌민속실 입구

입구 전면 벽면에는 전시안내 역할을 하는 전시실 도면과 전시주제가 적혀 있는 패널이 설치되었다. 전시실로 진입하는 입구부분에 작은 전시영역을 만들어 관람객의 시선을 집중시키고 있으며, 낙동강변의 어촌 전반에 대한 여러 가지 정보를 그래픽 패널, 사진, 영상 모니터, 음향 스피커 등을 통하여 연출하고 있다.

낙동강 사람들을 전시주제로 하여 음향을 들을 수 있는 헤드셋이 걸려있고 벽면에는 사진자료가 부착되어 있다.

2층 낙동강어촌민속실 입구의 바닥부분은 낙동강을 위성 촬영한 사진 이미지를 그래픽 실사출력하여 바닥전시를 연출하고 있다. 낙동강을 하늘에서 바라본 모습으로 연출되어 있다.

266

2층 낙동강어촌민속실의 전경.

중앙부분에는 낙동강의 어로생활을 모형으로 전시한 전시대가 위치하고 벽면을 따라 벽부형 쇼케이스가 자리하고 있다. 중앙부분의 모형전시대는 레이저 포인트 기기를 통하여 관람자가 모형의 특정지점을 가리키면 해당 전시물에 대한 상세한 설명이 영상으로 레이저 포인트 기기에 나타나게 된다.

어로의 방법과 각종 어구, 어망 등에 관한 내용을 관람자는 영상정보와 모형을 통하여 체험형식으로 관람할 수 있다. 특수장비를 사용하여 관람자의 흥미를 유발하고 있다.

상단의 사진을 보면 뒤쪽으로 쇼케이스에는 다양한 어망과 통발 등 어구들의 실물모형이 전시되어 있는 것을 볼 수 있다.

2층에 위치한 감동진 나루와 구포장터의 옛 모습.
전시공간의 상부에는 빔 프로젝트 영상을 통하여 이전의 나루터와 장
터의 모습을 관람객에게 보여주고, 전시실 바닥부분에는 모형과 배경을
통한 디오라마 형식의 전시연출로 관람객의 흥미를 자아낸다. 매우 세
세한 부분까지 축소모형으로 표현하여 현장감을 더해주고 있다.

낙동강의 운송수단과 운송작업의 광경을 축소모형을 통하여 재현하고 있다. 당시 사용
되던 배의 모형과 작업인부들의 모습까지 세세하게 표현하였다.

NAKDONG ESTUARY ECO CENTER _ KOREA, BUSAN

낙동강하구언에코센터 / 부산광역시 사하구 하단동 1207-2번지 / http://wetland.busan.go.kr/main/

규모 : 지상 3층
연면적 : 4,075.15㎡
전시면적 : 2,068.5㎡
설계 : 야마시타 야스히로
주요시설 : 교육실, 상설전시실, 도서관, 영상실,
          야생동물 치료센터 등
개관 : 2007년 6월 13일

낙동강 하구의 생태계와 관련된 전시자료를 중심으로 구성
되어 있다. 1층에는 회의실과 교육실, 사무실과 학예원실, 자
원봉사실 등의 공공영역의 공간이 자리하고 있으며, 전시공
간은 2층에 배치하여 전망대와 상설전시실, 도서관과 홀, 숍
등으로 구성된다. 3층에는 영상실이 있다.

갈대체험과 낙동강 하구 둘러보기, 야생동물 진료체험 등
다양한 생태관련 학습 프로그램을 운영하며 조류와 습지 및
생태계에 관한 연구와 학습기관으로 설립되었다.

건축물의 외관은 국내최초로 탄화처리 판재를 사용하였고
전시공간의 주요 마감재료는 소나무를 사용하여 친환경적인
이미지를 강화하였다.

2층 중앙 홀. 전체적으로 소나무를 사용하여 전체공간의 이미지를 친자연적으로 의도하고 있다. 천장에는 조류들의 모형을 설치하여 새들이 날아다니는 모습을 연출하였고 멀리 뒤로 보이는 슬라이딩 비전으로는 세계의 탐사 지역을 보여준다. 곳곳에는 휴식의자가 배치되었다. 전체적으로 그린 컬러 계열의 가구로 공간에 포인트를 주고 주조색은 브라운 톤으로 구성하여 실내공간을 구성하였다.

중앙 홀은 박물관에서 다양한 기능이 수용되는 경우가 많다. 관람객이 전시관람을 마치고 잠시 쉴 수 있도록 휴식공간을 마련하거나 전시안내와 관련된 인포메이션, 대표적인 상징전시물이나 조형물 등의 설치를 위한 공간이 요구된다.

2층 중앙 홀에는 작은 미니 도서관과 숍이 위치하며, 전면부의 창가로는 낙동강 하구의 모습을 살펴볼 수 있는 망원경을 설치하여 관람객의 흥미를 더해준다.

2층 중앙 홀의 탐조전망대. 창가에 설치된 망원경으로 멀리 낙동강 하구 습지대와 생태계를 살펴볼 수 있는 체험공간이다. 조류의 머리모습으로 망원경을 디자인하여 재미있고, 이곳에서 볼 수 있는 생태계의 정보를 담고 있는 안내 책자가 함께 놓여 있다.

ABOVE RIGHT : 낙동강의 물리적 특성을 그래픽 패널을 통하여 연출하였다. 지리적 특성과 유수에 의한 지형정보를 담고 있다.
BELOW RIGHT : 낙동강 하구언의 생태계를 디오라마 형식으로 연출하고 있다. 간단한 설명 패널과 습지의 자연생태계 일부분을 그대로 모형으로 재현하였다.

제 5존 전시공간으로 낙동강 하구의 다양한 철새를 주제로 담고 있다. 실제 철새들의 박제모형을 중심으로 구성되며 천장부분의 스피커를 통하여 관람자들은 새들의 소리를 들을 수 있도록 연출하였다. 쇼케이스 내부는 자연을 배경으로 처리하여 현장감을 더하였다.

MOKPO NATURE HISTORY MUSEUM _ KOREA, MOKPO

목포자연사박물관 / 전라남도 목포시 남농로 135 / http://museum.mokpo.go.kr/kor/index.htm

규모 : 지상 2층
연면적 : 9,166㎡
전시면적 : 기증품 전시실(220㎡) / 육상생명1관(322㎡) /
　　　　　육상생명2관(567㎡) / 수중생명관(529㎡)
　　　　　지질관(408㎡) / 지역생태관(337㎡)
전시자료 : 기증품전시실(4,300점) / 지질관(화석, 광물 320종 712점)
　　　　　육상생명1관(박제, 골격 등 112종 179점)
　　　　　육상생명2관(식물, 곤충표본 등 510종 10,111점) /
　　　　　수중생명관(어류, 상어 등 188종 440점)

목포자연사박물관은 2004년 9월 개관하여 지구의 자연사와 신비를 중심으로 전시하고 있다.

세계에서 단 2점만이 박굴, 복원된 공룡화석 프레케랍토스와 콘코랩터를 포함하여 공룡화석, 표본 등을 전시하고 있다. 또한 4D 영상관을 구축하여 공룡의 대모험 등의 영상을 관람할 수 있다.

박물관은 자연사관, 문예역사관, 4D 영상관, 정보검색 코너 등으로 크게 구성되어 있으며 수장고 시설을 갖추고 있다. 자연사관은 육상생명관과 수중생명관, 지역생태관 등으로 영역이 구분되며, 문예역사관은 수석전시실, 문예역사실, 화폐전시실 등으로 영역이 구성되었다.

중앙 홀 공간에는 실제 크기의 중생대 공룡의 화석이 전시되고 있다. 공간의 전체조도를 낮게 설정하여 공룡에 대한 신비감을 더해 주고 있으며 공룡들이 움직이는 듯한 역동성 있는 전시연출을 보여주고 있다. 관람객이 공룡을 사방에서 볼 수 있도록 공간의 중심부에 배치시키고 공룡들이 무리를 지어 이동하는 모습으로 연출되고 있다.

우주에서 떨어진 운석을 포함하여 다양한 광물과 암석의 표본이 벽부형 쇼케이스에 전
시되고 있다. 전시공간의 중앙에는 아일랜드 형식의 독립 쇼케이스가 배치되고 벽면을
따라서 긴 쇼케이스를 배치하여 매우 명쾌한 동선체계를 유지하고 있다.

지질관의 쇼케이스 내부.
지각의 구성물질을 주요 전시자료로 하고 있으며 쇼케이스의 벽면에 글라스 선반대를 활용하여 광물을 보여주고 있다. 이러한 군집전시의 형태는 관람자들이 전시자료에 집중하지 못하는 경우가 많기 때문에 생활 속의 광물이나 다양한 결정체를 가진 광물 등과 같이 전시자료를 특정의 주제별로 구분하여 연출하는 것도 좋은 대안이다.

생명의 출현과 진화라는 전시주제를 연출.
벽부형 전시 쇼케이스 내부의 벽면이나 바닥 전시대 등을 활용하여 다양한 화석과 표본을 전
시연출하였다. 쇼케이스 상부의 할로겐 스포트라이트와 매입 형광등 그리고 쇼케이스 바닥부
분의 매입조명을 통하여 조도를 확보하고 있으며 전반적으로는 낮은 조도를 가진다. 화석류
나 표본 등은 열에 의한 자료의 손상이나 변색을 방지하기 위해 과도하게 높은 조도로 전시
연출하는 것은 피하는 것이 좋다.

<table>
<tr><td>1</td><td>2</td></tr>
<tr><td>3</td><td>4</td></tr>
</table>

1. 육상생명 2관
지구상에 알려진 90만여 종의 곤충과 식물의 다양성을 전시. 벽부형 쇼케이스를 중심으로 표본과 그래픽으로 전시연출을 구성하고 있다. 우리나라 온대 활엽수와 참나무 등의 표본을 볼 수 있다.

2. 곤충의 색
곤충이 가지고 있는 다양하고 화려한 색을 나비표본을 사용하여 마치 몬드리안 색 구성과 같이 연출하였다.

3. 나비와 나방 전시연출
표본수납장을 활용하여 전시공간을 마치 수장전시와 같이 연출되었다. 관람자는 서랍을 열어서 보존되고 있는 다양한 나비와 나방의 종류를 확인할 수 있다. 벽면에도 표본보관 액자를 통해 전시하고 있다.

4. 수중생명관 전경
지구상에 존재하는 해양식물의 다양성을 그래픽 패널과 표본모형을 통하여 쇼케이스 내부에 전시연출하였다. 전시공간의 천장부분에는 수염고래의 전체 골격모형을 연출하여 관람자들의 흥미를 끌고 있다.

CHANGWON SCIENCE CENTER _ KOREA, CHANGWON

창원과학체험관 / 경상남도 창원시 의창구 두대동 188-3번지 / http://www.cwsc.co.kr/

대지면적 : 21,565㎡
연면적 : 8,122㎡
규모 : 지하 1층, 지상 3층
건축면적 : 4,375㎡
전시면적 : 3,181㎡

창원과학체험관은 복합기능 로이복층유리와 아연도강판, 알루미늄 시트 등을 외관의 주요 마감재료로 하여 하이테크적인 이미지를 강조한 건축물의 외관을 가지고 있다. 주요 시설로는 2층과 3층의 성설전시실과 4D 영상과, 플라네타리움, 창원 특별전시공간 등이 있으며 전시품의 90% 이상이 체험과 참여형으로 전시연출되고 있다.

2층의 사이언스테이션에서는 기초과학, 생명과학, 환경 에너지, 기계소재 등을 주제로 전시가 구성되었고, 3층의 사이언TM 테마파크는 항공우주, 정보통신, 특별 존으로 구성되었다.

과학적인 사고를 기반으로 관람객의 감성을 즐거움과 흥미로움으로 구성하려는 전시개념이 다양한 체험시설을 통하여 구현되고 있다.

<table>
<tr><td>1</td><td>2</td></tr>
<tr><td>3</td><td>4</td></tr>
</table>

1. 2층 기초과학 ZONE 입구부분 전경.

2층 전시실로 들어서면 벽면에 2층 전시공간의 주제가 그래픽으로 연출되고 있고 더불어 휴식의자가 놓여 있다. 또한 구름도넛 만들기, 파도만들기 등의 체험장치가 놓여 있다. 전시안내 도면은 라이팅 패널로 구성하였다.

2. 2층 기초과학 ZONE.

관람자가 작은 목소리로 소리를 내면 상대방이 그 목소리를 반대편에서 들을 수 있도록 한 소리듣기 체험장치.

3. 2층 기초과학 ZONE의 기초과학 분야전시

운동 에너지의 원리를 설명하는 그래픽 패널이 있고 관람객이 실제 자전거를 타볼 수 있도록 자전거모형을 설치하였다. 전면에는 하프미러가 설치되어 관람자가 페달을 돌리면서 자전거를 타기 시작하면 전면에 도로와 숲의 풍경이 연출된다.

4. 2층 환경 에너지 ZONE의 절약하세요 코너.

관람자가 중앙의 초록색 부분에 모니터를 이동시키면 각각에 해당되는 생활 에너지에 대한 설명이 연출된다.

279

2층 기계소재 ZONE의 기능성 의류전시

전면의 벽부형 쇼케이스에서는 기능성 의류에 대한 전시공간으로, 그래픽 패널을 통하여 개념을 설명하고 실물전시를 통하여 관람자의 이해를 돕는다. 중앙부분에 설치된 두 개의 독립 쇼케이스에는 온도감응 섬유로 만들어진 실물 기능성 의류를 전시하여 관람자가 붉은색과 파란색 버튼을 누르면 옷의 색이 변화하는 모습을 체험해 볼 수 있도록 연출하고 있다.

2층 생명과학 ZONE의 전시공간

사진의 왼쪽에 보이는 것은 대뇌의 감각령이라는 전시 아이템으로 관람자가 전시대에 설치된 버튼을 누르면 뇌구조 모형의 특정부분에 불이 들어오도록 연출하였다. 전시공간에 용수철 형태로 감아 올라가는 듯하게 연출된 것은 4,500의 높은 층고를 활용하여 바닥에서 천장까지 연출된 DNA 구조 모형으로, ST' PLATE를 사용하여 틀을 만들고 흰색으로 도장 처리하여 마감하였다.

3층 전시공간의 입구부분
천장상부까지의 높이가 6m 가량으로 전시층고가 충분하다. 상부에는 비행기 모형을 매달아 날
아다니는 듯하게 연출을 하였고 우주선의 형태를 가진 셔틀의 입구에서부터 항공우주 ZONE
의 전시가 시작된다.
복도에는 휴식의자가 설치되어 있으며 다른 전시공간보다는 조도를 밝게 연출하였다.

비행기 조종 체험 부스
전면의 화면에는 비행 시뮬레이터가 연
출되고 실제 비행기의 조종석과 같이 부
스를 구성하여 관람자들이 비행기 조종
을 실제와 같이 체험해 볼 수 있도록 연
출하였다.

282

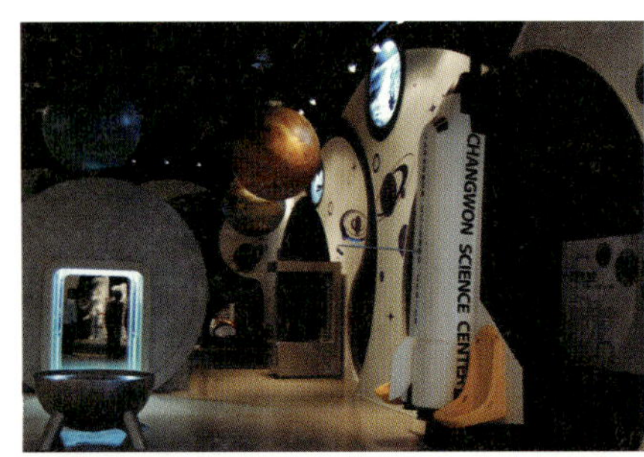

3층 항공우주 ZONE
공간의 전체적인 이미지를 행성들이 떠다니는 우주공
간으로 디자인하고 있다. 천장에 행성모형을 설치하고
포맥스를 사용한 오른쪽 벽면에는 그래픽으로 우주를
표현하고 있다.
우주선 모형은 무중력을 체험해 보는 전시 아이템으
로 관람객이 노란색 의자에 앉으면 천천히 의자가 위
로 올라간다. 관람객은 무중력 상태에서 자신의 몸이
공중으로 올라가는 간접경험을 하게 된다.

GAME ZONE
과거에 흥행했던 다양한 오락 게임을 모니터와 함께
설치하여 관람자가 잠시 즐길 수 있도록 연출하였다.
컴퓨터 시스템이 장착된 키오스크와 의자를 통하여
연출하고 벽면은 그래픽으로 처리하였다.

국제우주 정거장
원형의 벽면은 투명 강화유리를 사용한 와이드 컬러를
활용하여 우주정거장의 이미지를 연출하고, 벽면은 인
간의 무한도전을 과학자들의 소개를 통하여 그래픽 패
널로 연출하고 있다. 중앙부분의 원형 키오스크에서는
화면을 통하여 우주정거장의 모습을 보여준다.

월면차 전시연출

관람자가 월면차를 타고 달을 탐사하는 모습을 체험
해 볼 수 있도록 연출하였다. 전면의 우주인 복장 모
형에서 관람자가 마치 우주복을 입고 있는 모습을 연
출하여 좋은 포토 존이 된다. 우주의 일부분을 그대로
재현해 놓은 전시연출이다. 월면차 모형, 우주인 모형,
그리팅 패널, 포맥스/그래픽 활용.

과학문화의 도시 창원 – 특별전시 ZONE

창원의 산업을 전시주제로 하고 있는 특별전시 영역이
다. 사진은 슬라이딩 비전을 활용하여 자동차의 원리
와 그 구조를 상세하게 설명하는 전시연출이다. 그래
픽으로 처리된 벽면부분의 자동차 각 부분을 모니터
가 지나가면서 부품을 상세하게 모니터 영상으로 설
명하여 준다.

창원과학체험관 2층 상설전시실 평면도

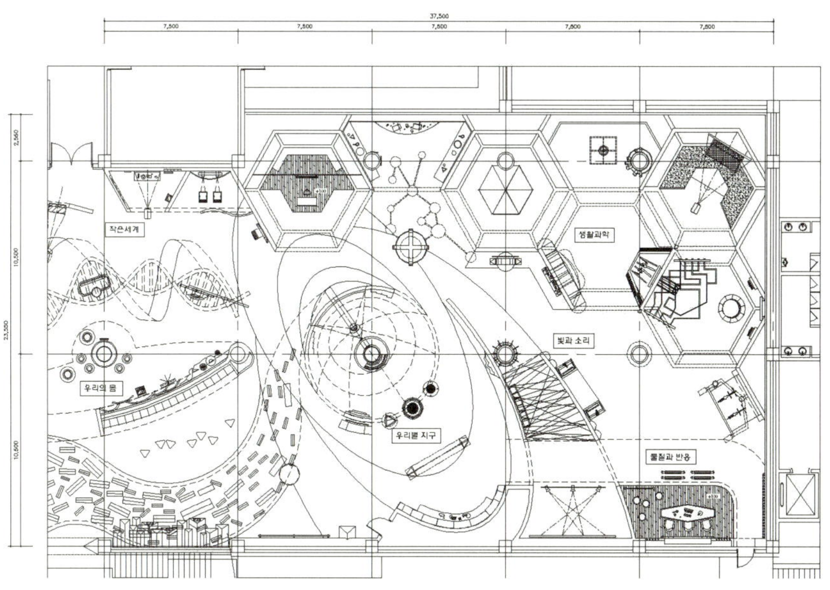

창원과학체험관 3층 상설전시실 평면도

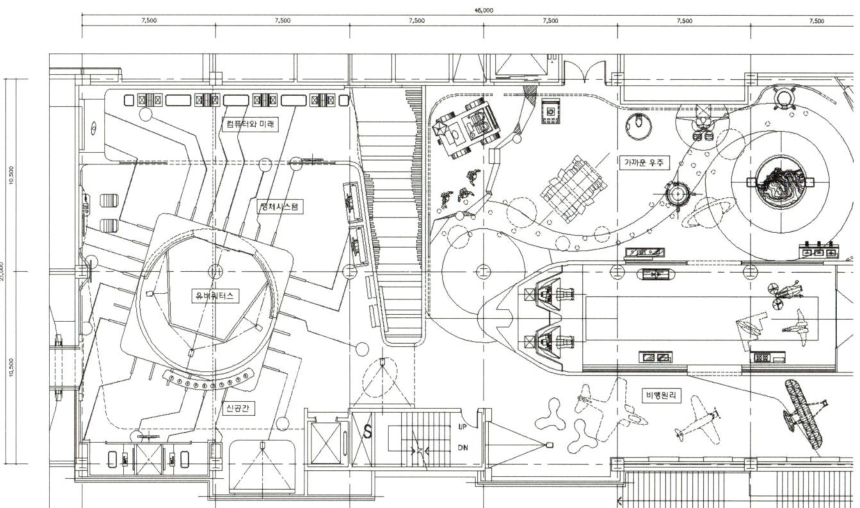

283

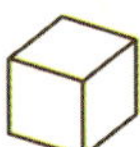

4. MUSEUM AS SPECIAL·SPECTACLE
전문 특화 박물관 / 볼거리로서의 미술관·박물관

JEJU TEDDY BEAR MUSEUM _ KOREA, JEJU

테디베어 박물관 / 제주도 서귀포시 중문관광단지 색달동 2889 / www.teddybearmuseum.co.kr/JEJU/Summary.asp

대지면적 : 13,555㎡
건축면적 : 1,096㎡
연면적 : 4,034㎡
규모 : 지하 1층, 지상 1층

중문 관광단지 입구에 2001년 4월 24일 개관하였다. 봉제 곰 인형인 테디 베어를 주제로 100년간 전 세계에서 생산되는 진귀한 테디 베어와 작가들의 작품 1,300여 점을 전시하고 있다.

갤러리 제1, 2관과 기획전시실, 테디 베어 관련 상품을 구매할 수 있는 상점, 테디 베어들로 아기자기하게 꾸며진 야외공원, 카페, 바 등의 시설로 구성되어 있다.

테디 베어란 이름은 미국 제26대 대통령 테어도어 루스벨트의 애칭인 테디에서 유래한다. 사냥을 갔다가 곰을 한 마리도 잡지 못한 루스벨트 대통령을 위해 보좌관들이 새끼 곰을 산 채로 잡아다 주고 사냥한 것처럼 총을 쏘라고 하였지만 대통령이 거절하였다는 일화가 테디 베어 인형을 만들게 한 유래가 되었다고 한다. 최초로 상품화한 사람은 미국의 모리스 미첨과 독일의 리카르드 슈타이프인데, 이들이 세운 슈타이프사(社)는 현재 세계 최고의 봉제인형 제조회사가 되었다고 한다. 테디 베어 전문박물관은 미국 플로리다의 '테디 베어 박물관'을 비롯하여 일본, 영국, 스위스 등지에 10여 곳에 있다. 서귀포 테디 베어 박물관은 국내에서는 처음이며 세계 최대 규모로 계획된 것이다.

외관의 주요 마감 재료로는 세라믹 타일과 강화 글라스, 제주석, 패널 등이 사용되고 내부공간은 타일과 비닐계 시트, wood flooring이 사용되었다. 전시실은 크게 4개의 전시관으로 구성된다.

갤러리 1관 : 역사관

테디 베어가 탄생한 100년 전부터 현재의 이르기까지의 역사의 현장을 전시, 역사의 명장면을 담은 대형 쇼케이스와 골동품 베어, 역사적 인물을 재현한 독립 쇼케이스로 구성.

갤러리 2관 : 예술관

테디 베어를 예술작품으로 승화시킨 세계 유명 디자이너들이 만든 테디 베어와 전 세계 어린이들의 폭발적 사랑을 받은 만화영화의 캐릭터들 전시.

갤러리 3관 : 기획전시실

한국 테디 베어 아티스트들의 작품 전시, 독일 Steiff사가 제작한 일본 한정판 베어와 아티스트 베어 전시.

갤러리 4관 : Bear's Wedding

80년 전 제작되었던 Steiff사의 Motion Display(동작 완구의 축소 세트 – 디오라마)를 오래되어 낡은 한 장의 사진과 현재까지 보존된 5마리의 곰들로만 완벽에 가깝게 재현.

테디 베어 박물관의 주 진입출입구 전경
건물은 중문단지와 서귀포 바다가 내려다보이는 장소에 있으며, 자연지형에 최대한 적응하여 자연경관의 연속성을 유지하고 두 축의 교점에 직경 11.1m의 콘 형태의 아트리움을 배치하여 상징적, 기능적 중심이 되게 하였다.
지상구조물을 가급적 최소화하여 도로에서는 정원과 입구만을 보이게 함으로써 자연경관의 연속성을 유지시키고, 대부분의 주 기능을 지하에 배치하여 저면의 추정과 자연스럽게 연계시키는 것이었다. 이 때문에 관람객은 입구에서 지상 1층에서 지하층으로 내려가면서 전시를 관람하게 되는 동선을 가진다. 박물관은 최상층인 지상 1층에서 진입하여 밑으로 내려가면서 관람하도록 동선이 구성되어 있다.
상징적인 콘 모양의 mass가 입구성을 강조하며 콘의 하부는 1층까지 void로 구성되어 top light 역할까지 담당한다.

2층의 역사관
박물관의 2갤러리 영역으로, 테디 베어가 탄생한 100여 년간의 역사적 사건을 디오라마 형식으로 연출하고 있다.

2층의 역사관
박물관의 2갤러리 영역으로, 테디 베어가 탄생한 100여 년간의 역사적 사건(인류 최초로 달표면을 탐사한 사건 등)을 디오라마 형식으로 연출하고 있다.

2층의 역사관
쇼케이스 내부에 테디 베어를 활용하여 디오라마 형식으로 모든 전시를 연출하고 있다. 특정사건이나 역사적 사실들을 유머러스하고 흥미롭게 연출하고 있다.

<table>
<tr><td>1</td><td>2</td></tr>
<tr><td>3</td><td>4</td></tr>
</table>

1. 다양한 형태의 쇼케이스 배치.
전시공간의 벽면에는 간접조명과 조형적으로 디자인된 쇼케이스를 통해서 관람자들이 지루하
지 않도록 하고 있다. 적절하게 그래픽 패널, 선반진열대, 쇼케이스 등을 혼용하여 사용하였다.

2. 제주도의 해녀.
제주도의 풍경과 돌담, 초가지붕, 해녀들의 모습을 매우 재미있게 연출하였다. 귀엽고 앙증맞은
모습의 테디 베어가 관람자에게 매우 친근하게 느껴질 것이다.

3. 갤러리 2관 예술관
전체적으로 연두색 컬러 톤의 이미지로 전시 쇼케이스를 구성하고 있다.

4. 기획전시관.
벽면 쇼케이스와 독립 쇼케이스를 통하여 다양한 테디 베어를 전시하였다.

POST MUSEUM _ GERMANY, FRANKFURT

독일국립우편통신박물관 / http://www.mfk-frankfurt.de/index.php?id=152

독일국립우편통신박물관은 군터 베니쉬(Gunter Behnisch, 1922~)에 의해 설계되어 1990년 완공된 건물이다.

독일의 마인 강변도로에 평행하게 위치한 3층의 독일국립우편통신박물관은 몇몇 전시물들이 위치한 외부공간에 의해 기존 빌라 건물(박물관 관리소)과는 외관상 분리되어 있지만, 빌라의 정원 아래로는 2개 층의 전시실이 확보되어 있고 2개의 전시실은 기울어진 원통형의 유리천창이 있는 홀에 의해 연결되고 있다.

지상 레벨에서 보여지는 외관은 매우 늘씬한 모양과 첨단의 이미지를 갖고 있다. 이는 현대 정보통신 체계에서 최첨단을 지향하는 우편 서비스의 목적을 대변하고 있는 듯하다. 또한 이 건물의 색체와 형태는 이웃된 빌라와의 건축적 균형을 잃지 않고 있다.

우편통신 박물관의 전시실에는 우편 마차부터 현대 우체국 차량, 전화의 변천사와 초현대식 통신장비까지 다양하게 전시되어 있다. 입구에는 19세기 초 사용되던 우체통이 있고 독일발행 우표와 우표발행 과정을 함께 전시하고 있다. 2층 홀에는 전화기로 만든 12마리의 양이 전시되어 있고 옆에는 전화가 어떻게 소리를 전달하는지 그 과정을 생생하게 볼 수 있게 그래픽으로 설명되어 있다. 그리고 축음기와 통신장비, 인터넷 통신과 각종 사진자료(우편배달차, 1890년대의 체신부 복장 등)가 함께 전시되고 있다.

박물관의 주출입구 정면 파사드
지상 레벨에서 보여지는 외관은 매우 늘씬한 모양과 첨단의 이미지를 풍기고 있다. 이는 현대 정보통신 체계에서 최첨단화를 지향하는 우편 서비스의 목적을 대변하고 있는 듯하다. 입구에는 백남준의 미디어 아트 작품이 관람자를 맞이하고 있다.

<table>
<tr><td>1</td><td>2</td></tr>
<tr><td>3</td><td>4</td></tr>
</table>

1. 박물관 입구 홀
인포메이션이 정면에 보이고 전시실 상층으로 오르는 계단이 보인다.
2. 지상층의 void 공간으로 하늘로 열려 있다.
지상층에서 지하 1층으로 내려오는 계단을 통해 관람자는 하늘과 맞닿은 열린
공간과 만나게 된다.
3. 개방감 있고 자유로운 전시배치 형태가 나타난다.
4. 아일랜드형 전시를 위주로 연출하고 있다.

전시공간은 전체적으로 화이트 벽면과 wood flooring으로 마감된 바닥으로 마감되어 있다.
요란한 장식이나 컬러는 사용하지 않았기 때문에 관람객이 전시작품이나 전시 패널에 더욱 집중력을 높일 수 있다고 생각된다. 종종 노출 콘크리트 기둥이 공간의 포인트적인 요소로 작용하며 사진자료나 그래픽 패널 자료들이 벽면을 채우고 있다.

290

TOYOTA AUTOMOBILE MUSEUM _ JAPAN, TOYOTA

トヨタ博物館 / 愛知県愛知郡長久手町大字長湫字横道 41-100 / http://www.toyota.co.jp/Museum/index.html

부지면적 : 46,700㎡
건축면적 : 본관 - 4,835㎡ / 신관 - 2,700㎡
연 면 적 : 본관 - 11,067㎡
        (1층 : 3,467㎡, 2층 : 4,277㎡, 3층 : 3,323㎡)
        신관 - 8,250㎡
규모 : 지상 3층

자동차 110년의 역사를 한눈에 볼 수 있는 박물관으로 자동
차의 실물전시에 의해 전체 전시공간을 연출하였다. 일본의
초창기 자동차생산 시기에서부터 현대에 이르기까지의 다양
한 시대별 자동차를 관람자들에게 매우 친근하게 다가갈 수
있도록 의도하였다.

박물관의 입구는 50m 이상 길게 뻗은 붉은색 canopy가 인
상적으로 관람객을 맞이하고 있으며, 도로변에서 보이는 높
은 사인과 함께 랜드마크적인 요소가 된다.

부지는 나고야 인터체인지부터 동쪽으로 약 4.2㎞ 떨어진 아
이치 현의 간선도로에 인접하고 있는 곳으로, 주변에 아이치
청소년공원과 아이치현립예술대학이 자리 잡은 녹지가 많
은 지역이다.

박물관의 내부 아트리움 상부에는 자동차전시 공간에 어울
리는 연속된 top light를 설치하여 자연광이 진입 홀의 내부
공간까지 깊이 유입되도록 계획하고 있다. 또한 진입 홀 부분
에는 상징성 있는 자동차를 전시하여 에스컬레이터와 엘리
베이터가 위치한 전시 홀에서 관람객들의 시선을 사로잡는
다. 전시공간은 16.5m의 단일 span으로 구성되었고 전시실
의 전체적인 공간구성은 오픈 플랜의 형식을 하고 있다. 공
간의 형태는 타원형으로 구성되어 있으며, 타원의 중앙부가
메인 전시실 역할을 한다. 전시된 자동차들은 그 가치와 희
소성으로 인하여 직접 타보거나 관람자가 만져볼 수는 없으
나 시대별로 다양성 있는 자동차를 직접 볼 수 있다는 것만
으로도 관람자들의 흥미를 끌기에는 충분하다.

특별한 전시매체의 사용이나 첨단 전시연출 기법이 적용된
것은 아니지만 자동차의 역사를 한눈에 실물로 볼 수 있으
며, 현재 도요타에서 생산, 예정에 있는 다양한 concept car

까지 전시하고 있어 자동차를 좋아하는 사람들에게는 매우
인상적인 박물관이다.

Annex Building Access Bridge

Main Building Entrance Canopy

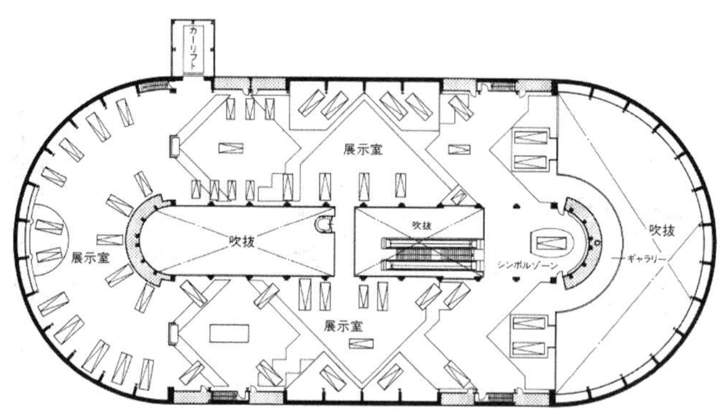

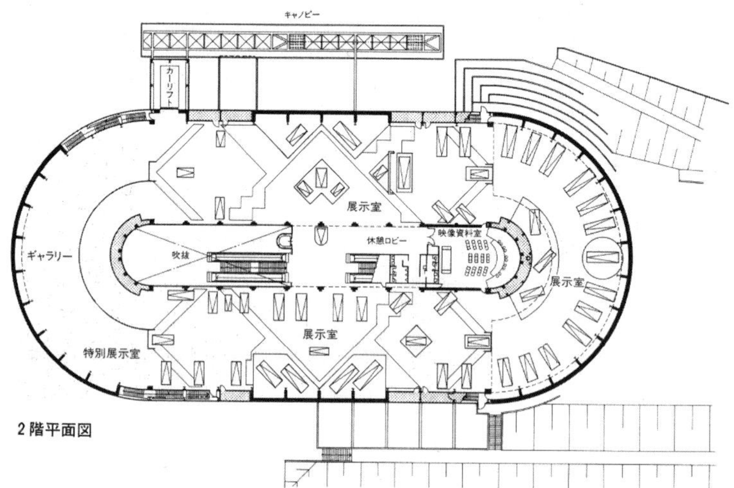

292

박물관의 본관 평면구성(박물관 브로슈어 스캔)

평면형태는 긴 원형으로 되어 있고 폭이 약 50미터, 길이는 약 100미터 규모다.

1층에는 진입 홀로 시작되어 강당, 도서실 등의 교육보급 부문, 레스토랑, 뮤지엄 숍 등의 서비스 부문, 그리고 관리부문이 집중되어 있다.

2~3층은 전시실로 구성되었다. 2층은 유럽과 미국의 차를 전시하고 3층에는 일본의 자동차를 위주로 전시하고 있다.

건물의 중심부분에는 3층과 관통된 아트리움을 설치하여 각 층을 연결하는 엘리베이터, 에스컬레이터와 계단을 연속적으로 배치함으로써 전시공간을 시각적, 공간적으로 개방감이 있도록 연계시키고 있다.

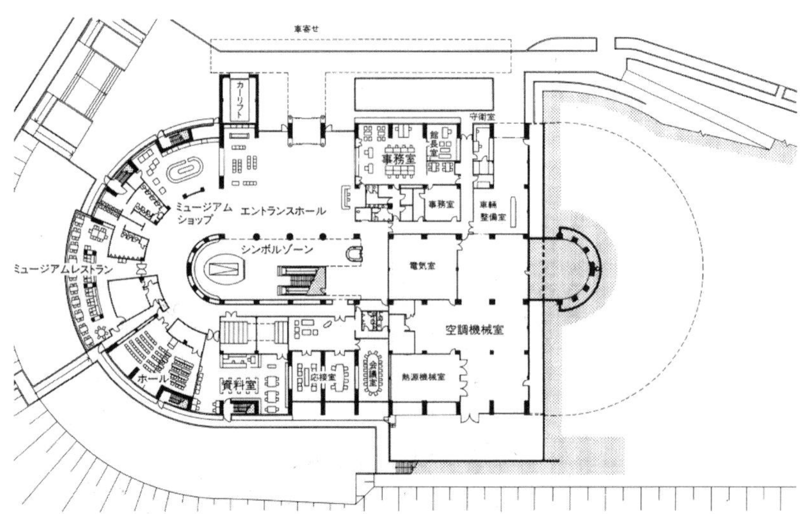

박물관의 본관 중앙 홀
엘리베이터와 에스컬레이터를 통하여 전시실로 이동
한다. 천장상부는 top light를 통하여 자연채광이 홀의
안쪽까지 깊숙하게 들어온다.

Upgrading From The Practical To The Luxurious
본관 2층 전시공간으로 1920년에 생산된 자동차들의 실물자료를 활용하였고, 실
용적이면서도 화려한 디자인을 통하여 보다 품격 높은 자동차를 구현하였다는
것을 전시주제와 내용으로 하고 있다.

본관 2층 전시실
본관 2층 전시공간은 1800년대 말에서 1300년대에 이르는 구미의 자동차를 중심으
로 전시되고 있다. 대량생산과 대중화의 실현에서 motorization으로, 파이오니어 시
대 등 명확한 주제별 영역을 구분하여 전시를 연출하였다.

Completion Of Full-Scale Domestic Production
본관 3층 전시실로 일본의 자체 기술력만으로 생산된 자동차를 중심으로 전시하고 있는 영역이다. 실물 자동
차를 배치하고 사진자료나 상부의 모니터 설치 등을 통하여 관람자들에게 전시자료에 대한 정보를 전달하고
있다. 특별한 전시매체는 사용되지 않았으나 자동차를 시대별, 주제별로 구분하여 전시를 기획하였다. 전체적
인 공간 컬러는 회색 톤으로 단조롭지만 몇몇 자동차들의 화려한 컬러가 포인트 요소가 되고 있다.

Stepping Toward The Future
본관 3층 전시실로 미래를 향한 스텝이라는 주제로 전시구성되고 있으며, 고성능 스포츠카나 개발 단계에 있
는 CONCEPT-CAR 등을 배치하여 전시구성. 화려한 기술력이나 첨단 전시매체에 의한 전시구현은 아니지만
자동차들의 다양성 있는 실물전시를 통하여 관람자들에게 보다 현실감 있고 생생한 전시정보를 제공해 준다.
때로는 전시자료의 희귀성이나 특별함으로 인하여 전시공간에 복잡한 공간구성이나 첨단 전시매체를 활용한
전시연출을 하지 않아도 충분히 관람자들에게는 매력적인 공간이 만들어 질 수 있다.

wood flooring에 의한 바닥마감으로 구성되고 독립
쇼케이스를 통한 축소자동차 모형전시와 실물자동차
의 노출전시, 액자를 통한 사진자료 등이 주된 전시자
료로 연출되고 있다.

신관 2층 전시실
박물관 10주년 기념으로 신축한 신관의 2층 전시공간
에서는 일본 MOTORIZATION의 행적과 생활문화의 변
천사를 6개의 영역으로 구분하여 전시연출하고 있다.
40여 대의 전시차량과 2,000여 점의 생활문화와 관련
된 자료가 함께 전시되고 있다.
display booth를 통하여 각 시대별로 생산된 자동차와
그 시대를 대변할만한 생활용품, 카메라, 사진과 그래
픽 이미지 등으로 연출하였다.

신관 2층 전시실
wood로 마감된 display booth 내부에 생활 속에서 흔
히 볼 수 있는 생활필수품과 가전제품 등을 쌓아서
전시를 연출하였다. 전시자료를 통하여 당시의 문화
를 엿볼 수 있다.

관람객의 접근을 막는 guide fence가 설치되어 있어 관람자가 자동차를 타보거나 만
져 볼 수는 없다.

신관 2층 전시실
생활문화와 관련된 전시자료와 당대에 생산된 일본의 대표적인 자동차를 함께 전시연출하였다.

OSAKA SEWER SCIENCE MUSEUM _ JAPAN, OSAKA

오사카하수도과학관 / 1-2-53, Takami, Konohana-ku, Osaka

오사카하수도과학관은 1995년에 개관하였다. 오사카 시의 근대적 하수도사업 착수 100주년 기념사업의 일환으로 건축하였으며, 하수도의 구조와 역할을 알 수 있도록 여러 가지 재미있는 시설들이 마련되었다.

하수도는 3가지 큰 역할이 있다. 첫째는 빗물을 배수하여 도시를 홍수피해로부터 지키는 것. 둘째는 화장실이나 가정, 공장에서 나오는 폐수를 모아 도시환경을 청결하게 하는 것. 셋째는 모은 하수를 정화시킨 다음에 강과 바다에 돌려주고 물환경을 오염시키지 않는 것. 하수도의 이러한 역할을 많은 사람에게 알리기 위해 1995년 하수도과학관을 개관하였다.

과학관은 6개 층으로 구성되며 외부공간에는 사계절의 정원(처리수의 폭포, 냇물, 연못)이 있다.

극장 2개와 놀이기구 지하탐험호가 있으며, 각 층마다 주제에 따라 전시가 연출되고 있다.

각 층별 구성은 다음과 같다.
- 지하 1층 : 테마 지하탐험 체험공간.
- 1층 : 로비 홀, 안내, 뮤지엄 숍 등으로 구성.
- 2층 : 사무실을 중심으로 구성.
- 3층 : 시민생활과 하수도를 주제로 구성.
  쾌적하고 안전한 도시환경을 만들기 위하여 하수도가 어떻게 공헌하는지를 알 수 있다.
  물과 자연의 도서관도 배치되어 있다.
- 4층 : 오사카시 의 하수도를 주제로 구성.
  자연배수가 가능한 지역이 시내에 10%라고 하는 오사카 시에서 하수도가 침수방지와 환경의 보전에 기여하는 역할을 설명하고 있다.
- 5층 : 물의 신비를 주제로 구성.
  지구상에서 물이 맡고 있는 중요한 역할과 그 역할을 가져다주는 물의 특성에 대해 배울 수 있다.
- 6층 : 물과 생명을 주제로 구성.
  처리수(오염된 물이 하수처리 과정을 거쳐 강으로 흘려보내도 될 정도로 깨끗하게 정화된 상태의 물)의 열과 고도처리(물을 정화하고 약품처리까지 하는 처리과정과 방법)한 물을 이용한 항온 식물원으로 물과 생명의 관계를 보여준다.

295

하수도과학관의 옥외공간은 친수공간 창조를 주제로 구성되었으며, 옥외전시물과 시설을 통하여 관람자들 특히, 아이들이 놀이터와 같이 즐겁게 놀면서 물에 대하여 체험함으로써 물과 친숙해지기 위한 놀이공간이다.

하수도과학관의 야외공간 구성은 과학관의 특성을 살린 다양한 하수도와 물에 대한 체험형 놀이시설로 구성되고 있다.
과학관의 실내공간에서 야외공간을 볼 수 있는 콘 모양의 아크릴 내부는 아이들이 들어가서 앉을 수 있는 공간이 마련되어 있고 야외공간을 볼 수 있으며, 깔때기 모양의 파이프를 통하여 콘 아래에 있는 다른 사람과 소리를 통하여 대화까지 나눌 수 있도록 하고 있다.

도시의 축소모형을 설치하고 영상 모니터를 함께 배치
하여 하수도와 도시생활의 관계를 설명한다.

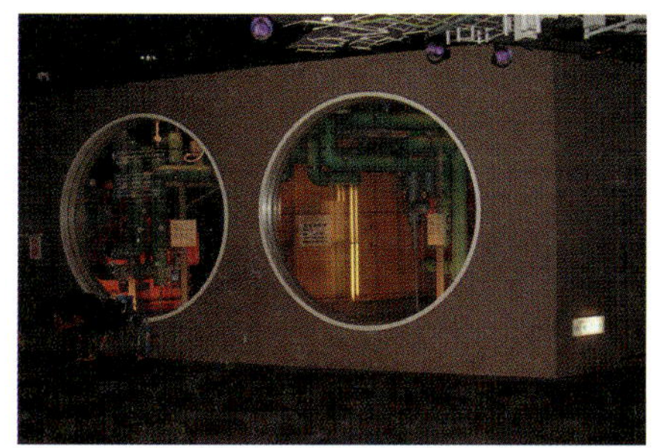

하수도 정화시설의 구조를 알 수 있는 부분모형을
booth 내부에 설치하여 관람객에게 하수도에 대한 정
보를 보여주고 있다.

지하 1층은 테마 지하탐험 공간을 주제로 하고 있으며
하수도과학관의 도입부로서, 도시의 지하 공간에 퍼져
있는 하수도시설과 하수도의 역사를 소개하고 있다.

하수도과학관은 주요 target 관람객 층을 어린이와 청소년으로 하고 있어 체험형식의
전시연출이 많다.

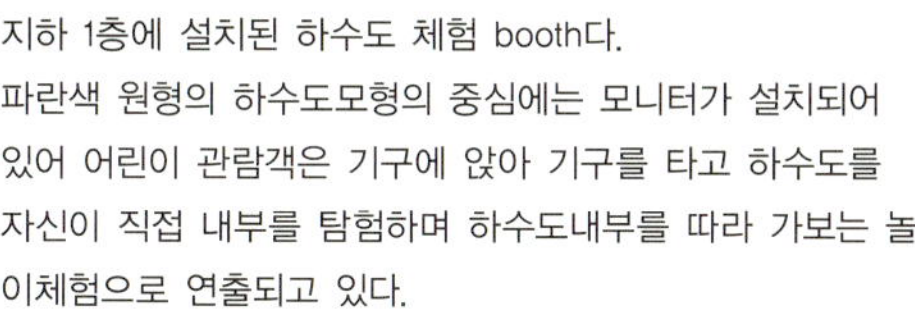

지하 1층에 설치된 하수도 체험 booth다.
파란색 원형의 하수도모형의 중심에는 모니터가 설치되어
있어 어린이 관람객은 기구에 앉아 기구를 타고 하수도를
자신이 직접 내부를 탐험하며 하수도내부를 따라 가보는 놀
이체험으로 연출되고 있다.

TESEUM SAFARI _ KOREA, JEJU

테지움 사파리 / 제주도특별자치도 제주시 애월읍 소길리 155-112 번지 / http://www.teseumjeju.com/

테지움 사파리는 세계 최초로 야생동물과 수중동물 꽃과 새
들이 모두 봉재인형과 수많은 테디 베어들이 함께 전시되는
새로운 개념의 박물관이다. 건물은 크게 두 개의 mass로 구
성되고 2층에서 bridge로 연결되어 있다.
박물관의 전면에 주차장이 마련되고 입구건물의 상부옥상
에 대형 테디 베어가 상징물로 전시되어 있다.
아래 사진의 오른쪽에 보면 Teseum(teddy bear+museum)이라
는 sign이 있으며 그곳이 박물관의 입구다.
실제동물의 크기로 제작된 인형동물이 만들어낸 사파리 공
원으로 연출되었다.

박물관의 입구부분에는 아이들을 위한
동물모양의 작은 놀이기구가 있다.
아이들은 동물을 타고 주변을 잠시 돌
아다닌다.
작은 야외공간을 매우 흥미롭게 만들고
활용도를 높일 수 있는 방법이다.
자판기와 의자를 두어 어른들은 아이들
이 노는 모습을 보며 잠시 쉴 수 있다.

사파리 ZONE의 입구에 설치된 PHOTO ZONE.
관람객들은 대형 사파리의 이미지를 배경으로 설치한 곳에서 동물들과 함께 사
진촬영을 할 수 있다.

사파리 ZONE으로 다양한 동물들이 사파리에 펼쳐진다. 동물들에 대한 상세한
정보를 재미있는 identity sign을 통하여 관람객에게 알려주고 있다.

사파리 ZONE의 전경
정글과 사파리의 이미지를 전시공간으로
연출하고 있다. 동물들이 친근감 있게 느
껴지고 관람동선도 동물 발자국으로 표
현하여 재미를 더해준다.

1층에서 2층으로 올라가는 계단 부분에는 곰 인형이 배치되어 있다. 누워 있거나 앉아 있는 곰의 모습이 귀엽고 재미있는 풍경을 연출한다.

새들의 낙원 ZONE으로 홍학과 독수리, 앵무새 등의 새들과 꽃들이 인형으로 연출되고 있다. 벽면 기하학적 형태와 LED 조명이 다양한 컬러를 만들어 공간의 분위기를 보다 환상적으로 유도하고 있다.

2층에서 1층을 내려다보면 하늘을 나는 기구를 볼 수 있다. 동물들이 기구를 타고 하늘을 날고 있는 흥미로운 풍경을 연출하여 전시를 보다 동적으로 보이도록 의도한다.

전시공간의 중앙부분에 설치된 소원나무(WISH TREE)
2층에는 소원함이 마련되어 있어 관람자가 소원을 적어 넣어
두면 엔젤 베어가 소원을 전해 준다.

THE MUSEUM OF THE GREAT WAR _ FRANCE, PERONNE

페론전쟁박물관 / Péronne historial de la grande guerre / http://www.historial.org/

건축가 앙리 시리아니(Henri Ciriani)의 설계에 의해 건립된 전쟁박물관은 1992년 8월에 개관하였다. 파리에서 북쪽으로 약 120km 떨어진 페론(Péronne)이라는 도시에 위치한 이 박물관은 1차 세계대전 당시 치열한 전투가 있었던 곳이다. 이 지역은 주변 유럽 국가와 가까워 1차 대전 당시에는 전략적인 위치였다.

1차 세계대전의 전투에 참여했거나 무고하게 희생된 사람들을 추모하기 위해 1916년 1차 세계대전 당시 전투가 있었던 페론이라는 지역에 중세시대의 성을 개조하여 전쟁박물관을 건립하게 되었고, 건물은 기존의 성곽 등을 그대로 살리면서 새로운 건물을 옛 건물과 함께 도시적 context와의 조화를 유도하고 있다.

박물관 부지에 있는 호수 면을 적절히 활용한 박물관은 전체적으로 웅장하고 massive한 느낌이 아니라 마치 호수에 떠 있는 듯 부유하는 느낌으로 다가온다. 흰색 벽을 살펴보면 규칙적으로 배치한 작은 요철을 볼 수 있는데 이것은 전쟁 당시에 상처를 입은 흔적과 파편을 대변하는 상징적 의미가 있다.

건축가인 앙리 시리아니는 박물관 주변 context와의 조화를 위하여 건물의 배치에 있어 주변축의 확장과 연속성을 강조하였으며, 외벽면의 컬러 사용에 있어서도 주변 자연환경과의 조화를 추구하고 있다.

건물 매스에서는 역사축의 중시와 역동적 형태, 부분적인 곡선 mass의 사용에 의하여 외부공간과 건축물을 통합하려는 의도를 보여주고 있다. 외부공간에서는 테라스, 옥상 층의 상징적인 조형과 옥상정원의 배치에 의한 기능적이면서도 반외부적 공간, 상호관입 및 조직적으로 연결되는 분절공간을 계획하였다.

모형을 보면 open된 공간과 solid한 공간의 조우를 알 수 있으며, 전체 mass의 덩어리감에 비하여 실제로는 내부공간이 투명성과 void로 구성된 가볍고 공간끼리 소통할 수 있는 조직으로 구성됨을 볼 수 있다.

<table>
<tr><td>1</td><td>2</td></tr>
<tr><td>3</td><td>4</td></tr>
</table>

1. 단정하게 배치된 기둥형식의 패널들과 벽면 유리선반을 사용한 쇼케이스로 연출하였다.

2. 박물관은 붉은 벽돌로 축조된 중세성이 있는 곳에 인접하게 위치하고 있다. 전시공간에서도 이에 대한 역사성을 최대한 표출하고 관람객들에게도 전면유리를 통하여 그대로 노출시키고 있다. 바닥전시를 중심으로 연출되고 있으며 같은 디자인 으로 연출하여 전시에 통일감을 부여하였다.

3, 4. 상설전시는 1차 세계대전을 주제로 한 테마 전시형태를 취하고 있다. 전체 5개의 테마로 구성되며, 첫번째는 전쟁이 발발하기 전의 평화로운 모습과 그 당시 정치적 상황을 각종 자료와 함께 전시하고 있다. 두 번째는 전쟁 초기부터 1916년 페론 지역에 있었던 전투를 주제로 한다.

세 번째는 1916년 이 지역에 있었던 전투를 오디오비주얼(Audiovisual) 전시매체를 활용하여 전시하고 있다. 네 번째는 페론 지역의 전투 이후부터 종전까지의 상황을 전시주제로 다루고 있다. 마지막으로 전쟁 후의 참담한 상황에서 다시 평화가 찾 아오는 시기로 영역을 구분하였다.

전시공간에는 double high를 활용하여 고창을 설치함으로써 자연채광을 전시공간의 내부까지 받아들이도록 하고 있다.
전시장 내부의 컬러는 전체적으로 따뜻한 브라운 계통의 컬러와 함께 흰색과 검정을 조화롭게 구성하여, 전쟁이라는 전시주제의 긴장감과 무거움을 전시공간의 밝은 톤의 컬러로 보완하고 있다.

Wood flooring으로 마감된 바닥을 활용하여 사각형의 낮은 단차이를 만들고 그곳에 각국 군인들이 착용했던 군복과 생필품, 다양한 무기 등의 전쟁 물품을 전시하여 연출하고 있다.
관람객은 쇼케이스 안에 보관된 자료를 보는 것이 아니라 그 당시 사용했던 물품들을 앉아서 직접 가까이에서 볼 수 있다. 이와 같은 연출기법은 관람자와 전시물 사이에 쇼케이스라는 방해물 없이 전시를 관람하도록 기획함으로써 보다 많은 소통과 체험, 감동을 전달 할 수 있다.
첨단 멀티미디어 기술을 이용하여 전쟁에 참여한 사람의 증언을 담은 테이프나 사진 등을 기둥형태로 전시하여 입체적인 전시를 연출하였다. 전쟁에 희생된 희생자의 영혼을 직접 느낄 수 있다.

전쟁 당시의 문서나 다양한 활자매체 등은 쇼케이스 진열장을 이용하여 벽면에 전시하였고, 착용했던 군수품이나 무기들은 바닥에 직접 노출전시하였다.
벽면진열장 상부공간에도 액자를 전시하여 공간을 충분하게 전시영역으로 활용하고 있다.
조명은 레일을 활용하여 가변적으로 이동이 가능하도록 설치된 부분과 고정된 천장매립형 다운라이트를 함께 사용하고 있다.

GOSEONG DINOSAUR MUSEUM _ KOREA, GOSEONG

고성공룡박물관 / 경남 고성군 하이면(下二面) 덕명리(德明里) 상족암군립공원 내 / http://museum.goseong.go.kr/

규모 : 지하 1층, 지상 3층
건축면적 : 1,324㎡ / 연면적 : 3,441㎡
주요소장품 : 공룡 전신골격 복제품 10종, 익룡 전신골격 3종 등,
　　　　　　 총 96점의 공룡골격

2004년 8월 12일 경상남도 고성군의 상족암군립공원에 개관한 공룡박물관이다. 고성군의 이미지 향상과 관광지 조성을 위해 건립되어 공룡의 전신골격 복제품, 익룡 전신골격, 부분골격 등이 전시되어 있다.

1층은 백악기 공원(3전시실), 디노랜드(4전시실), 과거의 흔적(5전시실), 뮤지엄 숍으로 구성되어 있다. 백악기 공룡공원, 초식·육식동물의 삶, 공룡시대의 동반자들, 테마 랜드, 이야기 방, 뼈 맞추기·크기비교 등을 선보이는 게임 랜드, 시대별 화석, 화석발굴 현장 등을 볼 수 있다. 관람자는 입구 홀에서 연결된 2층 전시공간에서 시작하여 1층으로 내려가면서 관람하는 동선체계를 가진다.

2층은 공룡의 수도(1전시실), 고성의 공룡 발자국(2전시실), 로비 및 중앙 홀, 영상실로 구성되어 있다. 상징조형물, 지구연표, 공룡골격, 발자국 화석 및 재현품 등이 전시되어 있다. 3층에는 발자국 화석 출토지 및 화석 등이 전시되어 있다.

야외시설로 길이 34m, 너비 8.7m, 높이 24m의 브라키오사우루스를 형상화한 공룡상징 조형탑 외에 분수대, 전망대, 산책로 등이 있다.

브라키오사우루스를 형상화한 공룡상징 조형탑은 인근 바다와 조화를 이루도록 파란 컬러 계열의 타일을 사용한 모자이크 작품이다. 조형물의 하부에는 작은 휴식공간이 마련되어 나무의자가 놓여 있고 그 밑으로 작은 연못이 수(水)공간을 연출하고 있다.

Klamelisaurus
중앙 홀에 전시되어 있는 클라멜리사우루스 공룡의 전신골격 모형으로 이와 함께 모놀로포사우루스의 골격모형이 전시되어 이들이 서로 싸우고 있는 모습으로 전시를 생동감 있게 연출하였다.
바닥의 두 마리 공룡 위에는 높은 층고를 이용하여 세 마리의 익룡을 설치하여 홀 전체가 중생대의 한 장면을 보는 듯한 동적인 공간 연출로 표현하고 있다.

308

ABOVE : 공룡의 수도

2층 제1전시실 영역으로 다양한 종류의
실물크기 공룡골격과 벽면의 관련 이미
지 사진을 활용하여 전시를 연출하였다.
전시물은 전반적으로 스포트라이트를 사
용하고 전시실의 전체조도는 조금 낮게
연출하고 있다. 관람자가 전시물에 접근
하는 것을 막는 Guide Fence가 설치되
었고 이와 함께 학생들이 전시정보를 필
기할 수 있도록 작은 직사각형 철제 프레
임을 설치해 둔 배려가 돋보인다.
Lighting에 의하여 벽면에 비친 공룡의
그림자도 공간의 의도된 분위기 연출처
럼 보인다.

**BELOW : 와이드 컬러를 사용한 공룡 계
통도가 전면에 보이고 벽면에는 쇼케이스
를 사용하여 두개골 모형을 진열하였다.
쇼케이스 상부 벽면에는 그래픽 패널을
통해 전시정보를 전달한다.**

ABOVE LEFT : 고성의 공룡발자국
2층 제2전시실에서는 고성 일대에서 발견된 발자국을 볼 수 있다. 지층의 단층을 그대로 재현한 모형이 벽면에 설치되었고, PDP 모니터와 그래픽 패널을 통하여 지층에서 발견된 공룡의 발자국을 보여준다. 글라스에는 봉화골 조각류 공룡 발자국과 이에 대한 설명을 시트를 사용하여 표현하였다.

ABOVE RIGHT : 과거의 흔적
1층 제5전시실에는 공룡알 모형, 상어이빨 화석, 삼엽충과 암모나이트의 화석 등을 쇼케이스에 전시하였다. 쇼케이스 바닥에 선반대를 설치하여 올려두거나 그대로 바닥면에 배치하여 연출하였다. 쇼케이스 벽면도 활용하고 있는데 전체적으로 나열형의 전시형태와 간단한 라벨만으로 구성되어 단조롭다.

309

1층 제4전시실은 디노랜드 ZONE으로 관람자가 보고, 만지는 체험을 통하여 흥미롭게 전시를 관람할 수 있다.
사진에 보이는 것은 용각류의 앞다리 일부분 모형을 실물크기로 제작하여 관람자가 그 크기를 실제로 자신의 키와 비교해보는 연출로 구성된다. 골격모형의 옆에는 설명 패널과 함께 대형 자가 설치되어 관람자 자신의 키를 재보고 이와 함께 공룡 앞다리 크기와 비교해 볼 수 있다.

박물관의 외부에는 공룡공원이 마련되어 있어 다양한 공룡들이 모형으로 배치되어 있다. 공룡의 부분골격과 공룡모형은 좋은 photo zone을 제공한다.

THE STORY OF KING SEJONG _ KOREA, SEOUL

세종이야기 / 서울특별시 종로구 세종로 81-3 / http://www.sejongpac.or.kr/

서울 종로구 세종로 광화문광장 지하에 있는 기념전시 공간으로 옛 세종로주차장 공간을 개조하여 세종대왕의 생애와 업적을 기리기 위해 세종대왕 동상 아래 지하공간 3,200㎡에 조성하였다.

6개 전시공간과 영상관 등으로 꾸며진 세종이야기에서는 대왕의 연대기와 초상, 한글창제 과정전시물, 측우기 등의 홀로그램과 축소모형 등을 감상할 수 있다. 2009년 10월 9일 한글날을 기념하여 개관하였다.

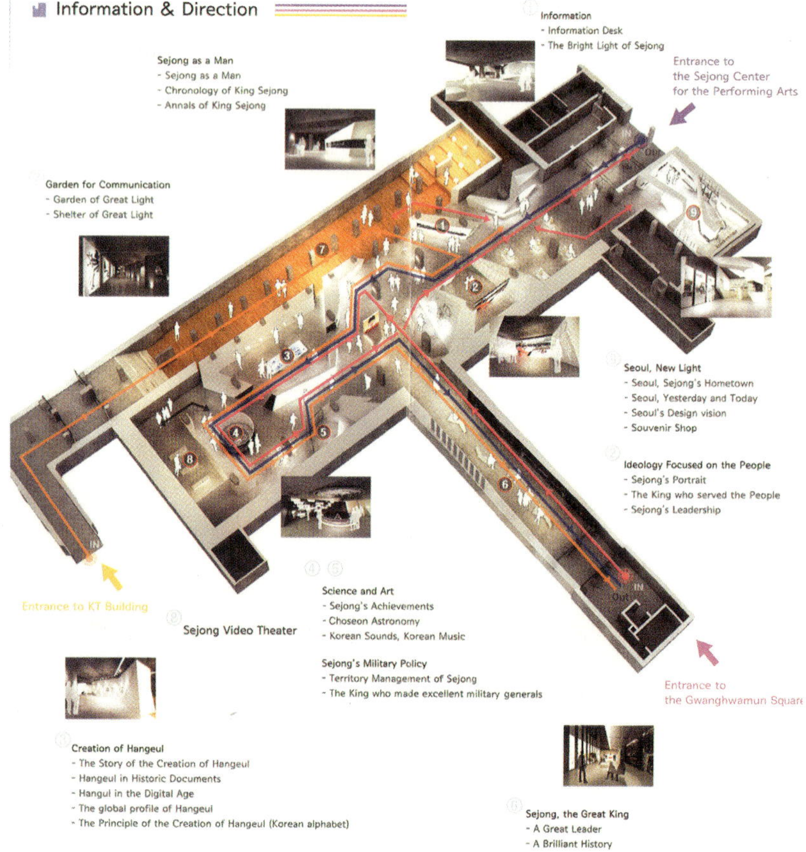

세종이야기 전시관안내 및 관람동선 브로슈어

교보문고 방면에서의 전시관 입구

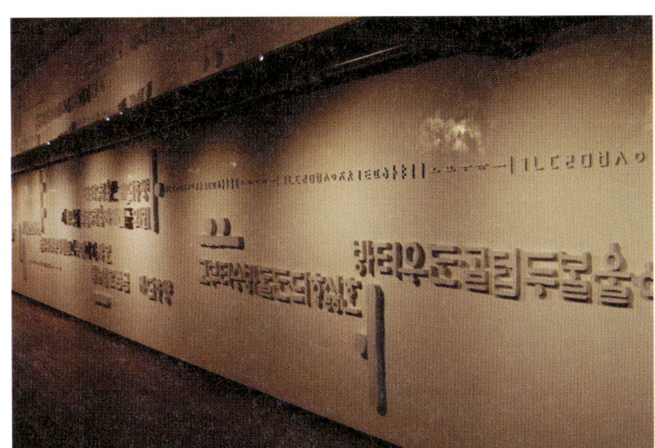

소통의 뜰

세종이야기의 기획전시 공간으로 벽면에 설치된 아트 그래픽 작품. 훈민정음과 오늘날 우리가 사용하는 한글의 자음, 모음을 활용하여 연출하였다. 벽면의 전시작품은 기획에 따라 계속 작품들이 교체전시된다.

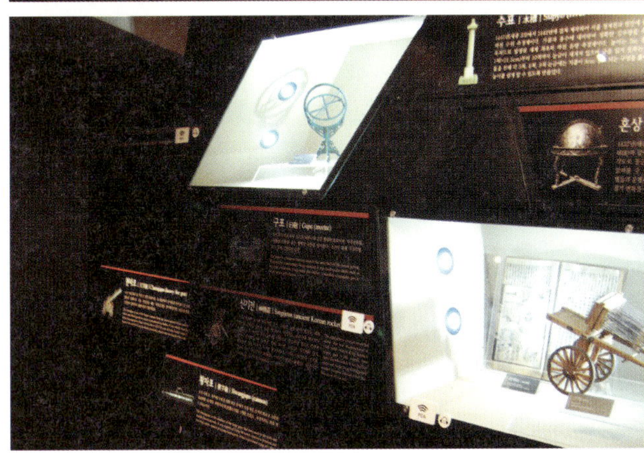
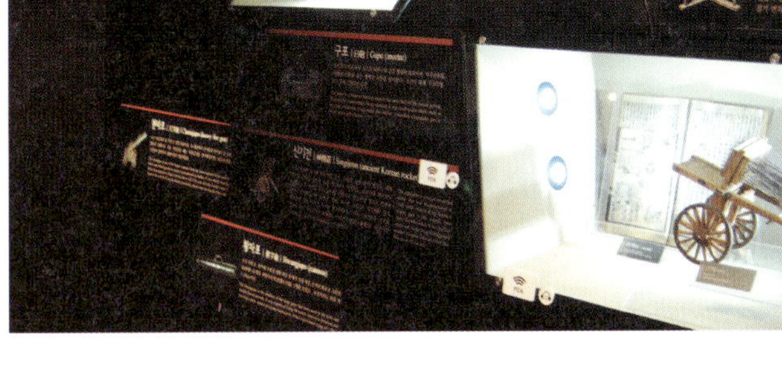

과학과 예술 / 세종의 군사정책 ZONE

수표, 혼천의, 구포, 신기전, 황자포, 천자포 등에 대한 패널 설명과 축소모형 쇼케이스 전시를 통하여 연출. 세조의 대표적인 업적과 명장을 만든 임금, 세종의 영토경영 등을 전시주제로 한다. 전시물은 전시안내 PDA나 헤드셋을 통하여 상세한 설명을 알 수 있도록 장치가 구축되어 있다.

한빛 쉼터

소통의 뜰의 끝부분에는 작은 휴식공간이 마련되어 있다. 전시공간에서는 관람객들이 편하게 앉아서 잠시 쉬었다가 갈 수 있는 공간이 반드시 필요하다. 한빛 쉼터는 계단형태로 디자인되어 관람객이 앉을 수 있는 공간을 마련하고 계단 상부공간에 서적을 배치하여 책을 꺼내어 잠시 읽을 수 있도록 배려하였다.

한글 창제 ZONE

디지털 시대의 한글이라는 소주제 영역으로 디지털 테이블을 활용하여 관람자는 한글과 소통한다. 첨단 전시매체를 활용하여 흥미로운 체험형식으로 전시를 유도하였다. 관람자는 터치 스크린 모니터를 통하여 게임 형식의 글자 맞추기를 해보면서 한글에 대한 이해도를 높인다.

위대한 성군 세종 ZONE.

벽면 전체를 활용하여 디지털 미디어 아트를 구현하였다. 관람객은 역
사적으로 위대한 업적을 남긴 세종대왕의 일대기를 디지털 영상을 통
하여 감상하게 된다.

과학과 예술 ZONE.

우리 소리, 우리 음악이라는 소주제를 연출. 첨단 전시매체를 활용하
여 관람객이 간단한 체험형식으로 전시를 관람하도록 유도하였다. 관
람자는 종묘 제례악 디지털 체험을 통하여 우리 소리는 직접 들어 볼
수 있는 기회는 갖는다. 모형판이 올려진 스크린의 부분에 해당악기
가 연주되도록 구성하였다.

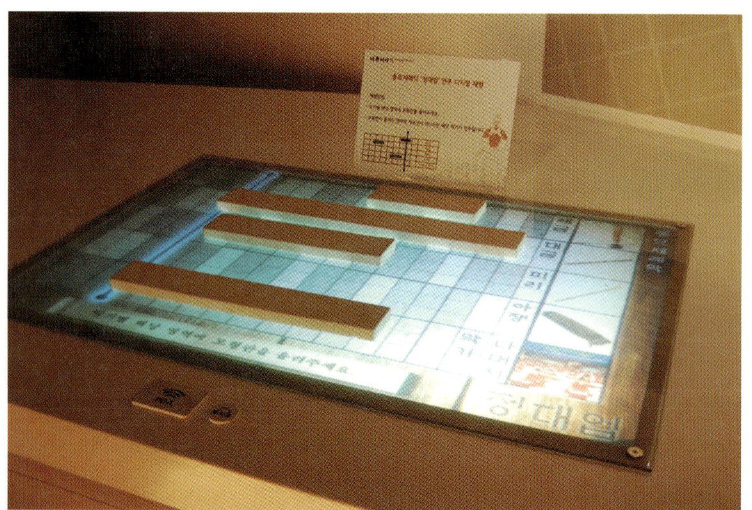

세종대왕 동상 방면에서의 진입 ZONE.

전통적인 건축양식을 상징적으로 사용하여 입출구를 표현하였다. 대
문을 지나면 전시공간이 시작되면서 위대한 성군 세종 ZONE와 연
결된다.
오른쪽 석재벽면에는 조각으로 새겨 넣은 위대한 업적이 연출되고 왼
쪽 벽면은 디지털 미디어를 통한 전시가 구성된다. 천장 상부면 전체
에 공간의 이미지가 투영되도록 하여 좁은 폭을 가진 공간이지만 확
장된 느낌으로 관람자에게 다가선다.

YEONGDEOK NEW & RENEWABLE ENERGY CENTER _ KOREA, YEONGDEOK

영덕신재생에너지전시관 / 경상북도 영덕읍 창포리 329-3번지 / http://energy.yd.go.kr/

대지면적 : 25,522㎡
규모 : 지하1층, 지상2층
연면적 : 2,189㎡
건립기간 : 2007년 11월 ~ 2009년 6월

영덕의 풍력발전단지에 위치한 신재생에너지전시관은 풍력 에너지, 태양 에너지, 파력 에너지, 조력 에너지를 중심으로 현재 미래대체 에너지로서 역할을 하게 될 미래 신재생 에너지를 중심으로 전시구성되었다. 2층 전시공간에 10개의 주제 영역을 가진 전시공간이 마련되어 있고 주변의 풍력발전 단지가 한눈에 들어오는 위치에 자리하고 있다.

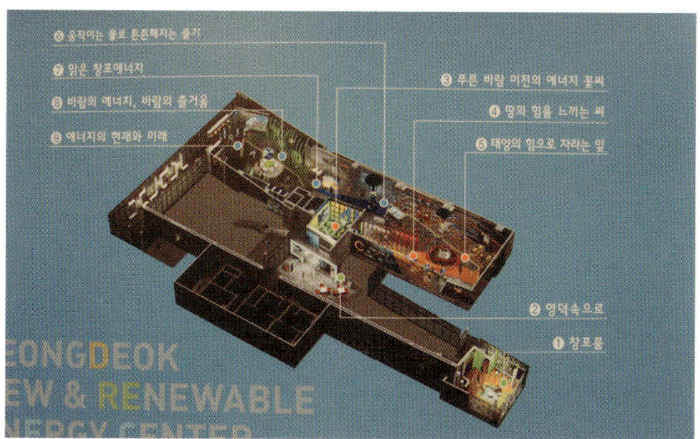

전시실 안내도.

전시실 입구.

푸른 바람 이전의 에너지 꽃씨 전시영역

에너지원 지도를 바닥의 와이드 컬러를 사용하여 연출하였다. 입체적인 그래픽 연출과 조형성을 가지는 라이팅 패널이 설치되었고 풍력 에너지, 태양열/태양광 에너지, 조력 에너지, 바이오매스, 폐기물 에너지, 수소 에너지/연료전지에 대한 전시정보를 바닥과 벽면을 통해 연출한다. 또한 빔 프로젝터 영상을 통하여 지구 에너지 고갈의 심각성을 주제로 공간을 연출하였다.

폐기물 에너지와 분리.

창포와 공기에서 얻는 힘을 전시주제로 하는 영역으로 생활폐기물을 종류별로 구분하여 전시하였고 폐기물의 재활용에 대해 그래픽 패널과 모형을 통하여 설명하고 있다.
폐기물모형을 설치하여 관람자들이 폐기물을 직접 들어 봄으로써 그 무게를 체험해 볼 수 있도록 연출하였으며, 재활용품 압축의자를 측면에 배치하여 흥미를 더해주고 있다.

푸른 에너지 청정 영덕이라는 주제로 영덕의 자연환경, 일출광경, 영덕의 푸른 바다 등의 이미지를 LCD 모니터 편집영상과 와이드 컬러, 이미지 그래픽 실사출력 등의 전시매체를 통하여 연출하였다.

다양한 풍력발전기

푸른 바람의 힘, 만개한 에너지 꽃 전시주제 영역으로 작동모형과 설명 패널을 통하여 풍력발전에 필요한 다양한 프로펠러와 그 효율에 관련된 간단한 체험 코너로 연출하였다.
수직, 수평의 프로펠러를 향하여 관람객이 직접 바람을 뿜는 기기장비를 돌려보면 프로펠러들이 돌아가면서 각각의 특징을 체험할 수 있도록 연출하였다.

태양의 힘으로 자라는 잎이라는 전시주제 영역으로 키네틱 아트(solar cell이 장착된 해바라기)로 꾸며진 에너지 정원을 연출하여 관람자가 직접 버튼을 누르면 조명을 따라 키네틱 아트가 움직일 수 있도록 연출하였다.

창포와 공기에서 얻는 힘을 전시주제로 하고 있는 영역으로 수소 에너지 발전에 대한 정보를 관람객에게 설명한다.
수소연료 전지자동차 모형을 설치하고 자동차 뒷부분에는 투명한 재질의 연료전지를 LED로 연출하여 연료전지의 구성원리에 대해 알 수 있도록 하였다. 관람객이 자동차의 시동 버튼을 누르면 LCD 모니터에서 수소 에너지 발전과 관련된 영상이 나오고 외부의 LCD 모니터에서도 다른 관람객이 수소 에너지와 관련된 내용을 볼 수 있도록 연출하였다. 벽면은 와이드 컬러를 사용하여 이미지를 연출하였다.

316

에너지의 푸른 신호등, 영덕이라는 전시 zone으로 오른쪽 사진은 미래의 에너지 천국을 전시주제로 연출한 것이다.
원형의 쇼케이스에는 영덕의 풍력발전 단지 축소모형이 설치되고 쇼케이스 외부에 설치된 노란색 구멍 안에 관람객이 입으로 바람을 불면 쇼케이스 내부에 있는 작은 풍력발전기 모형이 작동한다.
천장상부에 설치된 글로브 비전을 통해서는 지구환경 이미지가 나타난다.
원형 쇼케이스에 부착되어 있는 LCD 모니터를 통해서는 영덕의 신재생 에너지 정책 및 발전상황과 세계의 풍력발전 현황 등의 내용이 영상으로 상영된다.

참고문헌

Arian Mostaedi, *Exhibition Design*, AZUR Corporation, 2006.

Bernhard Schneider, *Daniel Libeskind Jewish Museum Berlin*, Prestel Verlag, 1999.

GailDexter Lord & Barry Lord, *The Manual Of Museum Planning*, HMSO, 1991.

Garry Thomson, *The Museum Environment*, Butterworth, London.

Geoff Matthews, Museums& Art Galleries (design & Development Guides), *Butterworth Architecture*, 1991.

Hosokawa Yasuo, *Display; Commercial Space & Sign Design Vol.32*, Rikuyo-Sha Publishing, 2004.

J. Neustupny, *Museum and Research*, Prague, 1968.

James steele, *Museum Builders*, ACADEMY, 1994.

Joshep M. Montaner, *New Museums*, Princeton Architectural Press 1990.

Meisei Publications, *Cultural Facilities New Concepts in Architecture & Design*, Meisie Publications, 1995.

Michael Belcher, *Exhibitions in Museums*, Smithsonian Institution Press, 1991.

Michel D.levin, *The modern Museum*, D Vir Publishing House Ltd, 1983.

Miraaikan, 日本科學未來館, 日本科學未來館, 2007.

Philip Hughes, *Exhibition Design*, Laurence King, 2010.

Rosenblatt, *Building Type Basics For Museums*, John Wiley & Sons,INC., 2001.

Shuhei Hashimoto, *Display; Commercial Space and Sign Design Vol.22*, Rikuyo-Sha Publishing, 1994.

Victoria Newhouse, *Towards A New Museum*, The Monacelli Press, 1998.

Vittorio Magnago Lampugnani, *Museum Architecture in Farnkfurt 1980-1990*, Prestel, 1990.

岡田光正 外 1人, 新建築學大系 13 建築規模論, 圖書出版 大光書林, 1992.

岡田光正, 김종인 역, 建築計劃 決定法, 圖書出版 大光書林, 1993.

建築思潮研究所, 建築設計資料 42 地方博物館.資料館 2, 建築資料研究社, 1993.

建築資料研究社, 建築設計資料 5券 地方博物館 資料關, 建築資料研究社, 1984.

半澤重信, 博物館建築, 1991.

新建築學大系 13 建築規模論 岡田光正 외 1인, 大光書林, 1992.

伊藤壽郎 外 1人 編著, 博物館學 槪論, 學苑社, 1978.

日本展示學會, 展示學 事典, 日本展示學會, 1995.

강대일, 문화재와 보존환경, 문화재 보존과학 연수, 문화재청, 1993.

건축사조연구소, 건축설계자료 13. 미술관, 건축자료연구사, 1986.

경남 고성군 문화관광과, Goseong Dinosaur Museum, 경남고성군, 2005.

국립중앙박물관, 박물관 건축과 환경, 국립중앙박물관, 1995.

다니엘지로디, 앙리 뷔이에, 미술관 / 박물관이란 무엇인가, 화산문화, 1996.

도서출판 에이엔씨, Details Culture vol.19, 삼성문화사, 2006.

마이클 벨처, 신자은 옮김, 박물관 전시의 기획과 디자인, 예경, 2006.

목포시, 목포자연사박물관, 목포자연사박물관, 2004.

부산박물관, 釜山博物館, 부산박물관, 2008.

산업도서 출판공사, 한국의 현대건축 10 문화시설, 산업도서 출판공사, 1993.

서상우, 일본 중남부지역의 새로운 뮤지엄과 건축, 사단법인 한국박물관건축학회, 2002.

서상우, 한국의 박물관 미술관 건축, 현대건축사, 2000.

서상우, 현대의 박물관 건축론 1, 기문당, 1995.

얀 로렌스, 리 H. 스콜릭, 크레이그 버그, 전시디자인의 모든 것:공간의 커뮤니케이션, 고려닷컴, 2009.

윤재원, 건축과 환경, 박물관의 장소성과 대중화, 1993.

이광노, 윤도근 외 공저, 건축계획, 문운당, 1992.

이난영, 박물관학 입문, 삼화출판사, 2003.

이보아, 박물관한 개론, 김영사, 2002.

일본건축학회건축설계자료집성위원회, 建築設計資料集成 建築·文化 7, 도서출판 집문사, 1986.

임채진 외, 박물관의 전시환경계획지침에 관한 연구, 홍익대학교환경개발연구원, 1995.

장주근, 민속박물관의 세계, 온양민속박물관 학예연구실, 1994.

채영국, 박물관·미술관의 전시설계와 새로운 이해, 역사공간, 2006.

최준혁, 박물관 전시공간의 동선계획 및 관람행태 특성, 한국학술정보(주), 2008.

태학원, 전시디자인, 김인권, 2004.

학고재, 미술관 전시; 이론에서 실천까지, 데이비드 딘, 1998.

색인